科学出版社"十三五"普通高等教育本科规划教材

大学数学教学丛书

微积分(经管类)

(上　册)

(第三版)

主　编　李艳秋

副主编　高　瑷　闫　厉　丁　丹

U0303128

科　学　出　版　社

北　京

内 容 简 介

本书由一线数学教师结合多年的教学实践编写而成. 全书把微积分和相关经济学知识有机结合, 内容的深度、广度与经济类、管理类各专业微积分教学要求相符.

全书分上、下两册, 共 12 章. 本书是上册, 内容包括函数、极限、连续, 导数与微分, 微分中值定理及导数的应用, 不定积分, 定积分, 定积分的应用. 各节均配有一定量的习题, 章末附有自测题, 书后附有习题答案.

本书可供普通高等院校经济类、管理类各专业及相关专业教学使用, 也可供学生自学.

图书在版编目 (CIP) 数据

微积分: 经管类·上册/李艳秋主编. —3 版. —北京: 科学出版社, 2019.8
科学出版社 "十三五" 普通高等教育本科规划教材·大学数学教学丛书
ISBN 978-7-03-062004-0

I. ①微 … II. ①李 … III. ①微积分-高等学校-教材 IV. ①O172

中国版本图书馆 CIP 数据核字(2019) 第 159537 号

责任编辑: 张中兴 梁 清/责任校对: 杨聪敏
责任印制: 张 伟/封面设计: 迷底书装

科 学 出 版 社 出版
北京东黄城根北街 16 号
邮政编码: 100717
http://www.sciencep.com
北京中科印刷有限公司 印刷
科学出版社发行 各地新华书店经销
*
2010 年 8 月第 一 版 开本: 720×1000 1/16
2014 年 6 月第 二 版 印张: 18 1/4
2019 年 8 月第 三 版 字数: 368 000
2022 年 8 月第十三次印刷
定价: 45.00 元
(如有印装质量问题, 我社负责调换)

《大学数学教学丛书》编委会

丛 书 序

    本丛书是为普通高等院校本科学生所编写的数学系列教材,是由长春地区五所普通高校具有丰富教学和科研经验的教师联合编写的,是集体智慧的结晶.本丛书从酝酿到出版经历了近十年的时间,几经修改终于成稿.在教材内容的编排上,我们一方面借鉴了国内一些品牌教材的先进模式,另一方面结合新形势下的新要求,并根据五所普通高校本科学生的特点,先后编写了逾百万字的教材与讲义,在多年使用过程中不断提炼修订,逐步趋于完善.应该说,本套教材凝聚着五所高校几代数学教师的心血和汗水,希望能培养出更多的创新性人才.

    本套教材包括《微积分(经管类)》、《概率论与数理统计》(两本)、《线性代数》、《计算方法简明教程》、《数学建模》、《复变函数与积分变换》.编者在取材上着眼于本科生未来的发展和当今世界科学技术的发展,充分反映国内外教学前沿信息和最新学术动态,本着"夯实基础、适当延伸,注重应用、强化实践"的原则,大胆摆脱了普通高等院校教材编写的传统套路,使这套教材具有很强的实用性、一定的可读性、较高的艺术性和丰富的实践性;同时还保持了数学知识的系统性、严密性、连贯性等特点,内容翔实,清晰易读,便于教学与自学.另外,本套教材充分考虑了有志报考研究生同学的需要,每一本教材都配备了丰富的、梯度配置的例题与习题,紧扣学生学习和报考研究生复习的需要,既具有明显的启发性,又具有典型的应用意义,可供普通高校理工科各专业使用.

    本套教材从选题、大纲、组织编写到编辑出版,自始至终得到了科学出版社数理出版分社的支持,同时也得到了长春工业大学、吉林建筑工程学院、长春大学、吉林工程技术师范学院、长春工程学院教务处及数学系各位领导的支持和帮助,在此,我们一并表示衷心的感谢.

编　者

2010 年 3 月

前　言

本书第一版于 2010 年 8 月出版, 写作过程中结合经济管理类、人文科学等相关专业的认知习惯, 力求简洁易懂. 第一版得到了选用单位的好评, 也收到了宝贵的修改意见.

本书第二版于 2014 年 5 月出版, 在第一版的基础上, 在遵循逻辑性、系统性和科学性的原则下, 对部分内容作出了修改, 对习题中的错误进行了更正, 并按照习题难度分类.

本书第三版的编写, 本着降低学习难度、缩短学时的目的, 修改了第一版和第二版的编排风格, 认真地对内容和习题进行了修改, 增加了课堂测试环节.

在本书编写过程中, 李艳秋 (吉林工程技术师范学院) 负责第 1, 2, 3 章, 高瑷 (吉林建筑大学) 负责第 4, 5, 6 章. 全书最后由丁丹、闫厉修改定稿. 本书由吉林建筑大学宋敏教授审阅, 在此表示衷心感谢.

在第三版教材编写过程中, 我们得到了科学出版社、吉林工程技术师范学院教务处及吉林建筑大学教务处的大力支持, 在此深表感谢.

对于第三版中存在的不足和疏漏, 希望专家、同行和广大读者批评指正, 我们一定认真考虑并及时改正. 在此衷心感谢广大读者的关心和厚爱.

编　者

2018 年 9 月于长春

第一版前言

21 世纪, 随着社会经济的迅猛发展, 社会中各个行业及大学的各个专业都对微积分提出了更高更新的要求. 微积分的理论与方法已广泛地应用于自然科学、工程技术甚至社会科学等各个领域, 它提供给人们的不仅是一种高级的数学技术, 更是一种人类进步所必需的文化素质和修养. 学习和掌握一定程度的微积分知识, 不仅是对理工类学生的要求, 也是对经济管理、人文科学等各类学生的基本要求. 但数学符号语言和抽象形式给微积分的学习带来了一定的障碍, 也给大学的微积分教学增加了许多困难.

《微积分 (经管类)》是根据教育部最新颁布的本科层次的普通高等教育教学要求编写的. 全书把微积分和经济学相关知识有机结合, 内容的深度广度与经济类、管理类各专业微积分教学的基本要求相符.

根据经济管理、人文科学等各类学生的认知习惯、特点, 本书在编写中力求简练易懂、由浅入深, 例题选取得当, 习题搭配适量, 潜移默化地教授知识、培养能力, 旨在提高学生的数学素质和数学修养.

教材编写在遵循 "逻辑性、系统性和科学性" 原则的基础上, 尽可能用实际问题引出相关概念和要点知识, 逐渐展开. 采用典型例子使学生加深对知识要点及相关应用的理解, 内容上尽量减少繁琐的理论论证, 注意结合实际, 注重培养学生分析问题、解决问题及运算的能力. 本书中加 "*" 号章节, 可根据专业特点选择讲授.

本书分上、下两册, 上册由罗瑞平 (吉林建筑工程学院)、闫厉 (长春工业大学)、高海龙 (吉林建筑工程学院)、马秋红 (长春大学)、李海龙 (吉林工程技术师范学院) 编写; 下册由张琴、朱立勋 (吉林建筑工程学院)、闫厉 (长春工业大学)、单国栋 (长春大学)、张志尚 (吉林工程技术师范学院) 编写. 全书最后由罗瑞平、张琴统稿、修改、定稿. 本书由吉林建筑工程学院刘伟教授审阅, 在此表示衷心的感谢.

在教材编写过程中, 得到了科学出版社和吉林建筑工程学院教务处的大力支持, 在此深表谢意.

由于我们水平有限, 书中难免出现不妥之处, 欢迎各位读者批评指正.

编 者

2010 年 3 月于长春

目　　录

第1章 函数、极限、连续

函数是高等数学的主要研究对象, 极限概念是微积分的理论基础, 极限方法是微积分的基本分析方法. 本章将介绍函数、极限与连续的基本知识和有关的基本方法.

1.1 函　　数

1.1.1　集合

集合概念是数学中一个原始的概念, 它不能用更简单的概念定义. 一般地说, 具有某种特定性质的事物的总体叫作**集合**. 组成这个集合的事物称为该集合的**元素**.

集合的例子:

(1) 2018 年吉林省的 GDP(国内生产总值).

(2) 方程 $x^2 - 3x + 2 = 0$ 的根.

(3) 2018 年出口商品的种类.

(4) 曲线 $y = \ln(x + 2)$ 上所有的点.

集合的表示方法: 通常用大写的拉丁字母 $A, B, C, D, \cdots$ 表示集合, 用小写的拉丁字 $a, b, c, d, \cdots$ 表示集合中的元素.

表示集合的方法通常有以下两种.

列举法, 就是把集合的全体元素一一列举. 例如, 由元素 $a_1, a_2, \cdots, a_n$ 组成的集合 A 可表示为

$$A = \{a_1, a_2, a_3, \cdots\}, \text{如 } A = \{1, 2, 3\}.$$

描述法, 若集合 M 是由具有某种性质 P 的元素 x 的全体所组成的, 可表示为

$$M = \{x \,|\, x\text{的性质}P\}, \text{如 } C = \{x \,|\, x^2 - 3x + 2 = 0\}.$$

一个集合, 若它只含有有限个元素, 则称为**有限集**; 不是有限集的集合称为**无限集**; 不含有任何元素的集合为**空集**, 记作 $\varnothing$; 如 $\{x \,|\, x \in \mathbf{R}, x^2 + 1 = 0\} = \varnothing$.

元素与集合的关系:

如果 a 是集合 A 的元素, 就说 a 属于 A, 记 $a \in A$; 若 a 不是集合 A 的元素, 就说 a 不属于 A, 记 $a \notin A$.

对于数集, 有时我们在表示数集的字母的右上角标注 "*" 来表示该数集是排除 0 的集合, 标注 "+" 表示该数集是排除 0 与负数的集合.

全体正整数的集合为

$$\mathbf{N}^+ = \{1, 2, 3, \cdots, n, \cdots\};$$

全体整数的集合记为 $\mathbf{Z}$, 即

$$\mathbf{Z} = \{\cdots, -n, \cdots, -2, -1, 0, 1, 2, \cdots, n, \cdots\};$$

全体有理数的集合记为 $\mathbf{Q}$, 即

$$\mathbf{Q} = \left\{\frac{p}{q} \,\middle|\, p \in \mathbf{Z}, q \in \mathbf{N}^+, p, q 互质 \right\}.$$

全体实数的集合记为 $\mathbf{R}$, $\mathbf{R}^*$ 为排除 0 的实数集, $\mathbf{R}^+$ 为全体正实数的集合.

集合与集合的关系:

A, B 是两个集合, 如果集合 A 的元素都是集合 B 的元素, 则称 A 是 B 的**子集**, 记作 $A \subset B$, 如 $\mathbf{N}^+ \subset \mathbf{N} \subset \mathbf{Z} \subset \mathbf{Q} \subset \mathbf{R}$.

如果集合 A 与集合 B 互为子集, 则称 A 与 B **相等**, 记作 $A = B$.

例如, 设 $A = \{2, 3\}$, $B = \{x \,|\, x^2 - 5x + 6 = 0\}$, 则 $A = B$.

若 $A \subset B$ 且 $A \neq B$, 则称 A 是 B 的**真子集**.

规定空集为任何集合的子集.

1.1.2　集合的运算

集合的基本运算有以下几种: 并、交、差.

设 A, B 是两个集合, 由所有属于 A 或属于 B 的元素组成的集合, 称为 A, B 的**并集**(简称**并**), 记为 $A \bigcup B$, 即

$$A \bigcup B = \{x \,|\, x \in A 或 x \in B\};$$

由所有既属于 A 又属于 B 的元素组成的集合, 称为 A 与 B 的**交集**(简称**交**), 记为 $A \bigcap B$, 即

$$A \bigcap B = \{x \,|\, x \in A 且 x \in B\};$$

由所有属于 A 而不属于 B 的元素组成的集合, 称为 A 与 B 的**差集**(简称**差**), 记为 $A - B$, 即

$$A - B = \{x \,|\, x \in A 且 x \notin B\}.$$

有时, 我们研究某个问题限定在一个大的集合 I 中进行, 所研究的其他集合 A 都是它的子集. 此时称集合 I 为**全集**或**基本集**. 称 $I-A$ 为 A**余集**或**补集**, 记为 A^c.

集合的并、交、差运算满足: 交换律、结合律、分配律、对偶律.

1.1.3 区间和邻域

区间是一类数集. 设 a 和 b 都是实数, 且 $a<b$. 数集 $\{x\,|\,a<x<b\}$ 称为**开区间**, 记为 (a,b), 即

$$(a,b)=\{x\,|\,a<x<b\}\,.$$

a 和 b 称为开区间 (a,b) 的端点, $a\notin(a,b)$, $b\notin(a,b)$. 数集 $\{x\,|\,a\leqslant x\leqslant b\}$ 称为**闭区间**, 记为 $[a,b]$, 即

$$[a,b]=\{x\,|\,a\leqslant x\leqslant b\}.$$

a 和 b 称为闭区间 $[a,b]$ 的端点, $a\in[a,b]$, $b\in[a,b]$.

类似说明 $[a,b)=\{x\,|\,a\leqslant x<b\}$, $(a,b]=\{x\,|\,a<x\leqslant b\}$ 为半开半闭区间.

以上区间都称为有限区间. $b-a$ 称为区间长度. 从数轴上看, 这些有限区间是长度有限的线段. $[a,b]$ 与 (a,b) 在数轴上表示出来分别如图 1-1(a) 与 (b) 所示, 此外还有所谓无限区间, 引进记号 $+\infty$(正无穷大) 及 $-\infty$(负无穷大), 则可类似表示无限区间, 例如

$$[a,+\infty)=\{x\,|\,x\geqslant a\}\,,\quad(-\infty,b)=\{x\,|\,x<b\}\,,$$

这两个无限区间在数轴上分别如图 1-1(c) 与 (d) 所示,

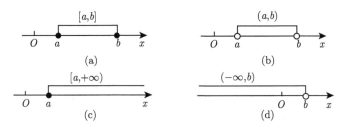

图 1-1

全体实数集合 $\mathbf{R}$ 也记为 $(-\infty,+\infty)$, 是无限区间.

邻域也是一个经常用到的概念. 设 a 是一个实数, $\delta>0$. 开区间 $(a-\delta,\,a+\delta)$ 称为点 a 的 δ **邻域**, 记作 $U(a,\delta)$; 简称 a 的**邻域**, 记作 $U(a)$, 即

$$U(a,\delta)=\{a-\delta<x<a+\delta\},$$

其中 a 称为邻域的中心, δ 称为邻域的半径. 如图 1-2.

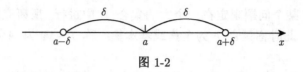

图 1-2

因为 $a - \delta < x < a + \delta$ 相当于 $|x - a| < \delta$, 所以邻域又可以记为

$$U(a, \delta) = \{x \mid |x - a| < \delta\}.$$

因为 $|x - a|$ 表示 x 与点 a 的距离, 所以 $U(a, \delta)$ 表示: 与点 a 距离小于 δ 的一切点的全体. 将邻域 $U(a, \delta)$ 的中心 a 点去掉后所得的集合称为 a 的**去心邻域**, 记为 $\mathring{U}(a, \delta)$, 即

$$\mathring{U}(a, \delta) = \{x \mid 0 < |x - a| < \delta\},$$

这里 $0 < |x - a|$ 表示 $x \neq a$.

1.1.4　函数及其性质

我们在观察某一现象的过程时, 常常会遇到各种不同的量, 其中有的量在过程中不起变化, 我们把其称为**常量**(常用 a, b, c 等表示); 有的量在过程中是变化的, 也就是可以取不同的数值, 我们则把其称为**变量**(常用 x, y, z 等表示). 例如, 一天中变化的气温是随着时间变化而变化的变量. 如果变量的变化是连续的, 则常用区间来表示其变化范围.

下面来谈什么是函数. 函数概念的形成与发展, 大致经历了三个阶段: 变量说, 对应说, 关系说, 它的形成与发展至少在牛顿、莱布尼茨创立微积分之前, 其形成的历程是漫长与曲折的, 贯穿于整个近现代数学的发展过程.

1673 年, 德国数学家莱布尼茨的一篇手稿中用函数来表示任意一个随着曲线上点的变动而变动的量 (如切线、法线等的长度及纵坐标), 还引进了 "常量" "变量" "参变量". 1714 年, 莱布尼茨的著作《微积分的历史与起源》中就用 "函数" 一词来表示 "依赖于一个变量的量".

定义 1-1-1　设 x, y 是两个变量, D 是一个给定的数集, 如果对于每个数 $x \in D$, 变量 y 按照某种确定的对应规则总有确定的数值与之对应, 则称 y 是 x 的**函数**, 记作

$$y = f(x), \quad x \in D,$$

其中数集 D 称为这个函数的**定义域**, x 称为**自变量**, y 称为**因变量**, $\{y \mid y = f(x), x \in D\}$ 称为函数的**值域**, 记作 $f(D)$.

表示对应关系的记号 f 也可以改用其他字母 "g" "F" 等.

需要注意的是, 当 x 是 D 中的一个具体的数值 x_0 时, $y_0 = f(x_0)$ 表示的是 x_0 按照法则对应的固定数值. 称 $y_0 = f(x_0)$ 为 x_0 的函数值. 注意 $f(x)$ 与 $f(x_0)$ 不同, 前者是变量, 后者是一个数.

如果对于定义域中的每一个数, 对应的函数值总是只有一个, 则称这种函数为**单值函数**. 否则称为**多值函数**. 今后无特别说明时, 所提函数都指单值函数.

函数有三个要素: 定义域、对应法则及值域. 在判别两个函数是否相等时常用这三个要素.

在实际问题中, 函数的定义域是根据问题的实际意义确定的. 例如, 圆的面积 A 与它的半径 r 有函数关系 $A = \pi r^2$, 其定义域 $D = (0, +\infty)$. 在数学中, 有时不考虑函数的实际意义, 而抽象地研究用算式表达的函数, 这时函数的定义域就是自变量所能取的使算式有意义的一切实数值. 例如, 函数 $y = \sqrt{1 - x^2}$ 的定义域是闭区间 $[-1, 1]$, 函数 $y = \dfrac{1}{\sqrt{1 - x^2}}$ 的定义域是开区间 $(-1, 1)$.

1. 函数的表示法

(1) 表格法: 以表格形式表示函数的方法称为函数的表格法.

例如, 某中学 2018 年二年级各班数学期末平均成绩如下表:

班级	一班	二班	三班
成绩/分	78.5	75.6	85.7

(2) 图示法: 以图形表示函数的方法称为函数的图示法.

例如, 发射卫星火箭走过的轨迹可以利用计算机作图, 用图形表示更直观.

(3) 公式法: 用数学公式表示函数的方法称为函数的公式法, 也称为解析法.

例如, $y = x^3, y = \ln\sqrt{1 + x}$ 等.

公式法是我们以后常用的表示方法.

函数 $y = f(x)$ 表示两个变量 y 与 x 之间的对应关系, 这种函数表达方式的特点是: 等号左端是因变量的符号, 而右端是含有自变量的式子, 当自变量取定义域内任一值时, 由该式子能确定对应的函数值. 用这种方法表达的函数叫作**显函数**.

如果两个变量 y 与 x 之间的对应关系满足一个方程 $F(x, y) = 0$, 在一定条件下, 当 x 取某区间内的任一值时, 相应地总有满足该方程的唯一的 y 值存在, 那么就说方程 $F(x, y) = 0$ 在该区间内确定了一个**隐函数**.

例如, 方程 $x^2 + \sin y = 4$ 表示一个隐函数.

把一个隐函数化成显函数, 叫作隐函数的显化.

例如, 从方程 $x^2 + \sin y = 4$ 解出 $y = \arcsin(4 - x^2)$, 就把隐函数化为了显函数. 隐函数的显化有时是有困难的, 甚至是不可能的, 如 $y\sin y + x = \cos x$.

若变量 x 与 y 之间的函数关系是通过参数方程

$$\begin{cases} x = \varphi(t), \\ y = \phi(t), \end{cases} \quad t \in T$$

给出的, 这样的函数称为由参数方程确定的函数, 简称**参数式函数**, t 称为**参数**.

例如, 物体做斜抛运动时, 运动的曲线表示的函数就可以写作参数式函数:

$$\begin{cases} x = v_0 t \cos \alpha, \\ y = v_0 t \sin \alpha - \dfrac{1}{2} g t^2, \end{cases}$$

其中 α 为初速度 v_0 与水平方向的夹角, $v_0 = |v_0|$.

2. 几个特殊的函数举例

(1) 符号函数: $y = \operatorname{sgn} x = \begin{cases} 1, & x > 0, \\ 0, & x = 0, \\ -1, & x < 0, \end{cases}$ 如图 1-3 所示.

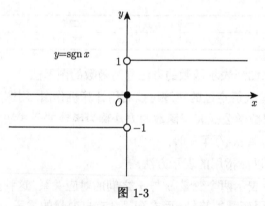

图 1-3

而 $\operatorname{sgn} x \cdot |x| = \begin{cases} x, & x > 0, \\ 0, & x = 0, \\ x, & x < 0, \end{cases}$ 故 $x = \operatorname{sgn} x \cdot |x|$.

(2) 取整函数: $y = [x]$, 如图 1-4 所示.

$[x]$ 表示不超过 x 的最大整数, $x - 1 < [x] \leqslant x$.

例如, $\left[\dfrac{5}{7} \right] = 0, [\sqrt{2}] = 1, [\pi] = 3, [-3.5] = -4$.

这个图形称为阶梯曲线.

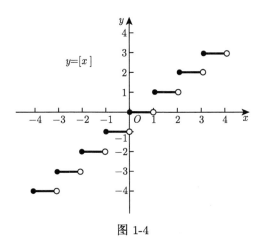

图 1-4

(3) 狄利克雷 (Dirichlet) 函数：

$$D(x) = \begin{cases} 1, & x \in Q, \\ 0, & x \in Q^c. \end{cases}$$

对任何有理数 r, $D(x+r) = D(x)$. 所以任何有理数 r 均为它的周期, 但无最小正周期.

(4) 取最值函数：

$y = \max\{f(x), g(x)\}$(图 1-5)，　$y = \min\{f(x), g(x)\}$(图 1-6).

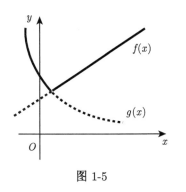

图 1-5

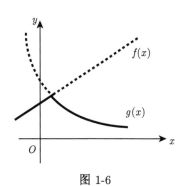

图 1-6

(5) 绝对值函数：

$$y = |x| = \begin{cases} x, & x \geqslant 0, \\ -x, & x < 0, \end{cases}$$

定义域 $D = (-\infty, +\infty)$, 值域 $R_f = [0, +\infty)$, 如图 1-7 所示.

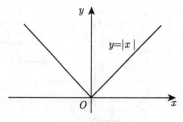

图 1-7

在自变量的不同变化范围中, 对应法则用不同的式子来表示的函数通常称为**分段函数**.

例如, $f(x) = \begin{cases} 2x - 1, & x > 0, \\ x^2 - 1, & x \leqslant 0. \end{cases}$ 它的定义域 D 为 $(-\infty, +\infty)$, 当 $x > 0$ 时, 对应函数值 $f(x) = 2x - 1$; 当 $x < 0$ 时, 对应函数值 $f(x) = x^2 - 1$. 如图 1-8 所示.

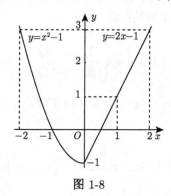

图 1-8

例 1-1-1　某化肥厂生产某产品 1000 吨, 每吨定价为 130 元, 销售量在 700 吨以内时, 按原价出售, 超过 700 吨时超过的部分需打九折出售, 试将销售总收益与总销售量的函数关系用数学表达式表示出.

解　设销售量为 x, 总收益为 y, 则

当 $x \leqslant 700$ 时, $y = 130x$;

当 $x > 700$ 时, $y = 130 \times 700 + 130 \times 0.9 \times (x - 700)$.

因此 $y = \begin{cases} 130x, & 0 \leqslant x \leqslant 700, \\ 130 \times 700 + 130 \times 0.9 \times (x - 700), & 700 < x \leqslant 1000. \end{cases}$

例 1-1-2　设 $f(x) = \mathrm{e}^{x-2}$, 求 $f(2), f(0), f\left(\dfrac{5}{2}\right)$.

解　$f(2) = \mathrm{e}^{2-2} = \mathrm{e}^0 = 1, f(0) = \mathrm{e}^{0-2} = \mathrm{e}^{-2}, f\left(\dfrac{5}{2}\right) = \mathrm{e}^{\frac{5}{2}-2} = \mathrm{e}^{\frac{1}{2}}$.

例 1-1-3　设 $f(x) = \dfrac{1}{x}$, 求 $f(x + \Delta x) - f(x)$.

解　$f(x + \Delta x) - f(x) = \dfrac{1}{x + \Delta x} - \dfrac{1}{x} = \dfrac{-\Delta x}{x(x + \Delta x)}$.

例 1-1-4　求 $y = \ln \dfrac{1}{1-x} + \sqrt{x+1}$ 的定义域.

解　因 $\ln \dfrac{1}{1-x}$ 的定义域 $D_1 = (-\infty, 1)$, $\sqrt{x+1}$ 的定义域 $D_2 = [-1, +\infty)$, 所以所求函数的定义域

$$D = D_1 \bigcap D_2 = (-\infty, 1) \bigcap [-1, +\infty) = [-1, 1).$$

例 1-1-5　设 $f(x) = \begin{cases} x+1, & -1 \leqslant x \leqslant 0, \\ \mathrm{e}^x - 1, & 0 < x \leqslant 2, \end{cases}$ 求 $f(0), f(1)$ 及 $f(x)$ 的定义域.

解　$f(0) = 0 + 1 = 1, f(1) = \mathrm{e}^1 - 1 = \mathrm{e} - 1, f(x)$ 的定义域为 $[-1, 2]$.

例 1-1-6　下列函数 $f(x)$ 与 $g(x)$ 是否相同:

(1) $f(x) = \left(\sqrt{x}\right)^2, g(x) = x$;

(2) $f(x) = \sqrt{1 - \sin^2 x}, g(x) = \cos x$;

(3) $f(x) = \sqrt[3]{x^3 + x^5}, g(x) = x\sqrt[3]{1 + x^2}$.

解　(1) $f(x)$ 定义域 $D_f = (0, +\infty), g(x)$ 定义域 $D_g = (-\infty, +\infty), D_f \neq D_g$, 所以 $f(x)$ 与 $g(x)$ 不同.

(2) 虽然定义域 $D_f = D_g = \mathbf{R}$, 但值域不同, $f(x)$ 值域 R_f 只取正值, 而 $g(x)$ 值域 R_g 可正可负. 故 $f(x) = |\cos x| \neq \cos x = g(x)$.

(3) $f(x) = g(x)$, 因为三个要素均相同.

1.1.5　函数的几种特性

1. 有界性

设 $f(x)$ 的定义域为 D, 数集 $X \subset D$.

(1) 若存在实数 K_1, 使得对任意的 $x \in X$, 总有 $f(x) \leqslant K_1$, 则称 $f(x)$ 在 X 上有上界, 而 K_1 称为 $f(x)$ 在 X 上的一个**上界**;

(2) 若存在实数 K_2, 使得对任意的 $x \in X$, 总有 $f(x) \geqslant K_2$, 则称 $f(x)$ 在 X 上有下界, 而称 K_2 为 $f(x)$ 在 X 上的一个**下界**;

(3) 若存在正数 M, 使得对任意的 $x \in X$, 总有 $|f(x)| \leqslant M$, 则称 $f(x)$ 在 X 上**有界**. 若这样的 M 不存在, 则称 $f(x)$ 在 X 上无界, 即若对任意的 $M > 0$, 总存在 $x \in X$, 使得 $|f(x)| > M$, 则 $f(x)$ 在 X 上**无界**.

例如, $f(x) = \sin x$ 在 $(-\infty, +\infty)$ 上有界, 因为对任意的 $x \in (-\infty, +\infty)$, 总有 $|\sin x| \leqslant 1$.

注　(1) 同一个函数 $y = f(x), x \in D$ 在区间 $I_1 \subset D$ 上有界, 也可能在另一个 $I_2 \subset D$ 上无界. 例如, $f(x) = \dfrac{1}{x}, x \in (-\infty, 0) \bigcup (0, +\infty), f(x)$ 在区间 $(2, 3)$ 上有界,

因为可取 $M = 1$, 使得对任意的 $x \in (2,3)$, $\left|\dfrac{1}{x}\right| \leqslant 1$ 成立; 但 $f(x)$ 在区间 $(0,1)$ 上无界, 因为对任意的 $M > 0$, 在 $(0,1)$ 中总可取到 $x_1 < \dfrac{1}{M}$, 从而 $\left|\dfrac{1}{x_1}\right| = \dfrac{1}{x_1} > M$.

(2) $f(x)$ 在 X 上有界的充要条件是 $f(x)$ 在 X 上既有上界又有下界. 若仅有上 (下) 界, 未必有下 (上) 界, 因而未必有界. 例如 $f(x) = x^2, x \in \mathbf{R}$, 显然 $f(x)$ 在 $\mathbf{R}$ 上有下界, $f(x) \geqslant 0$, 但 $f(x)$ 在 X 上无上界.

2. 单调性

设 $f(x)$ 的定义域为 D, 区间 $I \subset D$.

(1) 若对任意的 $x_1, x_2 \in X$, 当 $x_1 < x_2$ 时, 总有 $f(x_1) < f(x_2)$, 则称 $f(x)$ 在 I 上**单调增加**(图 1-9);

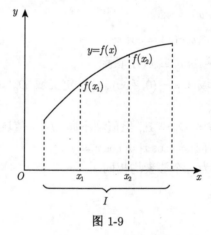

图 1-9

(2) 若对任意的 $x_1, x_2 \in X$, 当 $x_1 < x_2$ 时, 总有 $f(x_1) > f(x_2)$, 则称 $f(x)$ 在 I 上**单调减少**(图 1-10).

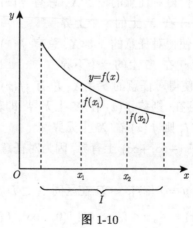

图 1-10

单调增加和单调减少的函数统称为**单调函数**.

例如, $f(x) = x^2$ 在 $[0, +\infty)$ 上单调增加, 在 $(-\infty, 0)$ 上单调减少, 在 $(-\infty, +\infty)$ 上不是单调的 (图 1-11). 又如, $f(x) = x^3$ 在 $(-\infty, +\infty)$ 上是单调增加的 (图 1-12).

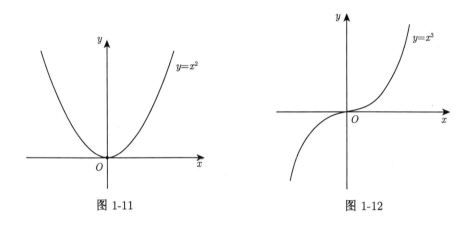

图 1-11　　　　　　　　　　　　　　　　图 1-12

3. 奇偶性

设 $f(x)$ 的定义域 D 关于原点对称.

若对于任意的 $x \in D$, 有 $f(-x) = f(x)$, 则称 $f(x)$ 为**偶函数**;

若对于任意的 $x \in D$, 有 $f(-x) = -f(x)$, 则称 $f(x)$ 为**奇函数**.

例如, $x, x^3, \sin x$ 为奇函数, $x^2, \cos x$ 为偶函数.

偶函数的图形关于 y 轴对称 (图 1-13), 奇函数的图形关于原点对称 (图 1-14).

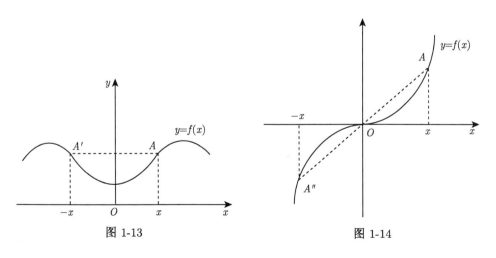

图 1-13　　　　　　　　　　　　　　　　图 1-14

注　不要误认为任一函数不是奇函数就是偶函数. 例如, $y = 2^x$ 与 $y = \ln x$ 就是非奇非偶函数.

4. 周期性

设 $f(x)$ 的定义域为 D, 若存在 $l > 0$, 使得对于任意的 $x \in D$, 有 $(x \pm l) \in D$, 且 $f(x \pm l) = f(x)$, 则称 $f(x)$ 为**周期函数**, 称 l 为 $f(x)$ 的周期. 通常说的周期是指**最小正周期**.

例如, $\sin x, \cos x$ 的周期为 2π; $\tan x$ 的周期为 π.

注　并非每个周期函数都有最小正周期, 如狄利克雷函数.

例 1-1-7　求 $y = \cos^4 x + \sin^4 x$ 的周期.

解　$y = \left(\sin^2 x + \cos^2 x\right)^2 - 2\sin^2 x \cos^2 x = 1 - \dfrac{1}{2}\sin^2 2x = 1 - \dfrac{1}{4}\left(1 - \cos 4x\right) = \dfrac{3}{4} + \dfrac{1}{4}\cos 4x$, $\cos 4x$ 的周期为 $\dfrac{2\pi}{4} = \dfrac{\pi}{2}$, 故 y 的周期为 $\dfrac{\pi}{2}$.

1.1.6　复合函数与反函数

先举一个例子. 设 $y = \sqrt{u}, u \geqslant 0$, 而 $u = 1 - x^2, |x| \leqslant 1$, 以 $1 - x^2$ 代替第一式的 u, 得 $y = \sqrt{1 - x^2}$, 我们说函数 $y = \sqrt{1 - x^2}, |x| \leqslant 1$ 是由 $y = \sqrt{u}$ 和 $u = 1 - x^2$ 复合而成的复合函数.

定义 1-1-2　设 $y = f(u)$ 的定义域为 D_f, 值域为 $f(D_f)$, 而 $u = \phi(x)$ 的定义域为 D, 值域为 $\phi(D)$. 若 $\phi(D) \subset D_f$, 对任意的 $x \in D$, 有唯一的 $u \in \phi(D) \subset D_f$, 从而有唯一的 $y \in f(D_f)$ 与 x 对应, 这就定义了一个从 D 到 $f(D_f)$ 的函数 $f[\phi(x)], x \in D$, 称为由函数 $u = \phi(x)$ 和函数 $y = f(u)$ 构成的复合函数, 它的定义域为 D, 变量 u 称为中间变量.

在高等数学中理解复合函数关键在于它的分解. 例如, 将复合函数 $y = \sin \ln x$ 可分解为 $y = \sin u$ 与 $u = \ln x$, u 为中间变量.

定义 1-1-3　设函数 $y = f(x)$ 的定义域为 D, 对任意的 $y \in f(D)$, 如果总有确定的 $x \in D$ 使 $f(x) = y$, 则得到一个以 y 为自变量、x 为因变量的函数, 称为函数 $y = f(x)$ 的反函数, 记作 $x = f^{-1}(y)$, 它的定义域为 $f(D)$, 值域为 D.

习惯上函数常以 x 为自变量, y 为因变量, 因此函数 $y = f(x)$ 的反函数常记为 $y = f^{-1}(x)$. 在同一坐标下, 函数 $y = f(x)$ 与函数 $y = f^{-1}(x)$ 的图像关于直线 $y = x$ 对称 (图 1-15).

注　$y = f^{-1}(x)$ 和 $x = f^{-1}(y)$ 是同一函数, 因为对应法则 f^{-1} 没变, 只是自变量与因变量的表示字母交换了.

例 1-1-8　设 $f(x) = \dfrac{x}{1 - x}$, 求: $f[f(x)]$ 和 $f\{f[f(x)]\}$.

解

$$f[f(x)] = \frac{f(x)}{1-f(x)} = \frac{\dfrac{x}{1-x}}{1-\dfrac{x}{1-x}} = \frac{x}{1-2x},$$

$$f\{f[f(x)]\} = \frac{f[f(x)]}{1-f[f(x)]} = \frac{\dfrac{x}{1-2x}}{1-\dfrac{x}{1-2x}} = \frac{x}{1-3x}.$$

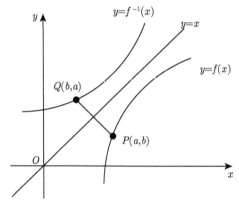

图 1-15

例 1-1-9 求 $y = 2x + 1$ 的反函数.

解 由 $y = 2x+1$ 解出 $x = \dfrac{1}{2}(y-1)$, 所以 $y = 2x+1$ 的反函数为 $y = \dfrac{1}{2}(x-1)$.

定理 1-1-1 若 f 是定义在 D 上的单调函数, 则 f 的反函数 f^{-1} 存在, 且 f^{-1} 是 $f(D)$ 上的单调函数.(证明略)

有时从 f 的整个定义域考虑, 反函数不存在, 但把 f 的定义域适当限制在一定范围上, 就可保证反函数存在.

例如, 正弦函数 $y = \sin x, x \in D = (-\infty, +\infty)$, 它在定义域上是多值函数, 反函数不存在, 而 $y = \sin x$, 当 $x \in \left[-\dfrac{\pi}{2}, \dfrac{\pi}{2}\right]$ 时是单调增加的, 有反函数 $y = \arcsin x, x \in [-1,1]$.

类似地, $y = \cos x$, 当 $x \in [0, \pi]$ 时是单调减少的, 有反函数 $y = \arccos x, x \in [-1,1]$. $y = \tan x$, 当 $x \in \left(-\dfrac{\pi}{2}, \dfrac{\pi}{2}\right)$ 时是单调增加的, 有反函数 $y = \arctan x, x \in (-\infty, +\infty)$. $y = \cot x$, 当 $x \in (0, \pi)$ 时是单调减少的, 有反函数 $y = \operatorname{arccot} x, x \in (-\infty, +\infty)$. 严格来说, 根据反函数的概念, 三角函数 $y = \sin x, y = \cos x, y = \tan x, y = \cot x$ 在其定义域内不存在反函数, 但是在其定义域的每个单调增加或减少的子区间上存在反函数. 例如, $y = \sin x$ 在闭区间 $\left[-\dfrac{\pi}{2}, \dfrac{\pi}{2}\right]$ 上单调增加, 从而

存在反函数, 称此反函数为反正弦函数 $y = \arcsin x$ 的主值, 记为 $y = \arcsin x$, 它的图像如图 1-20(a) 中实线部分所示.

类似地, 可以定义其他三个反三角函数的主值 $y = \arccos x, y = \arctan x$ 和 $y = \text{arccot}\, x$, 它们分别简称为反余弦函数、反正切函数、反余切函数, 其图像如图 1-20 (b)(c)(d) 中实线部分所示.

1.1.7　初等函数

1. 基本初等函数

(1) 幂函数 $y = x^\mu (\mu \in \mathbf{R})$. 图 1-16 给出的是幂函数 $y = x^\mu$ 当 μ 分别取不同实数时的图像.

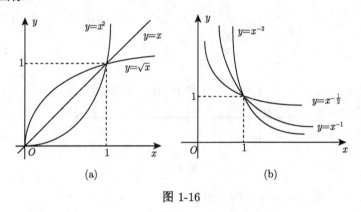

(a)   (b)

图 1-16

(2) 指数函数 $y = a^x (a > 1$ 且 $a \neq 1)$, 如图 1-17 所示.

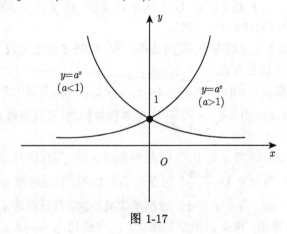

图 1-17

(3) 对数函数 $y = \log_a x (a > 0$ 且 $a \neq 1$, 特别地, $a = e$ 时, 记为 $\ln x$), 如图 1-18 所示.

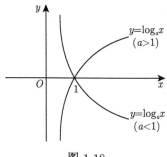

图 1-18

(4) 三角函数 $y = \sin x, y = \cos x, y = \tan x, y = \cot x$, 如图 1-19 所示.

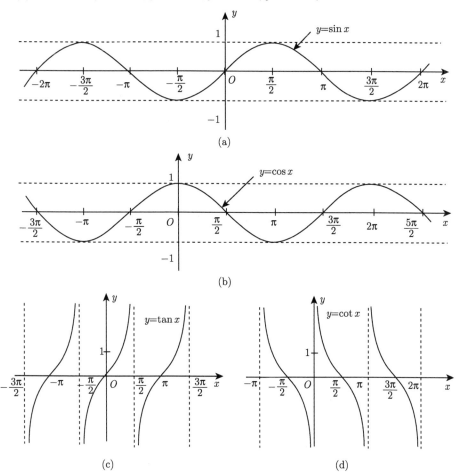

图 1-19

(5) 反三角函数 $y = \arcsin x, y = \arccos x, y = \arctan x, y = \mathrm{arccot}\, x$, 如图 1-20 实线部分所示.

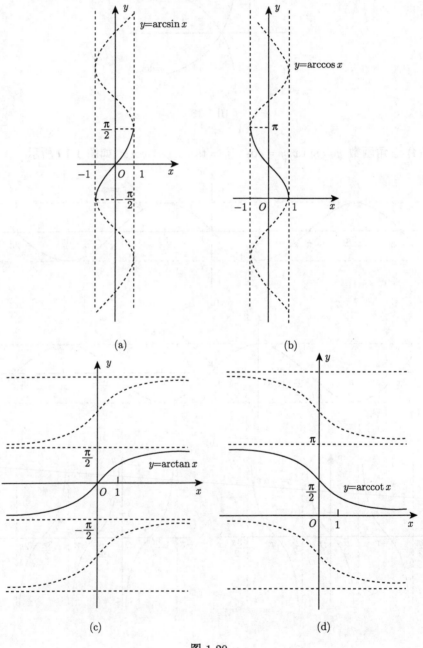

图 1-20

以上五种函数统称为**基本初等函数**.

2. 初等函数

定义 1-1-4　由基本初等函数经有限次的四则运算和有限次的复合运算所构成的并可以用一个式子表示的函数称为初等函数. 例如

$$y = \ln \cos\left(\frac{\mathrm{e}^x - \mathrm{e}^{-x}}{2}\right), \quad y = \ln \tan \frac{x}{2} - \cot x, \quad y = \frac{2 + \sqrt{x}}{3 + \arcsin x}$$

都是初等函数.

注　分段函数不是初等函数.

1.1.8　极坐标

在平面内取一个定点 O, 引一条射线 OX, 再选定一个单位长度和角度的正方向 (通常取逆时针方向), 这样就确定了一个**极坐标系**. 定点 O 叫作**极点**, 射线 OX 叫作**极轴**.

对于平面内任意一点 P, 用 ρ(或 r) 表示 OP 的长度, θ 表示从 OX 到 OP 的角度, ρ 叫作点 P 的**极径**, θ 叫作点 P 的**极角**, 那么有序实数对 (ρ, θ) 叫作点 P 的**极坐标**, 表示为 $P(\rho, \theta)$(图 1-21).

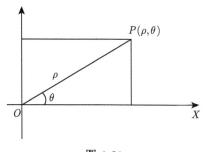

图 1-21

极坐标与直角坐标的互化:

$$\begin{cases} x = \rho \cos\theta, \\ y = \rho \sin\theta, \end{cases} \quad \begin{cases} \rho^2 = x^2 + y^2, \\ \tan\theta = \dfrac{y}{x}, \end{cases} \quad x \neq 0.$$

例如, A 点的极坐标为 $A\left(2, \dfrac{\pi}{4}\right)$, 这里 $\rho = 2$, $\theta = \dfrac{\pi}{4}$, 则 A 点直角坐标 $x = \rho \cos\theta = 2\cos\dfrac{\pi}{4} = \sqrt{2}$, $y = \rho \sin\theta = 2\sin\dfrac{\pi}{4} = \sqrt{2}$, 即 A 点直角坐标为 $A\left(\sqrt{2}, \sqrt{2}\right)$.

又如, (1) 曲线的极坐标方程为 $\theta = \dfrac{\pi}{3}$, 则曲线的直角坐标方程为 $y = x\tan\theta = x\tan\dfrac{\pi}{3}$, 即 $y = \sqrt{3}x$.

(2) 如果曲线的极坐标方程为 $\rho = 4\cos\theta$, 则 $\rho^2 = 4\rho\cos\theta$, 由 $\rho^2 = x^2 + y^2$, $x = \rho\cos\theta$, 曲线的直角坐标方程为 $x^2 + y^2 = 4x$.

习　题　1-1

1. 用区间表示下列函数的定义域:

(1) $y = \sqrt{3x + 2}$;

(2) $y = \dfrac{1}{1 - x^2}$;

(3) $y = \ln(5 - x) + \arcsin \dfrac{x - 1}{6}$;

(4) $y = \begin{cases} x, & -1 \leqslant x < 0, \\ 1 + x, & 0 < x. \end{cases}$

2. 下列各题中, 函数 $f(x)$ 和 $g(x)$ 是否相同? 为什么?

(1) $f(x) = \dfrac{(x + 1)^2}{x + 1}, g(x) = x + 1$;

(2) $f(x) = \sin x, g(x) = \sin \sqrt{x^2}$;

(3) $f(x) = \sqrt[3]{x^4}, g(x) = x \sqrt[3]{x}$;

(4) $f(x) = \ln x^2, g(x) = 2 \ln x$.

3. 设 $f(x) = \begin{cases} 2x, & x \leqslant -1, \\ x^2, & -1 < x \leqslant 1, \end{cases}$ 求 $f(-2), f(-1), f(1), f(2)$; 并作出 $y = f(x)$ 的图像.

4. 确定下列函数的奇偶性:

(1) $y = \dfrac{\sin x}{x}$;

(2) $y = \sin x + \cos x$;

(3) $y = \dfrac{\mathrm{e}^x - \mathrm{e}^{-x}}{2}$;

(4) $y = \lg(x + \sqrt{x^2 + 1})$.

5. 求下列函数的反函数:

(1) $y = 2^x + 1$;

(2) $y = \dfrac{1 + x}{1 - x}$;

(3) $y = 1 + \ln(x + 2)$;

(4) $y = 1 + 2 \sin \dfrac{x - 1}{x + 1}$.

6. 下列各函数中哪些是周期函数? 对于周期函数, 指出其周期.

(1) $y = \sin(ax + b), a \neq 0$;

(2) $y = x \sin x$;

(3) $y = \sin^2 x$;

(4) $y = 1 + \cos 4x$.

7. 设 $f(\sin x) = \cos 2x + 1$, 求 $f(\cos x)$.

课堂练习　1-1

1. 有一条由西向东的河流, 经相距 150 千米的 A, B 两城, 从 A 城运货到 B 城正北 20 千米的 C 城, 先走水路, 运到 M 处后, 再走陆路, 已知水运运费是每吨每千米 3 元, 陆运运费是每吨每千米 5 元, 求沿路线 AMC 从 A 城运货到 C 城每吨所需运费与 MB 之间的距离的函数关系.

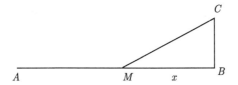

2. 讨论函数 $f(x) = \dfrac{1}{3 + 2^{\frac{1}{x}}}$ 当 $x \in (-\infty, 0) \bigcup (0, +\infty)$ 时的有界性.

3. 设 $f(x-2) = x^2 - 2x + 3$, 求 $f(x)$ 及 $f(x+h)$.

4. 设 $f(x) = \dfrac{1-x}{1+x}$, 求 $f\left(\dfrac{1}{x}\right)$ 及 $f[f(x)]$.

5. 设 $f(x) = \begin{cases} 1+x, & x < 0, \\ 1, & x \geqslant 0, \end{cases}$ 求 $f[f(x)]$.

1.2 数列的极限

微积分建立在初等数学之上, 能解决初等数学不能解决的问题, 其根本原因在于它引进了一个新的思想方法, 即 "极限". "极限" 的思想方法揭示了常量与变量、有限与无限、直线与曲线、匀速运动与变速运动等一系列对立统一及矛盾相互转化的辩证关系. "极限" 的思想方法, 是微积分中一个重要的内容, 也是应用微积分解决实际生活问题的重要思想来源.

1.2.1 数列极限的定义

在讲述一般的极限概念之前, 首先介绍刘徽的 "割圆术". 设有一半径为 1 的圆, 在只知道内接正多边形面积计算方法的情况下, 要计算其面积. 为此, 他先作圆的内接正六边形, 其面积记为 A_1; 再作圆的内接正十二边形, 其面积记为 A_2; 然后作内接正二十四边形, 其面积记为 A_3; 如此逐次将边数加倍. 他说: "割之弥细, 所失弥少, 割之又割, 以至于不可割, 则与圆周合体而无所失矣." 用现在的话说, 即当圆的内接正多边形边数 n 无限增大时, 圆的内接正 n 边形面积 A_n 无限接近于圆面积.

在这个问题中, 我们无法直接计算圆的面积, 而是计算圆的面积的一系列近似值 (即圆内接正 n 边形的面积 $A_1, A_2, \cdots, A_n, \cdots$), 通过考察这一系列近似值的变化趋势得到圆的面积. 这种方法就是极限方法.

上面得到的一组数 $A_1, A_2, \cdots, A_n, \cdots$ 就是一个数列.

一般地, 如果按某个法则把无穷多个数按一定次序排成一列 $x_1, x_2, \cdots, x_n, \cdots$, 则称这一列数为一个**无穷数列**(简称为**数列**), 记为 $\{x_n\}$. 数列中的每一个数叫作数列的**项**, 第 n 项 x_n 叫作数列的**一般项**或**通项**.

实质上, 数列不是新概念, 它只不过是一个以正整数 n 为自变量的函数, 即

$$x_n = f(n) \quad (n = 1, 2, \cdots).$$

当自变量 n 依次取 $1, 2, \cdots$ 等一切正整数时, 对应的函数值就排列成数列 $\{x_n\}$, 也称数列 $\{x_n\}$ 为整标函数.

例如,

(1) $\sqrt{1}, \sqrt{2}, \sqrt{3}, \cdots, \sqrt{n}, \cdots; \{\sqrt{n}\}$.

(2) $\dfrac{1}{2}, \dfrac{1}{4}, \dfrac{1}{8}, \cdots, \dfrac{1}{2^n}, \cdots; \left\{\dfrac{1}{2^n}\right\}$.

(3) $2, \dfrac{1}{2}, \dfrac{4}{3}, \cdots, \dfrac{n + (-1)^{n-1}}{n}, \cdots; \left\{\dfrac{n + (-1)^{n-1}}{n}\right\}$.

几何上, 数列对应着数轴上一个点列, 可看作一动点在数轴上依次取 $x_1, x_2, \cdots,$ $x_n, \cdots$ (图 1-22).

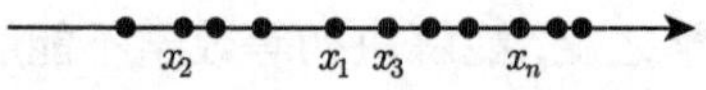

图 1-22

对于数列, 我们最关注的是它在无限变化过程中的发展趋势, 即当 n 无限增大时, x_n 是否无限趋近于一个常数.

我们来考察一下数列 $\left\{4 + \dfrac{1}{n}\right\}$: $5, 4 + \dfrac{1}{2}, 4 + \dfrac{1}{3}, 4 + \dfrac{1}{4}, \cdots (n = 1, 2, 3, 4, \cdots),$ 随着 n 无限增大, 对应的一般项 x_n 与常数 4 无限接近. 另外, 有的数列随着 n 无限增大 (记为 $n \to \infty$) 不与某常数越来越接近, 更不能与某常数无限接近, 如数列 (1) 不能与任何数值 A 无限地接近 ($n \to \infty$ 时). 由此, 我们研究数列的极限问题, 就是研究无限接近的问题, 而不是研究越来越接近的问题.

现在讨论当 n 无限增大时, 数列 x_n 与某个确定的值 A 无限地接近的这种现象如何用确切的数学语言表达出来.

考察数列 (3), 当 n 无限增大时, $x_n = 1 + \dfrac{(-1)^{n-1}}{n}$ 无限接近于 1. 换句话说, 当 n 充分大时, x_n 与 1 的距离 $|x_n - 1| = \left|(-1)^{n-1}\dfrac{1}{n}\right| = \dfrac{1}{n}$ 可以任意小, 并保持任意小. 任意小是什么意思? 任意小就是我们愿意让它多么小就多么小. 譬如,

给定 $\dfrac{1}{100}$, 由 $\dfrac{1}{n} < \dfrac{1}{100}$, 只要 $n > 100$ 时, 有 $|x_n - 1| < \dfrac{1}{100}$;

给定 $\dfrac{1}{1000}$, 只要 $n > 1000$ 时, 有 $|x_n - 1| < \dfrac{1}{1000}$;

给定 $\dfrac{1}{10000}$, 只要 $n > 10000$ 时, 有 $|x_n - 1| < \dfrac{1}{10000}$.

一般地, 任意给定 $\varepsilon > 0$, 不管如何小, 只要 $n > N\left(=\left[\dfrac{1}{\varepsilon}\right]\right)$ 时, 就有 $|x_n - 1| < \varepsilon$ 成立. 换句话说, 不论先指定的正数如何小, 总能找到相应的正整数 N, 使得从第 N 项之后, 任何项与 1 之差都小于预先指定的 ε. 这时也说, 数列 x_n 趋近于 1, 或以 1 为极限.

一般地, 有如下数列极限的定义.

定义 1-2-1 设 $\{x_n\}$ 是一数列, 如果存在常数 a, 对 $\forall \varepsilon > 0$, $\exists$ 正整数 N, 使得当 $n > N$ 时, 总有 $|x_n - a| < \varepsilon$ 成立, 则称常数 a 是数列 $\{x_n\}$ 的极限, 或者称数列 $\{x_n\}$ 收敛于 a, 记为

$$\lim_{n \to \infty} x_n = a$$

或

$$x_n \to a \quad (n \to \infty).$$

如果不存在这样的常数, 就说数列 $\{x_n\}$ 没有极限, 或者说 $\{x_n\}$ 是发散的, 也说 $\lim\limits_{n \to \infty} x_n$ 不存在.

因为 $|x_n - a| < \varepsilon$, 即为 $a - \varepsilon < x_n < a + \varepsilon$, 可以把 a 和 $x_1, x_2, \cdots, x_n, \cdots$ 都在数轴上表示出来, 如图 1-23.

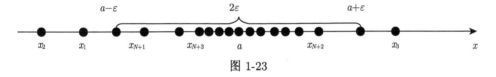

图 1-23

$\lim\limits_{n \to \infty} x_n = a$ 的几何意义: 对于任意给定的正数, 不论它多么小, 总存在正整数 N, 使数列 $\{x_n\}$ 中从第 $N+1$ 项起的一切项所表示的点 $x_{N+1}, x_{N+2}, \cdots, x_n, \cdots$ 都落在开区间 $(a - \varepsilon, a + \varepsilon)$ 内. ε 越小, $x_{N+1}, x_{N+2}, \cdots, x_n, \cdots$ 与 a 的距离越近.

关于数列极限的概念, 还有几点要说明:

(1) 数列是否有极限与其前面的有限项无关, 而与从某项以后的变化情况有关, 因此改变一个数列的有限项的值或去掉或添加有限项, 均不改变 $\{x_n\}$ 的收敛与发散性.

(2) 要证明一个数列的极限为 a, 必须要证明对于**任意**给定地正数 ε 都相应地存在着正整数 N, 这一点很重要, 如果只证明了对**某些**正数 ε, 存在着相应的正整数 N, 则不能证明数列的极限为 a.

(3) 在证明数列有极限时, 不一定要找到最小的正整数 N, 只要证明其存在即可. 显然, 如果证明了存在符合要求的正整数 N, 那么这种 N 就有无穷多个.

数列极限 $\lim\limits_{n \to \infty} x_n = a$ 可用 "$\varepsilon\text{-}N$" 语言简述为

$$\lim_{n\to\infty} x_n = a \Leftrightarrow 对\forall \varepsilon > 0, \exists \text{ 正整数}N, 当 n > N 时, 有 |x_n - a| < \varepsilon.$$

数列极限的定义并未提供如何求数列的极限, 关于如何求极限在以后的内容中再介绍, 现在举几个说明极限概念的例子.

例 1-2-1　设 $x_n = 1 + (-1)^{n-1}\dfrac{1}{n}$, 用极限的定义证明: $\lim\limits_{n\to\infty} x_n = 1$.

证明　任给 $\varepsilon > 0$, 要使 $|x_n - 1| = \left| 1 + (-1)^{n-1}\dfrac{1}{n} - 1 \right| = \dfrac{1}{n} < \varepsilon$, 即 $n > \dfrac{1}{\varepsilon}$. 只要取 $N = \left[\dfrac{1}{\varepsilon} \right]$, 则当 $n > N$ 时, 有 $|x_n - 1| < \varepsilon$. 故

$$\lim_{n\to\infty} x_n = 1.$$

例 1-2-2　证明: $\lim\limits_{n\to\infty} q^n = 0$, 其中 $0 < |q| < 1$.

证明　任给 $\varepsilon > 0$(不妨设 $0 < \varepsilon < 1$), 要使 $|x_n - 0| = |q^n| < \varepsilon$, 即 $|q^n| < \varepsilon, n\ln|q| < \ln\varepsilon, 0 < |q| < 1, n > \dfrac{\ln\varepsilon}{\ln|q|}$.

取 $N = \left[\dfrac{\ln\varepsilon}{\ln|q|} \right]$, 则当 $n > N$ 时, 就有 $|q^n - 0| < \varepsilon, \lim\limits_{x\to 0} q^n = 0$.

例 1-2-3　用数列极限定义证明 $\lim\limits_{n\to\infty} \dfrac{5+2n}{1-3n} = -\dfrac{2}{3}$.

证明　由于

$$\left| \frac{5+2n}{1-3n} - \left(-\frac{2}{3}\right) \right| = \left| \frac{17}{3(1-3n)} \right| = \frac{17}{9n-3} \quad (n \geqslant 1),$$

故对于 $\forall \varepsilon > 0$, 要使 $\left| \dfrac{5+2n}{1-3n} - \left(-\dfrac{2}{3}\right) \right| < \varepsilon$, 只要 $\dfrac{17}{9n-3} < \varepsilon$, 解得 $\dfrac{17}{\varepsilon} < 9n-3, n > \dfrac{17}{9\varepsilon} + \dfrac{1}{3}$.

因此, 取 $N = \left[\dfrac{17}{9\varepsilon} + \dfrac{1}{3} \right]$, 则 $n > N$ 时 $\left| \dfrac{5+2n}{1-3n} - \left(-\dfrac{2}{3}\right) \right| < \varepsilon$ 成立, 即 $\lim\limits_{n\to\infty} \dfrac{5+2n}{1-3n} = -\dfrac{2}{3}$.

1.2.2　收敛数列的性质

定理 1-2-1 (极限的唯一性)　如果数列 $\{x_n\}$ 收敛, 那么它的极限唯一.

证明　略.

定义 1-2-2　设 $\{x_n\}$ 是一数列, 如果存在正数 M, 使得对于一切 x_n, 都有

$$|x_n| \leqslant M,$$

则称 $\{x_n\}$ 有界, 如果这样的正数 M 不存在, 则称 $\{x_n\}$ 无界.

例如, $\left\{\dfrac{n}{n+1}\right\}$ 有界, 因为 $|x_n| = \left|\dfrac{n}{n+1}\right| \leqslant 1$; 而 $\{e^n\}$ 无界.

定理 1-2-2 (极限的有界性)   收敛的数列必有界.

证明   设 $\lim\limits_{n\to\infty} x_n = a$, 则对 $\forall \varepsilon > 0, \exists$ 正整数 N, 当 $n > N$ 时, 有 $|x_n - a| < \varepsilon$. 取 $\varepsilon = 1$, 则 $\exists$ 正整数 N, 当 $n > N$ 时, 有 $|x_n - a| < 1$. 于是, 当 $n > N$ 时,

$$|x_n| = |(x_n - a) + a| \leqslant |x_n - a| + |a| < 1 + |a|,$$

取 $M = \{|x_1|, |x_2|, \cdots, |x_N|, 1 + |a|\}$, 则数列 $\{x_n\}$ 中的一切 x_n 都满足 $|x_n| \leqslant M$, 故 $\{x_n\}$ 有界.

由此性质可判断, 若 $\{x_n\}$ 无界, 则 $\{x_n\}$ 必发散.

例 1-2-4   证明数列 $x_n = (-1)^{n+1}$ 是发散的.

证明   设 $\lim\limits_{n\to\infty} x_n = a$, 由定义, 对于 $\varepsilon = \dfrac{1}{2}, \exists N > 0$, 使得当 $n > N$ 时, 恒有 $|x_n - a| < \dfrac{1}{2}$, 即当 $n > N$ 时, $x_n \in \left(a - \dfrac{1}{2}, a + \dfrac{1}{2}\right)$, 区间长度为 1. 而 x_n 无休止地反复取 1, -1 两个数, 不可能同时位于长度为 1 的开区间内. 因此该数列是发散的, 证毕.

注   数列 $x_n = (-1)^{n+1}(n = 1, 2, \cdots)$ 有界, 因为 $|x_n| \leqslant 1$, 但它发散. 这表明, 有界数列不一定收敛.

定理 1-2-3 (极限的保号性)   若 $\lim\limits_{n\to\infty} x_n = a$, 且 $a > 0(a < 0)$, 则 $\exists$ 正整数 N, 当 $n > N$ 时, 都有 $x_n > 0(x_n < 0)$.

证明   略.

定理 1-2-3 推论   若从某项起有 $x_n \geqslant 0$(或 $x_n \leqslant 0$) 且 $\lim\limits_{n\to\infty} x_n = a$, 则 $a \geqslant 0$(或 $a \leqslant 0$).

证明   略.

定理 1-2-4   若数列 $\{x_n\}$ 收敛于 a, 则它的任一子数列也收敛于 a.

证明   略.

利用这一性质可判断, 若 $\{x_n\}$ 有一子列发散, 则 $\{x_n\}$ 也发散; 或者, 若 $\{x_n\}$ 有两个收敛子列, 但二子列收敛于不同定数, 则 $\{x_n\}$ 也发散. 例 1-2-4 中数列

$$1, -1, 1, \cdots, (-1)^{n+1}, \cdots$$

的子列 $\{x_{2k-1}\}$ 收敛于 1, 而子列 $\{x_{2k}\}$ 收敛于 -1, 因此数列 $x_n = (-1)^{n+1}(n = 1, 2, \cdots)$ 是发散的. 同时这个例子也说明, 一个发散的数列也可能存在收敛的子数列.

习　题　1-2

1. 写出下列数列的前四项:

(1) $y_n = 1 - \dfrac{1}{2^n}$;

(2) $y_n = \left(1 + \dfrac{1}{n}\right)^n$;

(3) $y_n = \dfrac{1}{n+1} \sin \dfrac{\pi}{n}$;

(4) $y_n = \dfrac{n^2(2n+1)}{n^3 + n + 4}$;

(5) $y_n = \dfrac{m(m-1)\cdots(m-n+1)}{n!}$.

2. 观察下列数列 $\{x_n\}$ 的变化趋势, 并指出哪些数列有极限, 极限是多少, 哪些数列无极限?

(1) $x_n = (-1)^n \dfrac{1}{n}$;

(2) $x_n = n \sin \dfrac{n\pi}{2}$.

3. 用数列极限的定义证明:

(1) $\lim\limits_{n \to +\infty} (-1)^n \dfrac{1}{n^2} = 0$;

(2) $\lim\limits_{n \to +\infty} \dfrac{3n+1}{2n-1} = \dfrac{3}{2}$;

(3) $\lim\limits_{n \to +\infty} \dfrac{1}{n} \sin \dfrac{n\pi}{2} = 0$;

(4) $\lim\limits_{n \to \infty} \dfrac{n}{n+1} = 1$;

(5) $\lim\limits_{n \to \infty} \left(1 - \dfrac{1}{2^n}\right) = 1$;

(6) $\lim\limits_{n \to \infty} \dfrac{1}{\sqrt{n}} = 0$;

(7) $\lim\limits_{n \to \infty} 0.\underbrace{99\cdots9}_{n \uparrow} = 1$.

课堂练习　1-2

1. 观察下列数列 $\{x_n\}$ 的变化趋势, 并指出哪些数列有极限, 极限是多少, 哪些数列无极限.

(1) $x_n : -\dfrac{1}{3}, \dfrac{3}{5}, -\dfrac{5}{7}, \dfrac{7}{9}, -\dfrac{9}{11}, \cdots$;

(2) $x_n : 1, \dfrac{3}{2}, \dfrac{1}{3}, \dfrac{5}{4}, \dfrac{1}{5}, \dfrac{7}{6}, \cdots$;

(3) $x_n : 0, \dfrac{1}{2}, 0, \dfrac{1}{4}, 0, \dfrac{1}{6}, 0, \dfrac{1}{8}, \cdots$.

2. 设数列 x_n 有界, 又 $\lim\limits_{n \to \infty} y_n = 0$, 证明 $\lim\limits_{n \to \infty} x_n y_n = 0$.

1.3　函数的极限

1.3.1　函数极限的定义

1.2 节讨论了数列 (即整标函数) 的极限, 这只是一种特殊类型的函数极限问题. 数列可看作自变量为正整数 n 的函数: $x_n = f(n)$, 数列 $\{x_n\}$ 的极限为 a, 即: 当自变量 n 取正整数且无限增大 ($n \to \infty$) 时, 对应的函数值 $f(n)$ 无限接近数 a.

而一般函数 $y = f(x)$ 中自变量 x 总是在某个数集中变化, 如实数集等, 当自变量 x 处于某一个变化过程中时, 函数值 $y = f(x)$ 也随之变化. 若将数列极限概念中自变量 n 和函数值 $f(n)$ 的特殊性撇开, 可以由此引出函数极限的一般概念: 在自变量 x 的某个变化过程中, 如果对应的函数值 $f(x)$ 无限趋近于某个确定的数 A, 则 A 就称为 x 在该变化过程中函数 $f(x)$ 的极限. 显然, 极限 A 是与自变量 x 的变化过程紧密相关的, 自变量的变化过程不同, 函数的极限就有不同的表现形式. 函数极限就是研究自变量在各种变化过程中函数值的变化趋势. 本节针对自变量的不同变化过程分下列两种情况来讨论函数的极限:

(1) 自变量 x 的绝对值 $|x|$ 无限增大, 即趋于无穷大 $(x \to \infty)$ 时对应的函数值的变化情形.

(2) 自变量 x 任意接近于有限值 x_0 或趋于有限值 x_0 时 $(x \to x_0)$ 对应的函数值的变化情形.

1. 当 $x \to x_0$ 时 $f(x)$ 的极限

x 趋向于无穷大分为三种形式:

(1) x 趋向于无穷大, 记作 $x \to \infty$, 表示 $|x|$ 趋向无穷大的过程;

(2) x 趋向于正无穷大, 记作 $x \to +\infty$, 表示 x 趋向无穷大的过程;

(3) x 趋向于负无穷大, 记作 $x \to -\infty$, 表示 $x < 0$ 且 $|x|$ 趋向无穷大的过程.

以下主要讨论 $x \to \infty$ 时函数的极限概念, 容易理解这种情形与数列的极限相类似, 主要不同的是, 在这里自变量 x 是连续变化的, 因此将其定义如下.

定义 1-3-1 设函数 $f(x)$ 在 $|x|$ 大于某一正数时有定义, A 为常数. 如果对于任意给定 (可以任意小) 的正数 ε, 总存在正数 X, 当 $|x| > X$ 时, 恒有 $|f(x) - A| < \varepsilon$, 则称当 x 趋向于无穷大时, 函数 $f(x)$ 以常数 A 为极限, 记作

$$\lim_{x \to \infty} f(x) = A \quad \text{或} \quad f(x) \to A \, (x \to \infty).$$

以上定义可简单叙述为

$\lim\limits_{x \to \infty} f(x) = A \Leftrightarrow$ 对 $\forall \varepsilon > 0, \exists X > 0$, 当 $|x| > X$ 时, 有 $|f(x) - A| < \varepsilon$.

两种定义可简单叙述为

$\lim\limits_{x \to +\infty} f(x) = A \Leftrightarrow$ 对 $\forall \varepsilon > 0, \exists X > 0$, 当 $x > X$ 时, 有 $|f(x) - A| < \varepsilon$.

$\lim\limits_{x \to -\infty} f(x) = A \Leftrightarrow$ 对 $\forall \varepsilon > 0, \exists X > 0$, 当 $x < -X$ 时, 有 $|f(x) - A| < \varepsilon$.

$\lim\limits_{x \to \infty} f(x) = A$ 的几何意义: 对于给定任意小的正数 ε, 总存在正数 X, 当 $x < -X$ 或 $x > X$ 时, 函数 $y = f(x)$ 的图形必定位于直线 $y = A + \varepsilon$ 与直线 $y = A - \varepsilon$ 之间 (图 1-24).

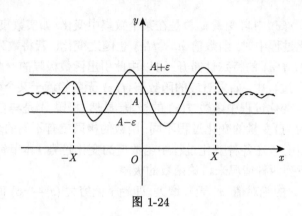

图 1-24

若 $\lim\limits_{x\to\infty} f(x) = c$, 则直线 $y = c$ 是 $f(x)$ 的图形的水平渐近线.

例 1-3-1　用函数极限的定义证明 $\lim\limits_{x\to\infty} \dfrac{x-2}{x+1} = 1$, 并指出其水平渐近线.

证明　$\forall \varepsilon > 0$, 欲使 $|f(x) - A| = \left| \dfrac{x-2}{x+1} - 1 \right| = \left| \dfrac{3}{x+1} \right| < \varepsilon$, 只需 $|x+1| > \dfrac{3}{\varepsilon}$.

又因为 $|x+1| \geqslant |x| - 1$, 只需 $|x| - 1 > \dfrac{3}{\varepsilon}$, 即 $|x| > 1 + \dfrac{3}{\varepsilon}$. 故 $\forall \varepsilon > 0$, 取 $X = 1 + \dfrac{3}{\varepsilon}$,

当 $x > X$ 时, 有 $|f(x) - A| < \varepsilon$, 所以 $\lim\limits_{x\to\infty} \dfrac{x-2}{x+1} = 1$.

$y = \dfrac{x-2}{x+1}$ 的水平渐近线为 $y=1$.

例 1-3-2　证明 $\lim\limits_{x\to+\infty} (2 + \mathrm{e}^{-x}) = 2$, 并指出其一条水平渐近线.

证明　$\forall \varepsilon > 0$, 欲使 $|f(x) - A| = |2 + \mathrm{e}^{-x} - 2| = \mathrm{e}^{-x} < \varepsilon$, 只需 $\mathrm{e}^{x} > \dfrac{1}{\varepsilon}$, 即 $x >$

$\ln \dfrac{1}{\varepsilon}$. 故 $\forall \varepsilon > 0$, 取 $X = \ln \dfrac{1}{\varepsilon}$, 当 $x > X$ 时, 有 $|f(x) - A| < \varepsilon$, 所以

$$\lim\limits_{x\to+\infty} (2 + \mathrm{e}^{-x}) = 2.$$

$y = (2 + \mathrm{e}^{-x})$ 的一条水平渐近线为 $y = 2$.

2. 当 $x \to x_0$ 时 $f(x)$ 的极限

x 趋于有限值时也可分为三种情形:

(1) x 无限趋近于常数 x_0, 记作 $x \to x_0$, 它表示 $x \neq x_0$ 且 x 与 x_0 的距离 $|x - x_0|$ 无限变小趋近于零的过程;

(2) x 从 x_0 右侧无限趋近于常数 x_0, 记作 $x \to x_0^+$, 它表示 $x > x_0$ 且 $|x - x_0|$ 无限变小趋近于零的过程;

(3) x 从 x_0 左侧无限趋近于常数 x_0, 记作 $x \to x_0^-$, 表示 $x < x_0$ 且 $|x - x_0|$ 无限变小趋近于零的过程.

自变量的变化过程不同, 函数的极限就有不同的表现形式.

定义 1-3-2 设函数为 $f(x)$ 在 x_0 的某去心邻域内有定义, A 为常数. 如果对于任意给定 (可以任意小) 的正数 ε, 总存在正数 δ, 当 $0 < |x - x_0| < \delta$ 时, 恒有

$$|f(x) - A| < \varepsilon,$$

则称当 x 趋向于 x_0 时, 函数 $f(x)$ 以常数 A 为极限, 记作

$$\lim_{x \to x_0} f(x) = A \quad \text{或} \quad f(x) \to A \, (x \to x_0).$$

定义中 $0 < |x - x_0|$ 表示 $x \neq x_0$, 所以 $x \to x_0$ 时 $f(x)$ 有没有极限, 与 $f(x)$ 在点 x_0 是否有定义无关.

以上定义可简单叙述为

$\lim\limits_{x \to \infty} f(x) = A \Leftrightarrow$ 对 $\forall \varepsilon > 0, \exists \delta > 0$, 当 $0 < |x - x_0| < \delta$ 时, 有 $|f(x) - A| < \varepsilon$.

$\lim\limits_{x \to x_0} f(x) = A$ 的几何意义: 对于给定任意小的正数 ε, 作平行于轴的两条直线 $y = A + \varepsilon$ 与 $y = A - \varepsilon$, 介于这两条直线之间的是一横条区域. 对于给定的 ε, 存在点 x_0 的一个 δ 邻域 $(x_0 - \delta, x_0 + \delta)$, 当 $y = f(x)$ 图形上的点的横坐标 x 在邻域 $(x_0 - \delta, x_0 + \delta)$ 内, 但 $x \neq x_0$ 时, 这些点的纵坐标满足不等式 $|f(x) - A| < \varepsilon$.

即函数 $y = f(x)$ 的图形位于直线 $y = A + \varepsilon$ 与直线 $y = A - \varepsilon$ 之间的横条区域内, 如图 1-25.

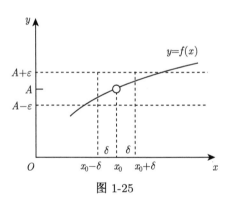

图 1-25

注 (1) 对于 $\lim\limits_{x \to x_0} f(x) = A$, 由于所要研究的是 x 无限趋近于 x_0 时函数 $f(x)$ 的变化趋势, 所以对 x_0 处的函数值是不予考虑的, 甚至 x_0 处无定义也不妨碍研究的结果. 因此定义中只要求满足 $0 < |x - x_0| < \delta$ 的一切 x 使得 $|f(x) - A| < \varepsilon$, 而不是满足 $|x - x_0| < \delta$ 的一切 x 使得 $|f(x) - A| < \varepsilon$.

(2) 研究函数 $f(x)$ 的极限时, 必须指出自变量 x 的趋向. 例如, 不能讲 $f(x) = \dfrac{1}{x}$ 以 0 为极限, 而应指明当 $x \to \infty$ 时, $f(x) = \dfrac{1}{x}$ 以 0 为极限. 因为当 $x \to 1$ 时,

$f(x) = \dfrac{1}{x}$ 以 1 为极限, 而当 $x \to 2$ 时, $f(x) = \dfrac{1}{x}$ 以 $\dfrac{1}{2}$ 为极限.

左、右极限定义可简单叙述为

$$\lim_{x \to x_0^-} f(x) = A \Leftrightarrow 对\forall \varepsilon > 0, \exists \delta > 0, 当 -\delta < x - x_0 < 0时, 有 |f(x) - A| < \varepsilon.$$

称 $\lim\limits_{x \to x_0^-} f(x) = A$ 为当 $x \to x_0^-$ 时, 函数 $f(x)$ 以常数 A 为**左极限**, 记为 $f(x_0^-)$.

$$\lim_{x \to x_0^+} f(x) = A \Leftrightarrow 对\forall \varepsilon > 0, \exists \delta > 0, 当 0 < x - x_0 < \delta时, 有 |f(x) - A| < \varepsilon.$$

称 $\lim\limits_{x \to x_0^+} f(x) = A$ 为当 $x \to x_0^+$ 时, 函数 $f(x)$ 以常数 A 为**右极限**, 记为 $f(x_0^+)$.

函数的左、右极限统称为函数的**单侧极限**.

函数极限存在的充分必要条件是左极限、右极限分别存在且相等, 即

$$f(x_0^-) = f(x_0^+).$$

因此, 即使 $f(x_0^-)$, $f(x_0^+)$ 都存在, 若不相等, 则 $\lim\limits_{x \to x_0} f(x)$ 不存在.

定理 1-3-1 极限 $\lim\limits_{x \to x_0} f(x) = A$ 存在的充分必要条件为左极限及右极限各自存在且相等, 即

$$\lim_{x \to x_0^+} f(x) = A = \lim_{x \to x_0^-} f(x).$$

例 1-3-3 证明 $\lim\limits_{x \to 1} \dfrac{2x^2 - 2}{x - 1} = 4$.

证明 由于 $\forall \varepsilon > 0$, 欲使 $|f(x) - A| = \left| \dfrac{2x^2 - 2}{x - 1} - 4 \right| = |2(x+1) - 4| = 2|x - 1| < \varepsilon$, 只需 $|x - 1| < \dfrac{\varepsilon}{2}$, 故 $\forall \varepsilon > 0$, 取 $\delta = \dfrac{\varepsilon}{2}$, 则当 $0 < |x - x_0| < \delta$ 时, 有 $|f(x) - A| < \varepsilon$ 成立. 所以 $\lim\limits_{x \to 1} \dfrac{2x^2 - 2}{x - 1} = 4$.

例 1-3-4 设

$$f(x) = \begin{cases} x - 1, & x < 0, \\ 0, & x = 0, \\ x + 1, & x > 0. \end{cases}$$

验证当 $x \to 0$ 时, $f(x)$ 的极限不存在.

证明 当 $x \to 0$ 时, $f(x)$ 的右极限 $\lim\limits_{x \to 0^-} f(x) = \lim\limits_{x \to 0^-} (x - 1) = -1$;

当 $x \to 0$ 时, $f(x)$ 的左极限 $\lim\limits_{x \to 0^+} f(x) = \lim\limits_{x \to 0^+} (x + 1) = 1$.

因为 $\lim\limits_{x \to 0^-} f(x) \neq \lim\limits_{x \to 0^+} f(x)$, 所以当 $x \to 0$ 时, $f(x)$ 的极限不存在. 如图 1-26.

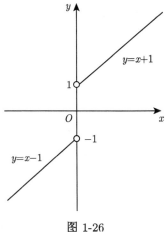

图 1-26

例 1-3-5 验证 $\lim\limits_{x \to 0} \dfrac{|x|}{x}$ 不存在.

证明 $\lim\limits_{x \to 0^-} \dfrac{|x|}{x} = \lim\limits_{x \to 0^-} \dfrac{-x}{x} = \lim\limits_{x \to 0^-} (-1) = -1$; $\lim\limits_{x \to 0^+} \dfrac{|x|}{x} = \lim\limits_{x \to 0^+} \dfrac{x}{x} = \lim\limits_{x \to 0^+} 1 = 1$.

当 $x \to 0$ 时, $f(x)$ 的左、右极限存在但不相等. 所以 $\lim\limits_{x \to 0} f(x)$ 不存在. 如图 1-27.

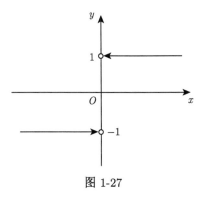

图 1-27

1.3.2 函数极限的性质

与收敛数列的性质相比较, 可得函数极限的一些相应的性质. 它们都可以根据函数极限的定义, 用类似的方加以证明. 下面仅以 $\lim\limits_{x \to x_0} f(x)$ 这种形式为代表给出函数极限的几条性质.

定理 1-3-2 (函数极限的唯一性) 如果 $\lim\limits_{x \to x_0} f(x)$ 存在, 那么此极限唯一.

证明 略.

定理 1-3-3 (函数极限的局部有界性) 若 $\lim\limits_{x \to x_0} f(x) = A$, 则 $\exists M > 0, \delta > 0$,

使得当 $0 < |x - x_0| < \delta$ 时, 有 $|f(x)| \leqslant M$.

证明 因为 $\lim\limits_{x \to x_0} f(x) = A$, 所以对于 $\varepsilon = 1, \exists \delta > 0$, 使得当 $0 < |x - x_0| < \delta$ 时, 有 $|f(x) - A| < 1 \Rightarrow |f(x)| \leqslant |f(x) - A| + |A| < 1 + |A|$, 取 $M = |A| + 1$, 定理即可证明.

$$\left(若 \lim\limits_{x \to \infty} f(x) = A, 则 \exists M > 0, X > 0, 使得当 |x| > X 时, 有 |f(x)| \leqslant M. \right)$$

定理 1-3-4 (函数极限的局部保号性) 若 $\lim\limits_{x \to x_0} f(x) = A$, 且 $A > 0 (A < 0)$, 则 $\exists \delta > 0$, 使得当 $0 < |x - x_0| < \delta$ 时, 有 $f(x) > 0 (f(x) < 0)$.

证明 仅就 $A > 0$ 的情形加以证明.

因 $\lim\limits_{x \to x_0} f(x) = A > 0$, 取 $\varepsilon = \dfrac{A}{2}$, 则 $\exists \delta > 0$, 使得当 $0 < |x - x_0| < \delta$ 时, 有

$$|f(x) - A| < \varepsilon \Rightarrow f(x) > A - \varepsilon = A - \frac{A}{2} = \frac{A}{2} > 0.$$

推论 若在 x_0 的某去心邻域内 $f(x) \geqslant 0 (f(x) \leqslant 0)$, 而且 $\lim\limits_{x \to x_0} f(x) = A$, 那么 $A \geqslant 0 (A \leqslant 0)$.

证明 略.

定理 1-3-5 (函数极限与数列极限的关系) 若 $\lim\limits_{x \to x_0} f(x)$ 存在, $\{x_n\}$ 为 $f(x)$ 的定义域内任一收敛于 x_0 的数列, 且满足 $x_n \neq x_0 (n \in \mathbf{N}^+)$, 则 $\lim\limits_{n \to \infty} f(x_n)$ 存在, 且 $\lim\limits_{n \to \infty} f(x_n) = \lim\limits_{x \to x_0} f(x)$.

证明 设 $\lim\limits_{x \to x_0} f(x) = A$, 则 $\exists \delta > 0$, 使得当 $0 < |x - x_0| < \delta$ 时, 有 $|f(x) - A| < \varepsilon$. 又因 $\lim\limits_{n \to \infty} x_n = x_0$, 故对 $\delta > 0, \exists N$, 当 $n > N$ 时, 有 $|x_n - x_0| < \delta$. 由假设 $x_n \neq x_0 (n \in \mathbf{N}^+)$, 故当 $n > N$ 时, $0 < |x_n - x_0| < \delta$, 从而 $|f(x_n) - A| < \varepsilon$, 即 $\lim\limits_{n \to \infty} f(x_n) = A$.

例 1-3-6 试证 $\lim\limits_{x \to 0} \sin \dfrac{1}{x}$ 不存在.

证明 取 $\{x_n\} = \left\{ \dfrac{1}{n\pi} \right\}, x_n \to 0 (n \to \infty), \{x_n'\} = \left\{ \dfrac{1}{2n\pi + \dfrac{\pi}{2}} \right\}, x_n' \to 0 (n \to \infty)$, 则 $\sin \dfrac{1}{x_n} = \sin n\pi = 0 \to 0 (n \to \infty), \sin \dfrac{1}{x_n'} = \sin \left(2n\pi + \dfrac{\pi}{2} \right) = 1 \to 1 (n \to \infty)$.

由定理 1-3-4, $\lim\limits_{x \to 0} \sin \dfrac{1}{x}$ 不存在.

习 题 1-3

1. 用定义证明:

(1) $\lim\limits_{x \to 1} (3x - 1) = 2$;

(2) $\lim\limits_{x \to -2} \dfrac{x^2 - 4}{x + 2} = -4$;

(3) $\lim\limits_{x\to 5} \dfrac{x^2 - 6x + 5}{x - 5} = 4$;

(4) $\lim\limits_{x\to\infty} \dfrac{\sin x}{x} = 0$;

(5) $\lim\limits_{x\to -\infty} 2^x = 0$;

(6) $\lim\limits_{x\to\infty} \dfrac{x^2 - 1}{x^2 + 1} = 1$;

(7) $\lim\limits_{x\to\infty} \dfrac{x}{x + 1} = 1$.

2. 设 $f(x) = \begin{cases} x, & x < 3, \\ 3x - 1, & x \geqslant 3, \end{cases}$ 作 $f(x)$ 的图形, 并讨论当 $x \to 3$ 时, $f(x)$ 的左、右极限.

3. 证明: 若 $f(x)$ 在 $(-\infty, +\infty)$ 内连续, 且 $\lim\limits_{x\to\infty} f(x)$ 存在, 则 $f(x)$ 必在 $(-\infty, +\infty)$ 内有界.

课堂练习 1-3

1. 证明 $\lim\limits_{x\to\infty} \sin x$ 不存在.

2. 根据极限定义证明:

(1) $\lim\limits_{x\to\infty} \dfrac{1 + 2x^2}{3x^2} = \dfrac{2}{3}$;

(2) $\lim\limits_{x\to 2^+} \sqrt{x - 2} = 0$;

(3) $\lim\limits_{x\to\infty} \dfrac{\arctan x}{x} = 0$;

(4) $\lim\limits_{x\to 0} x\sin\dfrac{1}{x} = 0$.

1.4 无穷大与无穷小

对无穷小的认识问题可以追溯到古希腊, 那时, 阿基米德就曾用无限小量方法得到许多重要的数学结果, 但他认为无限小量方法存在着不合理的地方. 直到 1821 年, 柯西在他的《分析教程》中才对无限小 (即这里所说的无穷小) 这一概念给出了明确的回答. 而有关无穷小的理论就是在柯西的理论基础上发展起来的.

1.4.1 无穷大

先看一个例子:

设函数 $f(x) = \dfrac{1}{x}$, 则当 $x \to 0$ 时, $|f(x)|$ 无限增大, 这时称 $x \to 0$ 时, $f(x)$ 趋近于无穷大. 为此我们有如下定义.

定义 1-4-1 若函数 $y = f(x)$ 在 x_0 的去心邻域内 (或 $|x|$ 充分大时) 有定义, 对于任意给定的正数 M(不论它多么大), 总存在正数 δ (或正数 X), 当 $0 < |x - x_0| < \delta(|x| > X)$ 时, 恒有 $|f(x)| > M$, 则称 $f(x)$ 为当 $x \to x_0(x \to \infty)$ 时的无穷大 (无穷大量).

当 $x \to x_0$ $(x \to \infty)$ 时的无穷大 $f(x)$, 按函数极限的定义来说, 极限是不存在

的, 但为了便于叙述函数的这一性态, 也称函数的极限为无穷大, 并记作

$$\lim_{x \to x_0} f(x) = \infty \quad \left(\lim_{x \to \infty} f(x) = \infty \right).$$

如果在定义 1-4-1 中, 把 $|f(x)| > M$ 换成 $f(x) > M(f(x) < -M)$, 记作

$$\lim_{\substack{x \to x_0 \\ (x \to \infty)}} f(x) = +\infty \quad \left(\lim_{\substack{x \to x_0 \\ (x \to \infty)}} f(x) = -\infty \right).$$

这时称 $f(x)$ 为当 $x \to x_0$ $(x \to \infty)$ 时的正无穷大 (负无穷大).

例如, 当 $x \to \dfrac{\pi}{2}$ 时, 函数 $\tan x$ 是正无穷大;

当 $x \to -\dfrac{\pi}{2}$ 时, 函数 $\tan x$ 是负无穷大.

注　(1) 无穷大是一个变量, 而不是数, 不能将其与很大的数混为一谈.

(2) 无穷大必须指明自变量变化过程, 例如, 当 $x \to 0$ 时, $f(x) = \dfrac{1}{x}$ 是无穷大, 而当 $x \to \infty$ 时, $f(x) = \dfrac{1}{x}$ 就不是无穷大.

例 1-4-1　证明 $\lim\limits_{x \to \infty} \dfrac{x^4}{x^2 - 1} = +\infty.$

证明　$\forall M > 0$, 欲使 $\dfrac{x^4}{x^2 - 1} > M$, 由于 $x \to \infty$, 故可设 $|x| > 1$, 则

$$\frac{x^4}{x^2 - 1} = \frac{x^4 - x^2 + x^2}{x^2 - 1} = x^2 + \frac{x^2}{x^2 - 1} > x^2 + 1 > x^2,$$

只需 $x^2 > M$, 即 $|x| > \sqrt{M}$, 取 $X = \sqrt{M}$, 则当 $|x| > X$ 时, 有 $f(x) = \dfrac{x^4}{x^2 - 1} > M.$ 所以 $\lim\limits_{x \to \infty} \dfrac{x^4}{x^2 - 1} = +\infty.$

例 1-4-2　证明 $\lim\limits_{x \to 1} \dfrac{1}{x - 1} = \infty.$

证明　$\forall M > 0$, 欲使 $\left| \dfrac{1}{x - 1} \right| > M$, 只需 $|x - 1| < \dfrac{1}{M}.$ 取 $\delta = \dfrac{1}{M}$, 则当 $0 < |x - 1| < \delta$ 时, 有 $\left| \dfrac{1}{x - 1} \right| > M.$ 所以 $\lim\limits_{x \to 1} \dfrac{1}{x - 1} = \infty.$ 如图 1-28.

直线 $x = 1$ 是函数 $y = \dfrac{1}{x - 1}$ 图像的一条铅直渐近线.

若 $\lim\limits_{x \to x_0} f(x) = \infty$, 则直线 $x = x_0$ 是函数 $y = f(x)$ 图像的铅直渐近线.

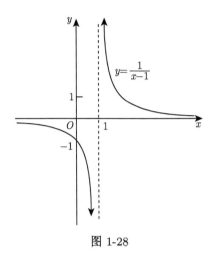

图 1-28

1.4.2 无穷小

定义 1-4-2 如果 $\lim\limits_{\substack{x \to x_0 \\ (x \to \infty)}} f(x) = 0$, 则称函数 $f(x)$ 为当 $x \to x_0 (x \to \infty)$ 时的无穷小 (无穷小量).

例如：$\lim\limits_{x \to 0} \sin x = 0$, 函数 $\sin x$ 是 $x \to 0$ 时的无穷小;

$\lim\limits_{x \to \infty} \dfrac{1}{x} = 0$, 函数 $\dfrac{1}{x}$ 是 $x \to \infty$ 时的无穷小;

$\lim\limits_{n \to \infty} (-1)^n \dfrac{1}{n} = 0$, 数列 $(-1)^n \dfrac{1}{n}$ 是 $n \to \infty$ 时的无穷小.

注 (1) 无穷大与无穷小是变量, 不能与很大的数和很小的数混淆;

(2) 零可以作为无穷小的唯一的数;

(3) 说无穷大与无穷小必须指明自变量变化过程. 例如, 当 $x \to 0$ 时, $f(x) = \dfrac{1}{x}$ 是无穷大, 而当 $x \to \infty$ 时, $f(x) = \dfrac{1}{x}$ 就是无穷小.

1.4.3 无穷小与无穷大的关系

无穷大量与无穷小量的区别是: 前者无界, 后者有界, 前者发散, 后者收敛于 0. 在自变量的同一变化过程下, 无穷小与无穷大存在着互为倒数的关系.

一般地, 我们有如下定理.

定理 1-4-1 (1) 如果 $\lim f(x) = \infty$, 则 $\lim \dfrac{1}{f(x)} = 0$;

(2) $\lim \alpha(x) = 0$, 且 $\alpha(x) \neq 0$, 则 $\lim \dfrac{1}{\alpha(x)} = \infty$.

注 上面的符号 "lim" 下面没有标明自变量的变化过程, 表示可以是前面讲过的任意一种自变量变化过程, 包括数列的极限. 本书后面皆同.

证明 仅就 $x \to \infty$ 的情形加以证明.

(1) $\forall \varepsilon > 0$, 取 $M = \dfrac{1}{\varepsilon}$. 由于 $\lim\limits_{x \to \infty} f(x) = \infty$, 所以 $\exists X > 0$, 使得当 $|x| > X$ 时,

恒有 $|f(x)| > M$, 即 $\left| \dfrac{1}{f(x)} \right| < \dfrac{1}{M} = \varepsilon$, 因此 $\lim\limits_{x \to \infty} \dfrac{1}{f(x)} = 0$.

(2) $\forall M > 0$, 取 $\varepsilon = \dfrac{1}{M}$, 由于 $\lim\limits_{x \to \infty} \alpha(x) = 0$, 所以 $\exists X > 0$, 使得当 $|x| > X$ 时,

$|\alpha(x)| < \varepsilon$, 即 $\left| \dfrac{1}{\alpha(x)} \right| > \dfrac{1}{\varepsilon} = M$, 因此 $\lim\limits_{x \to \infty} \dfrac{1}{\alpha(x)} = \infty$.

例 1-4-3　求 $\lim\limits_{x \to \infty} \dfrac{x^4}{x^3 + 5}$.

解　因为 $\lim\limits_{x \to \infty} \dfrac{x^3 + 5}{x^4} = \lim\limits_{x \to \infty} \left(\dfrac{1}{x} + \dfrac{5}{x^4} \right) = 0$, 根据无穷小与无穷大的关系有

$\lim\limits_{x \to \infty} \dfrac{x^4}{x^3 + 5} = \infty$.

1.4.4　无穷小与函数极限的关系

定理 1-4-2　在自变量的某一变化过程中, 函数以 A 为极限 (即 $\lim f(x) = A$)
的充要条件是 $f(x) = A + \alpha(x)$, 其中 $\alpha(x)$ 是这一变化过程中的无穷小.

证明　仅就 $x \to x_0$ 的情形加以证明.

必要性　设 $\lim\limits_{x \to x_0} f(x) = A$, 令 $\alpha(x) = f(x) - A$, 则有 $f(x) = A + \alpha(x)$, 只需证明
$\lim\limits_{x \to x_0} \alpha(x) = 0$ 即可. 由于 $\lim\limits_{x \to x_0} f(x) = A$, 所以, $\forall \varepsilon > 0, \exists \delta > 0$, 当 $0 < |x - x_0| < \delta$
时, 有 $|f(x) - A| < \varepsilon$, 即 $|\alpha(x)| < \varepsilon$, 因此, $\lim\limits_{x \to x_0} \alpha(x) = 0$.

充分性　因为 $f(x) = A + \alpha(x)$, 所以 $\alpha(x) = f(x) - A$, 又 $\lim\limits_{x \to x_0} \alpha(x) = 0$, 所
以 $\forall \varepsilon > 0, \exists \delta > 0$, 当 $0 < |x - x_0| < \delta$ 时, 有 $|\alpha(x)| < \varepsilon$, 即 $|f(x) - A| < \varepsilon$, 因此
$\lim\limits_{x \to x_0} f(x) = A$.

定理 1-4-2 的意义是它将一般的极限问题转化成特殊的极限问题 (无穷小).

1.4.5　无穷小的性质

定理 1-4-3　有限个无穷小的和仍是无穷小.

下面证明只考虑两个无穷小及 $x \to \infty$ 的情形, 即证

若 $\lim\limits_{x \to \infty} \alpha(x) = 0, \lim\limits_{x \to \infty} \beta(x) = 0$, 则 $\lim\limits_{x \to \infty} [\alpha(x) + \beta(x)] = 0$.

其他情形类似可证.

证明　$\forall \varepsilon > 0$, 取 $\dfrac{\varepsilon}{2} > 0, \exists X_1 > 0$, 当 $|x| > X_1$ 时, 有

$$|\alpha(x)| < \frac{\varepsilon}{2}.$$

同时, $\exists X_2 > 0$, 当 $|x| > X_2$ 时, 有

$$|\beta(x)| < \frac{\varepsilon}{2}.$$

取 $X = \max\{X_1, X_2\}$, 当 $|x| > X$ 时, 有

$$|\alpha(x)| < \frac{\varepsilon}{2}, \quad |\beta(x)| < \frac{\varepsilon}{2},$$

而

$$|\alpha(x) + \beta(x)| < |\alpha(x)| + |\beta(x)| < \frac{\varepsilon}{2} + \frac{\varepsilon}{2} = \varepsilon,$$

所以

$$\lim_{x \to \infty} [\alpha(x) + \beta(x)] = 0.$$

注 定理 1-4-3 中的 "有限个无穷小" 的条件很重要, 因为无限个无穷小之和不一定仍是无穷小. 例如:

$$\lim_{n \to \infty} \underbrace{\left(\frac{1}{n} + \frac{1}{n} + \cdots + \frac{1}{n}\right)}_{n} = 1,$$

而如下做法是错误的:

$$\lim_{n \to \infty} \underbrace{\left(\frac{1}{n} + \frac{1}{n} + \cdots + \frac{1}{n}\right)}_{n} = \lim_{n \to \infty} \frac{1}{n} + \lim_{n \to \infty} \frac{1}{n} + \cdots + \lim_{n \to \infty} \frac{1}{n} = 0.$$

定理 1-4-4 有界函数与无穷小的乘积是无穷小.

证明 只就 $x \to \infty$ 的情形加以证明.

设 $f(x)$ 是有界函数, $\lim\limits_{x \to \infty} \alpha(x) = 0$, 只要证 $\lim\limits_{x \to \infty} f(x)\alpha(x) = 0$.

因 $f(x)$ 有界, $\exists M > 0$, 使得 $|f(x)| \leqslant M$. $\forall \varepsilon > 0$, 取 $\varepsilon' = \dfrac{\varepsilon}{M}$, 由于 $\lim\limits_{x \to \infty} \alpha(x) = 0$, $\exists X > 0$, 当 $|x| > X$ 时, 有 $|\alpha(x)| < \varepsilon' = \dfrac{\varepsilon}{M}$, 从而

$$|f(x)\alpha(x)| = |f(x)| \cdot |\alpha(x)| < M \cdot \varepsilon' = M \cdot \frac{\varepsilon}{M} = \varepsilon,$$

所以 $\lim\limits_{x \to \infty} f(x)\alpha(x) = 0$.

例 1-4-4 求 $\lim\limits_{x \to 0} x \sin \dfrac{1}{x}$.

解 我们曾证过 $\lim\limits_{x \to 0} \sin \dfrac{1}{x}$ 不存在, 因 $\left|\sin \dfrac{1}{x}\right| \leqslant 1$, 又显然 $\lim\limits_{x \to 0} x = 0$, 所以

$$\lim_{x \to 0} x \sin \frac{1}{x} = 0.$$

推论 1-4-1 常数与无穷小的乘积是无穷小.

证明 略.

推论 1-4-2　有限个无穷小的乘积是无穷小.

(利用函数极限的局部有界性可证.)

推论 1-4-3　有限个无穷小的线性组合是无穷小.

证明　略.

注　条件 "有限个" 若改成 "无穷多个", 结论未必成立.

定理 1-4-5　无穷小除以极限不为零的函数是无穷小.

证明　设 $\lim\limits_{x \to x_0} f(x) = A \ (A \neq 0), \lim \alpha(x) = 0.$ 欲证 $\dfrac{\alpha(x)}{f(x)}$ 是无穷小, 先证 $\dfrac{1}{f(x)}$ 在 x_0 的某一邻域内有界.

取 $\varepsilon = \dfrac{|A|}{2}$, 因 $\lim\limits_{x \to x_0} f(x) = A, \exists \delta > 0,$ 当 $0 < |x - x_0| < \delta$ 时, 有 $|f(x) - A| < \dfrac{|A|}{2}$, 又

$$|f(x) - A| = |A - f(x)| > |A| - |f(x)|,$$

于是

$$|A| - |f(x)| < \frac{|A|}{2} \Rightarrow |f(x)| > \frac{|A|}{2} \Rightarrow \left| \frac{1}{f(x)} \right| < \frac{2}{|A|},$$

即 $\dfrac{1}{f(x)}$ 是有界的. 从而 $\dfrac{\alpha(x)}{f(x)} = \alpha(x) \cdot \dfrac{1}{f(x)}$ 是有界量乘无穷小仍是无穷小.

习　题　1-4

1. 两个无穷小的商是否一定是无穷小? 并举例说明.

2. 用定义证明:

(1) $\lim\limits_{x \to 0} x \cos \dfrac{1}{x} = 0$;

(2) $\lim\limits_{x \to \infty} \dfrac{1}{x + 3 \cos x} = 0$;

(3) $\lim\limits_{x \to 2} \dfrac{1}{x - 2} = \infty$;

(4) $\lim\limits_{x \to 0} \dfrac{1 + 2x}{x} = \infty$.

3. 设函数 $f(x) = x \sin x$, 判断 $f(x)$ 在 $(-\infty, +\infty)$ 上是否有界? 说明 $f(x)$ 是否为 $x \to \infty$ 时的无穷大量?

4. 求下列极限并说明理由:

(1) $\lim\limits_{x \to \infty} \dfrac{x + 1}{x}$;

(2) $\lim\limits_{x \to 0} \dfrac{1 - x^2}{1 - x}$.

5. 指出当 $x \to +\infty$ 时, 下列变量中哪些是无穷小量? 哪些是无穷大量? 哪些既不是无穷小量也不是无穷大量?

$$100x^2, \quad \sqrt[3]{x}, \quad \sqrt{x + 1}, \quad \frac{2}{x}, \quad \frac{x}{x^2}, \quad \frac{x^2}{x}, \quad 0,$$

$$x^2 + 0.01, \quad \frac{1}{x - 1}, \quad x^2 + \frac{1}{2}x, \quad \frac{x - 1}{x + 1}.$$

1.5 极限运算法则

本节讨论极限的运算法则, 并利用这些法则求某些函数的极限. 在后面的内容中我们还将介绍其他方法.

定理 1-5-1 若 $\lim f(x) = A, \lim g(x) = B$, 则

(1) $\lim [f(x) \pm g(x)] = \lim f(x) \pm \lim g(x) = A \pm B$;

(2) $\lim [f(x) \cdot g(x)] = \lim f(x) \cdot \lim g(x) = A \cdot B$;

(3) 若又有 $B \neq 0$, 则 $\lim \dfrac{f(x)}{g(x)} = \dfrac{\lim f(x)}{\lim g(x)} = \dfrac{A}{B}$.

证明 仅证 $x \to x_0$ 的情况, 其他情况证明类似.

(1) 因 $\lim f(x) = A, \lim g(x) = B$, 由定理 1-4-2 有

$$f(x) = A + \alpha, \quad g(x) = B + \beta,$$

其中 α 和 β 为无穷小, 于是

$$f(x) \pm g(x) = (A + \alpha) \pm (B + \beta) = (A \pm B) + (\alpha \pm \beta),$$

因 $\alpha \pm \beta$ 是无穷小, 所以由定理 1-4-2 有

$$\lim [f(x) \pm g(x)] = A \pm B = \lim f(x) \pm \lim g(x).$$

(2) 自证.

(3) $\gamma = \dfrac{f(x)}{g(x)} - \dfrac{A}{B} = \dfrac{A + \alpha}{B + \beta} - \dfrac{A}{B} = \dfrac{\alpha B - A\beta}{B(B + \beta)}$, 分子 $\alpha B - A\beta$ 是无穷小, 分母 $B(B + \beta)$ 的极限是 $B^2 \neq 0$, 由定理 1-4-5, γ 是无穷小, 故

$$\lim \frac{f(x)}{g(x)} = \frac{A}{B} = \frac{\lim f(x)}{\lim g(x)}.$$

推论 1-5-1 如果 $\lim f(x)$ 存在, 则 $\lim [c \cdot f(x)] = c \cdot \lim f(x)$(其中 c 为常数), 这是因为 $\lim c = c$, 即常数因子可以提到极限号的外边.

证明 略.

推论 1-5-2 设 $\lim f(x)$ 存在, n 为正整数, 则

$$\lim [f(x)]^n = [\lim f(x)]^n.$$

证明 略.

注 关于数列, 也有类似的四则运算法则.

在求函数的极限时, 利用上述法则就可把一个复杂的函数化为若干个简单的函数来求极限.

例 1-5-1　求 $\lim\limits_{x \to 2}(x^2 - 3x + 5)$.

解

$$
\begin{aligned}
\lim_{x \to 2}(x^2 - 3x + 5) &= \lim_{x \to 2} x^2 - \lim_{x \to 2} 3x + \lim_{x \to 2} 5 \\
&= \left(\lim_{x \to 2} x\right)^2 - 3\lim_{x \to 2} x + \lim_{x \to 2} 5 \\
&= 2^2 - 3 \times 2 + 5 = 3.
\end{aligned}
$$

例 1-5-2　求 $\lim\limits_{x \to 3} \dfrac{2x^2 - 9}{5x^2 - 7x - 2}$.

解　$\lim\limits_{x \to 3} \dfrac{2x^2 - 9}{5x^2 - 7x - 2} = \dfrac{\lim\limits_{x \to 3}(2x^2 - 9)}{\lim\limits_{x \to 3}(5x^2 - 7x - 2)} = \dfrac{2 \cdot 3^2 - 9}{5 \cdot 3^2 - 7 \cdot 3 - 2} = \dfrac{9}{22}$.

一般情况下, 用极限的四则运算法则可得到.

设多项式 $P(x) = a_0 x^n + a_1 x^{n-1} + \cdots + a_n\,(a_0 \neq 0)$, 有

$$
\begin{aligned}
\lim_{x \to x_0} P(x) &= a_0 \left(\lim_{x \to x_0} x\right)^n + a_1 \left(\lim_{x \to x_0} x\right)^{n-1} + \cdots + \lim_{x \to x_0} a_n \\
&= a_0 x_0^n + a_1 x_0^{n-1} + \cdots + a_n = P_n(x_0).
\end{aligned}
$$

对于有理分式函数 $f(x) = \dfrac{P(x)}{Q(x)}$, 其中 $P(x), Q(x)$ 都是多项式, $Q(x_0) \neq 0$, 则

$$
\lim_{x \to x_0} f(x) = \lim_{x \to x_0} \frac{P(x)}{Q(x)} = \frac{\lim\limits_{x \to x_0} P(x)}{\lim\limits_{x \to x_0} Q(x)} = \frac{P(x_0)}{Q(x_0)} = f(x_0).
$$

若 $Q(x_0) = 0$, 上述结论不能用, 应该如何求极限呢? 下面就介绍属于这种情形的例子.

例 1-5-3　求 $\lim\limits_{x \to 1} \dfrac{x+1}{x^2 + x - 2}$.

解　由于 $\lim\limits_{x \to 1}(x^2 + x - 2) = 0$, 商的法则不能用, 而 $\lim\limits_{x \to 1}(x+1) = 3 \neq 0$, 则

$$
\lim_{x \to 1} \frac{x^2 + x - 2}{x + 1} = \frac{0}{2} = 0,
$$

由无穷小与无穷大的关系, 得 $\lim\limits_{x \to 1} \dfrac{4x - 1}{x^2 + 2x - 3} = \infty$.

例 1-5-4　求 $\lim\limits_{x \to 1} \dfrac{x^2 - 1}{x^2 + 2x - 3}$.

分析　当 $x \to 1$ 时, 分子、分母极限都是零, 通常记作 $\dfrac{0}{0}$ 型. 由于这种形式的

极限可能存在, 也可能不存在, 因此这种极限称为未定式. 本题可以通过约去使分子和分母同时为零的因式再求极限.

解 $\lim\limits_{x \to 1} \dfrac{x^2 - 1}{x^2 + 2x - 3} = \lim\limits_{x \to 1} \dfrac{(x+1)(x-1)}{(x+3)(x-1)} = \lim\limits_{x \to 1} \dfrac{x+1}{x+3} = \dfrac{1}{2}.$

例 1-5-5 求 $\lim\limits_{x \to \infty} \dfrac{6x^3 + 3x^2 + 5}{3x^3 + 4x^2 - 1}.$

分析 当 $x \to \infty$ 时, 分子与分母都是无穷大, 通常记作 $\dfrac{\infty}{\infty}$ 型. 这种形式的极限可能存在, 也可能不存在, 因此这种极限也称为未定式. 本题可以用分子、分母关于 x 的最高次幂同时除分子和分母后再求极限.

解 先用 x^3 去除分子、分母, 分出无穷小, 再求极限.

$$\lim_{x \to \infty} \frac{6x^3 + 3x^2 + 5}{3x^3 + 4x^2 - 1} = \lim_{x \to \infty} \frac{6 + \dfrac{3}{x} + \dfrac{5}{x^3}}{3 + \dfrac{4}{x} - \dfrac{1}{x^3}} = \frac{6}{3} = 2.$$

一般情况下: 当 $a_0 \neq 0, b_0 \neq 0, m$ 和 n 为负整数时, 有

$$\lim_{x \to \infty} \frac{a_0 x^m + a_1 x^{m-1} + \cdots + a_m}{b_0 x^n + b_1 x^{n-1} + \cdots + b_n} = \begin{cases} \dfrac{a_0}{b_0}, & n = m, \\ 0, & n > m, \\ \infty, & n < m. \end{cases}$$

例 1-5-6 求 $\lim\limits_{n \to \infty} \left(\dfrac{1}{n^2} + \dfrac{2}{n^2} + \cdots + \dfrac{n}{n^2} \right).$

解 先变形再求极限.

$$\lim_{n \to \infty} \left(\frac{1}{n^2} + \frac{2}{n^2} + \cdots + \frac{n}{n^2} \right) = \lim_{n \to \infty} \frac{1 + 2 + \cdots + n}{n^2} = \lim_{n \to \infty} \frac{\dfrac{1}{2}n(n+1)}{n^2}$$

$$= \lim_{n \to \infty} \frac{1}{2} \left(1 + \frac{1}{n} \right) = \frac{1}{2}.$$

例 1-5-7 求 $\lim\limits_{x \to 0} x^2 \sin \dfrac{1}{x}.$

解 因为 $\lim\limits_{x \to 0} \sin \dfrac{1}{x}$ 不存在, 不能应用乘积的极限运算法则, 但由于当 $x \to 0$ 时, x^2 为无穷小, 又因 $\left| \sin \dfrac{1}{x} \right| \leqslant 1$, 即 $\sin \dfrac{1}{x}$ 是有界函数, 所以 $\lim\limits_{x \to 0} x^2 \sin \dfrac{1}{x} = 0.$

例 1-5-8 已知 $f(x) = \begin{cases} x - 1, & x < 0, \\ \dfrac{x^2 + 3x - 1}{x^3 + 1}, & x \geqslant 0, \end{cases}$ 求 $\lim\limits_{x \to 0} f(x)$, $\lim\limits_{x \to +\infty} f(x)$, $\lim\limits_{x \to -\infty} f(x)$.

解　先求 $\lim\limits_{x\to 0} f(x)$. 因为

$$\lim_{x\to 0^-} f(x) = \lim_{x\to 0^-}(x-1) = -1, \quad \lim_{x\to 0^+} f(x) = \lim_{x\to 0^+} \frac{x^2+3x-1}{x^3+1} = -1,$$

所以 $\lim\limits_{x\to 0} f(x) = -1$. 此外, 易求得

$$\lim_{x\to +\infty} f(x) = \lim_{x\to +\infty} \frac{x^2+3x-1}{x^3+1} = \lim_{x\to +\infty} \frac{\dfrac{1}{x}+\dfrac{3}{x^2}-\dfrac{1}{x^3}}{1+\dfrac{1}{x^3}} = 0,$$

$$\lim_{x\to -\infty} f(x) = \lim_{x\to -\infty}(x-1) = -\infty.$$

定理 1-5-2 (复合函数的极限运算法则)　设复合函数 $y = f[\varphi(x)]$, 函数 $u = \varphi(x)$ 当 $x \to x_0$ 时的极限存在且等于 a, 即 $\lim\limits_{x\to x_0} \varphi(x) = a$, 且在点 x_0 的去心邻域内 $\varphi(x) \neq a$, 又 $\lim\limits_{u\to a} f(u) = A$, 则复合函数 $f[\varphi(x)]$ 当 $x \to x_0$ 时的极限也存在, 且

$$\lim_{x\to x_0} f[\varphi(x)] = \lim_{u\to a} f(u) = A.$$

证明　略.

例 1-5-9　求极限 $\lim\limits_{x\to 1} \ln\left[\dfrac{x^2-1}{2(x-1)}\right]$.

解一　令 $u = \dfrac{x^2-1}{2(x-1)}$, 则当 $x \to 1$ 时, $u = \dfrac{x^2-1}{2(x-1)} = \dfrac{x+1}{2} \to 1$, 故原式 $= \lim\limits_{u\to 1} \ln u = 0$.

解二　$\lim\limits_{x\to 1} \ln\left[\dfrac{x^2-1}{2(x-1)}\right] = \ln\left[\lim\limits_{x\to 1} \dfrac{x^2-1}{2(x-1)}\right] = \ln\left[\lim\limits_{x\to 1} \dfrac{x+1}{2}\right] = 0$.

例 1-5-10　已知 $\lim\limits_{x\to +\infty}(5x - \sqrt{ax^2-bx+c}) = 2$, 求 a, b 的值.

解　因

$$\lim_{x\to +\infty}(5x - \sqrt{ax^2-bx+c})$$

$$= \lim_{x\to +\infty} \frac{(5x-\sqrt{ax^2-bx+c})(5x+\sqrt{ax^2+bx+c})}{5x+\sqrt{ax^2-bx+c}}$$

$$= \lim_{x\to +\infty} \frac{(25-a)x^2+bx-c}{5x+\sqrt{ax^2-bx+c}}$$

$$= \lim_{x\to +\infty} \frac{(25-a)x+b-\dfrac{c}{x}}{5+\sqrt{a-\dfrac{b}{x}+\dfrac{c}{x^2}}} = 2,$$

故 $\begin{cases} 25-a = 0, \\ \dfrac{b}{5+\sqrt{a}} = 2, \end{cases}$ 解得 $a = 25, b = 20$.

习 题 1-5

1. 计算下列极限:

(1) $\lim\limits_{x \to 2} \dfrac{x^2+5}{x-3}$;

(2) $\lim\limits_{x \to 0} \left(1 - \dfrac{2}{x-3}\right)$;

(3) $\lim\limits_{x \to \sqrt{3}} \dfrac{x^2-3}{x^4+x^2+1}$;

(4) $\lim\limits_{x \to 2} \dfrac{x^3+2x^2}{(x-2)^2}$;

(5) $\lim\limits_{x \to 1} \dfrac{x^2-1}{2x^2-x-1}$;

(6) $\lim\limits_{x \to 0} \dfrac{3x^3-2x^2+x}{3x^2+2x}$;

(7) $\lim\limits_{x \to 1} \dfrac{x^2-3x+2}{1-x^2}$;

(8) $\lim\limits_{h \to 0} \dfrac{(x+h)^3-x^3}{h}$;

(9) $\lim\limits_{x \to 1} \dfrac{x^n-1}{x-1}$;

(10) $\lim\limits_{x \to \frac{\pi}{6}} \dfrac{2\sin^2 x+\sin x-1}{2\sin^2 x-3\sin x+1}$;

(11) $\lim\limits_{x \to \infty} \dfrac{2x+1}{6x-1}$;

(12) $\lim\limits_{x \to \infty} \left(1+\dfrac{1}{x}\right)\left(2-\dfrac{1}{x^2}\right)$;

(13) $\lim\limits_{n \to \infty} \dfrac{(n-1)^2}{n+1}$;

(14) $\lim\limits_{u \to \infty} \dfrac{\sqrt[4]{1+u^3}}{1+u}$;

(15) $\lim\limits_{x \to \infty} \dfrac{2x+1}{\sqrt[5]{x^3+x^2-2}}$;

(16) $\lim\limits_{x \to \infty} \dfrac{(\sqrt{x^2+1}+2x)^2}{2x^2+1}$;

(17) $\lim\limits_{x \to \infty} \dfrac{(2x-1)^{30}(3x-2)^{20}}{(2x+1)^{50}}$;

(18) $\lim\limits_{x \to 1} \dfrac{x^2-1}{\sqrt{3-x}-\sqrt{1+x}}$;

(19) $\lim\limits_{x \to 0} \dfrac{\sqrt[n]{1+x}-3}{\dfrac{x}{n}}$;

(20) $\lim\limits_{x \to -8} \dfrac{\sqrt{1-x}-3}{2+\sqrt[3]{x}}$;

(21) $\lim\limits_{x \to 4} \dfrac{\sqrt{2x+1}-3}{\sqrt{x-2}-\sqrt{2}}$;

(22) $\lim\limits_{x \to 1} \left(\dfrac{3}{1-x^3} - \dfrac{1}{1-x}\right)$;

(23) $\lim\limits_{x \to \infty} \left(\sqrt{x^2+x+1}-\sqrt{x^2-2x+1}\right)$;

(24) $\lim\limits_{x \to \infty} \left(\sqrt{(x+p)(x+q)}-x\right)$;

(25) $\lim\limits_{n \to \infty} \left(\dfrac{1}{n^2}+\dfrac{2}{n^2}+\cdots+\dfrac{n-1}{n^2}+\dfrac{n}{n^2}\right)$;

(26) $\lim\limits_{n \to \infty} \dfrac{1+3+5+\cdots+(2n-1)}{2+4+6+\cdots+2n}$;

(27) $\lim\limits_{n \to \infty} (\sqrt{2} \cdot \sqrt[4]{2} \cdot \sqrt[8]{2} \cdots \cdot \sqrt[2^n]{2})$;

(28) $\lim\limits_{x \to 2} \dfrac{x^3+2x^2}{(x-2)^2}$;

(29) $\lim\limits_{x \to \infty} \dfrac{x^2}{2x+1}$;

(30) $\lim\limits_{x \to 0} (2x^3-x+1)$;

(31) $\lim\limits_{x \to \infty} (x\sqrt{x^2+1}-x)$;

(32) $\lim\limits_{x \to \infty} \dfrac{x+\sin x}{x-\sin x}$;

(33) $\lim\limits_{x \to \infty} \dfrac{x-\arctan x}{x+\arctan x}$;

(34) $\lim\limits_{x \to \infty} \dfrac{x^2+1}{x^3+x}(3+\cos x)$;

(35) $\lim\limits_{x \to \infty} \dfrac{\sin x^2+x}{\cos^2 x-x}$.

2. 在某个过程中, 若 $f(x)$ 有极限, $g(x)$ 无极限, 那么 $f(x)+g(x)$ 是否有极限? 为什么?

课堂练习 1-5

1. 设 $\lim\limits_{x \to -1} \dfrac{x^3-ax^2-x+4}{x+1}$ 有有限极限值 L, 则 $a =$ _____, $L =$ _____.

2. 计算下列极限:

(1) $\lim\limits_{x \to a^+} \dfrac{\sqrt{x} - \sqrt{a} + \sqrt{x-a}}{\sqrt{x^2 - a^2}}(a > 0)$;   (2) $\lim\limits_{n \to \infty} \dfrac{1 + \frac{1}{2} + \frac{1}{4} + \cdots + \frac{1}{2^n}}{1 + \frac{1}{3} + \frac{1}{9} + \cdots + \frac{1}{3^n}}$;

(3) $\lim\limits_{x \to \infty} \dfrac{(4x-7)^{81}(5x-8)^{19}}{(2x-3)^{100}}$.

3. 设 $x_n = \dfrac{1^2 + 2^2 + \cdots + n^2}{n^2} - \dfrac{n}{3}$, 求 $\lim\limits_{n \to \infty} x_n$.

1.6   两个重要极限

本节通过学习两个判定极限存在的准则, 研究两个重要极限: $\lim\limits_{x \to 0} \dfrac{\sin x}{x} = 1$ 及 $\lim\limits_{x \to 0}(1 + x)^{\frac{1}{x}} = e$, 并用其求一些函数极限.

1.6.1   准则 I (夹逼定理)

准则 I   如果数列 $\{x_n\}, \{y_n\}$ 及 $\{z_n\}$ 满足下列条件:

(1) $y_n \leqslant x_n \leqslant z_n \ (n = 1, 2, 3 \cdots)$;

(2) $\lim\limits_{n \to \infty} y_n = a, \ \lim\limits_{n \to \infty} z_n = a$,

那么数列 $\{x_n\}$ 的极限存在, 且 $\lim\limits_{n \to \infty} x_n = a$.

证明   因为 $y_n \to a, z_n \to a, \forall \varepsilon > 0, \exists N_1 > 0, N_2 > 0$, 使得当 $n > N_1$ 时, 恒有 $|y_n - a| < \varepsilon$; 当 $n > N_2$ 时, 恒有 $|z_n - a| < \varepsilon$, 取 $N = \max\{N_1, N_2\}$, 上两式同时成立, 即

$$a - \varepsilon < y_n < a + \varepsilon, \quad a - \varepsilon < z_n < a + \varepsilon,$$

当 $n > N$ 时, 恒有

$$a - \varepsilon < y_n \leqslant x_n \leqslant z_n < a + \varepsilon,$$

$|x_n - a| < \varepsilon$ 成立, 所以 $\lim\limits_{n \to \infty} x_n = a$.

上述数列极限存在的准则可以推广到函数的极限.

准则 I′   如果当 $x \in U_\delta^\circ(x_0)(|x| > M)$ 时, 有

(1) $g(x) \leqslant f(x) \leqslant h(x)$;

(2) $\lim\limits_{\substack{x \to x_0 \\ (x \to \infty)}} g(x) = A, \ \lim\limits_{\substack{x \to x_0 \\ (x \to \infty)}} h(x) = A$,

则 $\lim\limits_{\substack{x \to x_0 \\ (x \to \infty)}} f(x)$ 存在, 且等于 A.

准则 I 和准则 I′ 称为夹逼定理.

注   利用夹逼定理求极限的关键是构造出 $\{y_n\}$ 与 $\{z_n\}$, 并且 $\{y_n\}$ 与 $\{z_n\}$ 的极限容易求出.

例 1-6-1 求 $\lim\limits_{n\to\infty}\left(\dfrac{1}{\sqrt{n^2+1}}+\dfrac{1}{\sqrt{n^2+2}}+\cdots+\dfrac{1}{\sqrt{n^2+n}}\right)$.

解 因为

$$\frac{n}{\sqrt{n^2+n}}<\frac{1}{\sqrt{n^2+1}}+\cdots+\frac{1}{\sqrt{n^2+n}}<\frac{n}{\sqrt{n^2+1}},$$

又

$$\lim_{n\to\infty}\frac{n}{\sqrt{n^2+n}}=\lim_{n\to\infty}\frac{1}{\sqrt{1+\dfrac{1}{n}}}=1,\quad \lim_{n\to\infty}\frac{n}{\sqrt{n^2+1}}=\lim_{n\to\infty}\frac{1}{\sqrt{1+\dfrac{1}{n^2}}}=1,$$

由夹逼定理得

$$\lim_{n\to\infty}\left(\frac{1}{\sqrt{n^2+1}}+\frac{1}{\sqrt{n^2+2}}+\cdots+\frac{1}{\sqrt{n^2+n}}\right)=1.$$

例 1-6-2 求 $\lim\limits_{n\to\infty}(1+2^n+3^n)^{1/n}$.

解 由 $(1+2^n+3^n)^{\frac{1}{n}}=3\left[1+\left(\dfrac{2}{3}\right)^n+\left(\dfrac{1}{3}\right)^n\right]^{\frac{1}{n}}$, 易见对任意自然数 n, 有

$$1<1+\left(\frac{2}{3}\right)^n+\left(\frac{1}{3}\right)^n<3,$$

故

$$3\cdot1^{\frac{1}{n}}<3\left[1+\left(\frac{2}{3}\right)^n+\left(\frac{1}{3}\right)^n\right]^{\frac{1}{n}}<3\cdot3^{\frac{1}{n}}.$$

而

$$\lim_{n\to\infty}3\cdot1^{\frac{1}{n}}=3,\quad \lim_{n\to\infty}3\cdot3^{\frac{1}{n}}=3,$$

所以

$$\lim_{n\to\infty}(1+2^n+3^n)^{\frac{1}{n}}=\lim_{n\to\infty}3\left[1+\left(\frac{2}{3}\right)^n+\left(\frac{1}{3}\right)^n\right]^{\frac{1}{n}}=3.$$

例 1-6-3 求极限 $\lim\limits_{x\to0}x\left[\dfrac{1}{x}\right]$.

解 当 $x\neq0$ 时, $\dfrac{1}{x}-1<\left[\dfrac{1}{x}\right]\leqslant\dfrac{1}{x}$, 因此, 当 $x>0$ 时, $1-x<x\left[\dfrac{1}{x}\right]\leqslant1$, 由

夹逼定理可得 $\lim\limits_{x\to0^+}x\left[\dfrac{1}{x}\right]=1$; 当 $x<0$ 时, 有 $1-x>x\left[\dfrac{1}{x}\right]\geqslant1$, 由夹逼定理可得

$\lim\limits_{x\to0^-}x\left[\dfrac{1}{x}\right]=1$, 从而 $\lim\limits_{x\to0}x\left[\dfrac{1}{x}\right]=1$.

第一重要极限 $\lim\limits_{x\to 0}\dfrac{\sin x}{x}=1$.

此极限的不变的特征:

(1) 分子、分母的极限均为 0;

(2) 分子是分母的正弦函数.

而 $x\to 0$ 中的 x 是极限的可变特征.

证明 设单位圆 O, 圆心角 $\angle AOB=x\left(0<x<\dfrac{\pi}{2}\right)$, 作单位圆上点 A 处的切线, 切线与 OB 的延长线相交于 D, 得 $\triangle AOD$(图 1-29).

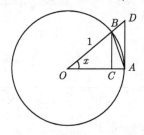

图 1-29

扇形 AOB 的圆心角为 x, $\triangle AOB$ 的高 BC, 于是有 $\sin x=BC$, $x=\overset{\frown}{AB}$, $\tan x=AD$, 因为

$$S_{\triangle AOB}<S_{\overset{\frown}{AOB}}<S_{\triangle AOD},$$

所以

$$\frac{1}{2}\sin x<\frac{1}{2}x<\frac{1}{2}\tan x,$$

得 $\sin x<x<\tan x$, 即 $\cos x<\dfrac{\sin x}{x}<1$.

当 $-\dfrac{\pi}{2}<x<0$ 时, 因为 $\cos x$ 和 $\dfrac{\sin x}{x}$ 仍为正号, 所以 $\cos x<\dfrac{\sin x}{x}<1$ 也成立.

当 $0<|x|<\dfrac{\pi}{2}$ 时,

$$0<|\cos x-1|=1-\cos x=2\sin^2\frac{x}{2}<2\left(\frac{x}{2}\right)^2=\frac{x^2}{2}.$$

因为 $\lim\limits_{x\to 0}\dfrac{x^2}{2}=0$, 故 $\lim\limits_{x\to 0}(1-\cos x)=0$, $\lim\limits_{x\to 0}\cos x=1$. 又由于 $\lim\limits_{x\to 0}1=1$, 所以 $\lim\limits_{x\to 0}\dfrac{\sin x}{x}=1$.

例 1-6-4 求 $\lim\limits_{x\to 0}\dfrac{1-\cos x}{x^2}$.

解 原式 $=\dfrac{1}{2}\lim\limits_{x\to 0}\dfrac{\sin^2\dfrac{x}{2}}{\left(\dfrac{x}{2}\right)^2}=\dfrac{1}{2}\lim\limits_{x\to 0}\left(\dfrac{\sin\dfrac{x}{2}}{\dfrac{x}{2}}\right)^2=\dfrac{1}{2}\cdot 1^2=\dfrac{1}{2}.$

这里 $\dfrac{\sin\dfrac{x}{2}}{\dfrac{x}{2}}$, 令 $u=\dfrac{x}{2}$, 则 $\dfrac{\sin\dfrac{x}{2}}{\dfrac{x}{2}}=\dfrac{\sin u}{u}$ 且 $x\to 0$ 时 $u\to 0$, 有

$$\lim_{x\to 0}\left(\frac{\sin\dfrac{x}{2}}{\dfrac{x}{2}}\right)^2=\lim_{u\to 0}\left(\frac{\sin u}{u}\right)^2=\left(\lim_{u\to 0}\frac{\sin u}{u}\right)^2=1^2=1.$$

例 1-6-5　求 $\displaystyle\lim_{x\to\pi}\dfrac{\sin x}{x-\pi}$.

解　令 $t=x-\pi$, 则

$$\lim_{x\to\pi}\frac{\sin x}{x-\pi}=\lim_{t\to 0}\frac{\sin(\pi+t)}{t}=\lim_{t\to 0}\frac{-\sin t}{t}=-1.$$

例 1-6-6　计算 $\displaystyle\lim_{x\to 0}\dfrac{x^2}{\sqrt{1+x\sin x}-\sqrt{\cos x}}$.

解
$$\lim_{x\to 0}\frac{x^2}{\sqrt{1+x\sin x}-\sqrt{\cos x}}=\lim_{x\to 0}\frac{x^2(\sqrt{1+x\sin x}+\sqrt{\cos x})}{1+x\sin x-\cos x}$$

$$=\lim_{x\to 0}\frac{\sqrt{1+x\sin x}+\sqrt{\cos x}}{\dfrac{1-\cos x}{x^2}+\dfrac{x\sin x}{x^2}}$$

$$=\lim_{x\to 0}\frac{\sqrt{1+x\sin x}+\sqrt{\cos x}}{\dfrac{2\sin^2\dfrac{x}{2}}{x^2}+\dfrac{x\sin x}{x^2}}$$

$$=\frac{1+1}{\dfrac{1}{2}+1}=\frac{4}{3}.$$

例 1-6-7　求 $\displaystyle\lim_{x\to 0}\dfrac{\sqrt{2+\tan x}-\sqrt{2+\sin x}}{x^3}$.

解
$$\lim_{x\to 0}\frac{\sqrt{2+\tan x}-\sqrt{2+\sin x}}{x^3}=\lim_{x\to 0}\frac{\tan x-\sin x}{x^3(\sqrt{2+\tan x}+\sqrt{2+\sin x})}$$

$$=\lim_{x\to 0}\frac{\sin x\cdot\left(\dfrac{1}{\cos x}-1\right)}{x^3(\sqrt{2+\tan x}+\sqrt{2+\sin x})}$$

$$=\lim_{x\to 0}\frac{\sin x}{x}\cdot\frac{1-\cos}{x^2}$$

$$\cdot\frac{1}{\cos x}\cdot\frac{1}{\sqrt{2+\tan x}+\sqrt{2+\sin x}}$$

$$=1\cdot\frac{1}{2}\cdot 1\cdot\frac{1}{2\sqrt{2}}=\frac{1}{4\sqrt{2}}.$$

1.6.2　准则 II

1. 单调有界准则

如果数列 $\{x_n\}$ 满足条件:

$x_1 \leqslant x_2 \leqslant \cdots \leqslant x_n \leqslant x_{n+1} \leqslant \cdots$, 则称为单调增加数列;

$x_1 \geqslant x_2 \geqslant \cdots \geqslant x_n \geqslant x_{n+1} \geqslant \cdots$, 则称为单调减少数列;

单调增加数列与单调减少数列统称为单调数列.

准则 II　单调有界数列必有极限.

证明　略.

2. 第二重要极限 $\lim\limits_{x \to 0}(1+x)^{\frac{1}{x}} = \mathrm{e}$

(1) $\lim\limits_{n \to \infty}\left(1 + \dfrac{1}{n}\right)^n = \mathrm{e}$.

证明　(i) 往证 $x_n = \left(1 + \dfrac{1}{n}\right)^n$ 单调增加.

设 $a_i \geqslant 0, i = 1, 2, \cdots, n$, 则它们的几何平均值不超过算术平均值

$$\sqrt[n]{a_1 a_2 \cdots a_n} \leqslant \frac{a_1 + a_2 + \cdots + a_n}{n}, \quad 即\ a_1 a_2 \cdots a_n \leqslant \left(\frac{a_1 + a_2 + \cdots + a_n}{n}\right)^n.$$

由上式有

$$x_n = \left(1 + \frac{1}{n}\right)^n = 1 \cdot \underbrace{\left(1 + \frac{1}{n}\right) \cdots \left(1 + \frac{1}{n}\right)}_{n}$$

$$\leqslant \left[\frac{1 + \left(1 + \frac{1}{n}\right) + \cdots + \left(1 + \frac{1}{n}\right)}{n+1}\right]^{n+1} = \left(1 + \frac{1}{n+1}\right)^{n+1} = x_{n+1}.$$

(ii) 往证 $x_n = \left(1 + \dfrac{1}{n}\right)^n$ 有上界.

$$x_n = \left(1 + \frac{1}{n}\right)^n = 1 + n \cdot \frac{1}{n} + \frac{n(n-1)}{2!} \cdot \frac{1}{n^2} + \cdots$$

$$+ \frac{(n-1)(n-2)\cdots(n-n+1)}{n!} \cdot \frac{1}{n^n}$$

$$= 1 + 1 + \frac{1}{2!}\left(1 - \frac{1}{n}\right) + \frac{1}{3!}\left(1 - \frac{1}{n}\right)\left(1 - \frac{2}{n}\right) + \cdots$$

$$\leqslant 1 + 1 + \frac{1}{2!} + \cdots + \frac{1}{n!}$$

$$< 1 + 1 + \frac{1}{2} + \frac{1}{2^2} + \cdots + \frac{1}{2^{n-1}}$$

$$= 1 + \frac{1 - \left(\frac{1}{2}\right)^n}{1 - \frac{1}{2}} < 1 + \frac{1}{1 - \frac{1}{2}} = 3.$$

由准则 II, 故 $\lim\limits_{n \to \infty} x_n$ 存在, 记为 $\lim\limits_{n \to \infty} \left(1 + \frac{1}{n}\right)^n = \mathrm{e}$ (e = 2.71828$\cdots$).

(2) $\lim\limits_{x \to \infty} \left(1 + \frac{1}{x}\right)^x = \mathrm{e}.$

证明 当 $x \geqslant 1$ 时, 有 $[x] \leqslant x \leqslant [x] + 1$,

$$\left(1 + \frac{1}{[x]+1}\right)^{[x]} \leqslant \left(1 + \frac{1}{x}\right)^x \leqslant \left(1 + \frac{1}{[x]}\right)^{[x]+1}.$$

而考虑 $n = [x]$, 且 $x \to +\infty$ 时 $n \to \infty$, 则

$$\lim_{x \to +\infty} \left(1 + \frac{1}{[x]}\right)^{[x]+1} = \lim_{x \to +\infty} \left(1 + \frac{1}{[x]}\right)^{[x]} \cdot \lim_{x \to +\infty} \left(1 + \frac{1}{[x]}\right) = \mathrm{e},$$

$$\lim_{x \to +\infty} \left(1 + \frac{1}{[x]+1}\right)^{[x]} = \lim_{x \to +\infty} \left(1 + \frac{1}{[x]+1}\right)^{[x]+1} \cdot \lim_{x \to +\infty} \left(1 + \frac{1}{[x]+1}\right)^{-1} = \mathrm{e}.$$

再由夹逼定理得

$$\lim_{x \to +\infty} \left(1 + \frac{1}{x}\right)^x = \mathrm{e}.$$

当 $x \to -\infty$ 时, 令 $t = -x$, 有

$$\lim_{x \to -\infty} \left(1 + \frac{1}{x}\right)^x = \lim_{t \to +\infty} \left(1 - \frac{1}{t}\right)^{-t} = \lim_{t \to +\infty} \left(1 + \frac{1}{t-1}\right)^t$$

$$= \lim_{t \to +\infty} \left(1 + \frac{1}{t-1}\right)^{t-1} \left(1 + \frac{1}{t-1}\right) = \mathrm{e}.$$

所以,

$$\lim_{x \to \infty} \left(1 + \frac{1}{x}\right)^x = \mathrm{e}.$$

此极限的不变特征:

① $1 + \frac{1}{x} \to 1, x \to \infty;$

② $1 + \frac{1}{x}$ 中的 $\frac{1}{x}$ 连同它前面的符号与幂 x 的乘积是 1.

而 $x \to \infty$ 是极限的可变特征.

令 $y = \frac{1}{x}$, 公式可变形为 $\lim\limits_{y \to 0} (1+y)^{\frac{1}{y}} = \mathrm{e}$, 即有

(3) $\lim\limits_{x \to 0}(1+x)^{\frac{1}{x}} = \mathrm{e}.$

例 1-6-8 求 $\lim\limits_{n \to \infty}\left(1+\dfrac{1}{n}\right)^{n+3}$.

解 $\lim\limits_{n \to \infty}\left(1+\dfrac{1}{n}\right)^{n+3} = \lim\limits_{n \to \infty}\left[\left(1+\dfrac{1}{n}\right)^{n} \cdot \left(1+\dfrac{1}{n}\right)^{3}\right]$

$$= \lim\limits_{n \to \infty}\left(1+\dfrac{1}{n}\right)^{n} \cdot \left(1+\dfrac{1}{n}\right)^{3} = \mathrm{e} \cdot 1 = \mathrm{e}.$$

例 1-6-9 求 $\lim\limits_{x \to \infty}\left(1-\dfrac{1}{x}\right)^{x}$.

解 原式 $= \lim\limits_{x \to \infty}\left[\left(1+\dfrac{1}{-x}\right)^{-x}\right]^{-1} = \lim\limits_{x \to \infty}\dfrac{1}{\left(1+\dfrac{1}{-x}\right)^{-x}} = \dfrac{1}{\mathrm{e}}.$

例 1-6-10 求 $\lim\limits_{x \to \infty}\left(\dfrac{3+x}{2+x}\right)^{2x}$.

解 原式 $= \lim\limits_{x \to \infty}\left(\dfrac{1+\dfrac{3}{x}}{1+\dfrac{2}{x}}\right)^{2x} = \lim\limits_{x \to \infty}\dfrac{\left[\left(1+\dfrac{3}{x}\right)^{\frac{x}{3}}\right]^{6}}{\left[\left(1+\dfrac{2}{x}\right)^{\frac{x}{2}}\right]^{4}} = \mathrm{e}^{\frac{3}{2}}.$

例 1-6-11 求 $\lim\limits_{x \to 0}(1+x)^{\frac{2}{\sin x}}$

解 原式 $= \lim\limits_{x \to 0}\left[(1+x)^{\frac{1}{x}}\right]^{\frac{2x}{\sin x}} = \mathrm{e}^{2}.$

例 1-6-12 求 $\lim\limits_{x \to 0}(1-2x)^{1/x}$.

解 $\lim\limits_{x \to 0}(1-2x)^{\frac{1}{x}} = \lim\limits_{x \to 0}\left[(1-2x)^{-\frac{1}{2x}}\right]^{-2} = \mathrm{e}^{-2}.$

例 1-6-13 求 $\lim\limits_{x \to \infty}\left(\dfrac{x^{2}}{x^{2}-1}\right)^{x}$.

解 $\lim\limits_{x \to \infty}\left(\dfrac{x^{2}}{x^{2}-1}\right)^{x} = \lim\limits_{x \to \infty}\left(1+\dfrac{1}{x^{2}-1}\right)^{x}$

$$= \lim\limits_{x \to \infty}\left[\left(1+\dfrac{1}{x^{2}-1}\right)^{x^{2}-1}\right]^{\frac{x}{x^{2}-1}} = \mathrm{e}^{0} = 1.$$

例 1-6-14 计算 $\lim\limits_{x \to 0}(\mathrm{e}^{x}+x)^{\frac{1}{x}}$.

解 $\lim\limits_{x \to 0}(\mathrm{e}^{x}+x)^{\frac{1}{x}} = \lim\limits_{x \to 0}(\mathrm{e}^{x})^{\frac{1}{x}}\left(1+\dfrac{x}{\mathrm{e}^{x}}\right)^{\frac{1}{x}} = \mathrm{e}\lim\limits_{x \to 0}\left[\left(1+\dfrac{x}{\mathrm{e}^{x}}\right)^{\frac{\mathrm{e}^{x}}{x}}\right]^{\frac{1}{\mathrm{e}^{x}}} = \mathrm{e} \cdot \mathrm{e} = \mathrm{e}^{2}.$

习　题　1-6

1. 计算下列极限:

(1) $\lim\limits_{x\to 0} \dfrac{\tan kx}{x}$ (k 为非零常数);

(2) $\lim\limits_{x\to 0} \dfrac{\sin \alpha x}{\sin \beta x}$ ($\beta \neq 0$);

(3) $\lim\limits_{x\to \pi} \dfrac{\sin x}{\pi - x}$;

(4) $\lim\limits_{x\to 0} \dfrac{\sin 3x}{\tan 5x}$;

(5) $\lim\limits_{n\to +\infty} 2^n \sin \dfrac{x}{2^n}$ (x 为非零常数);

(6) $\lim\limits_{x\to 0} x \cot 5x$;

(7) $\lim\limits_{x\to 0} \dfrac{\sqrt{1 - \cos x}}{|x|}$;

(8) $\lim\limits_{x\to 0} \dfrac{1 - \cos 2x}{x \sin 2x}$;

(9) $\lim\limits_{x\to 0} \dfrac{\sin 2x \tan x}{x^2}$;

(10) $\lim\limits_{t\to \infty} \left(1 - \dfrac{1}{t}\right)^t$;

(11) $\lim\limits_{x\to \infty} \left(\dfrac{x}{1+x}\right)^x$;

(12) $\lim\limits_{y\to 0} (1 - 2y)^{\frac{1}{y}}$;

(13) $\lim\limits_{x\to 0} (1 + \sin x)^{\frac{1}{x}}$;

(14) $\lim\limits_{x\to \infty} x(\ln(x+1) - \ln x)$;

(15) $\lim\limits_{x\to \infty} \left(\dfrac{3 - 2x}{2 - 2x}\right)^x$;

(16) $\lim\limits_{x\to 1} x^{\frac{1}{1-x}}$.

2. 利用极限存在准则证明: $\lim\limits_{n\to \infty} n\left(\dfrac{1}{n^2 + \pi} + \dfrac{1}{n^2 + 2\pi} + \cdots + \dfrac{1}{n^2 + n\pi}\right) = 1$.

3. 利用极限存在准则证明: 数列 $\sqrt{2}, \sqrt{2 + \sqrt{2}}, \sqrt{2 + \sqrt{2 + \sqrt{2}}}, \cdots$ 的极限存在.

课堂练习　1-6

1. 求极限 $\lim\limits_{x\to 0} \dfrac{x^2 \sin \dfrac{1}{x}}{|\sin x|}$.

2. 求极限 $\lim\limits_{x\to \infty} \left(\dfrac{2x - 1}{2x + 1}\right)^{2x - 1}$.

3. 求极限 $\lim\limits_{x\to 0} \dfrac{\tan mx}{\sin nx}$ (m, n 为非零常数).

4. 求极限 $\lim\limits_{x\to 0} (1 - 2x)^{\frac{1}{x}}$.

5. 求极限 $\lim\limits_{x\to 0} \dfrac{\ln(1 + 3x)}{x}$.

6. $\lim\limits_{x\to +\infty} (3^x + 9^x)^{\frac{1}{x}}$

7. 设 $x_n = \left(1 - \dfrac{1}{2^2}\right)\left(1 - \dfrac{1}{3^2}\right) \cdots \left(1 - \dfrac{1}{n^2}\right)$, 证明: 当 $n \to \infty$ 时 x_n 的极限存在.

1.7　无穷小的比较

我们已经知道, 两个无穷小量的和、差及乘积仍旧是无穷小. 那么两个无穷小量的商会是怎样的呢? 这一节我们就来解决这个问题, 考虑无穷小比的极限.

无穷小比的极限不同, 反映了分子及分母无穷小趋向于零的 "快慢" 程度不同. 例如, 当 $x \to 0$ 时 $x, x^2, \sin x$ 都是无穷小,

$\lim\limits_{x \to 0} \dfrac{x^2}{3x} = 0$, 说明 x^2 比 $3x$ 趋近 0 的速度要快得多;

$\lim\limits_{x \to 0} \dfrac{\sin x}{x} = 1$, 说明 $\sin x$ 与 x 趋近 0 的速度大致相同;

$\lim\limits_{x \to 0} \dfrac{\sin x}{x^2} = \lim\limits_{x \to 0} \left(\dfrac{\sin x}{x} \cdot \dfrac{1}{x} \right) = \infty$, 说明 $\sin x$ 比 x^2 趋近 0 的速度要慢.

下面我们学习两个无穷小的比较.

1.7.1　无穷小的比较

定义 1-7-1　设 α, β 是同一过程中的两个无穷小, 且 $\alpha \neq 0$.

(1) 如果 $\lim \dfrac{\beta}{\alpha} = 0$, 就说 β 是比 α 高阶的无穷小, 记作 $\beta = o(\alpha)$;

(2) 如果 $\lim \dfrac{\beta}{\alpha} = \infty$, 就说 β 是比 α 低阶的无穷小;

(3) 如果 $\lim \dfrac{\beta}{\alpha} = c \neq 0$, 就说 β 与 α 是同阶的无穷小; 特别地, 如果 $\lim \dfrac{\beta}{\alpha} = 1$, 则称 β 与 α 是等价无穷小, 记作 $\alpha \sim \beta$;

(4) 如果 $\lim \dfrac{\beta}{\alpha^k} = c \neq 0, k > 0$, 就说 β 是 α 的 k 阶无穷小.

例如, 因为 $\lim\limits_{x \to 0} \dfrac{x^2}{2x} = 0$, 所以 $x^2 = o(2x)$ $(x \to 0)$, 或当 $x \to 0$ 时, $2x$ 是比 x^2 低阶的无穷小;

因为 $\lim\limits_{n \to \infty} \dfrac{\frac{1}{n}}{\frac{1}{n^2}} = \infty$, 所以当 $n \to \infty$ 时, $\dfrac{1}{n}$ 是比 $\dfrac{1}{n^2}$ 低阶的无穷小;

因为 $\lim\limits_{x \to 0} \dfrac{\sin x}{x} = 1$, 所以 $\sin x \sim x$ $(x \to 0)$.

例 1-7-1　证明: 当 $x \to 0$ 时 $\tan x - \sin x$ 为 x 的 3 阶无穷小.

证明　因为

$$\lim_{x \to 0} \frac{\tan x - \sin x}{x^3} = \lim_{x \to 0} \left(\frac{1}{\cos x} \cdot \frac{\sin x}{x} \cdot \frac{1 - \cos x}{x^2} \right)$$

$$= \lim_{x \to 0} \frac{1}{\cos x} \cdot \lim_{x \to 0} \frac{\sin x}{x} \cdot \lim_{x \to 0} \frac{2\sin^2 \frac{x}{2}}{x^2} = \frac{1}{2},$$

所以 $\tan x - \sin x$ 为 x 的 3 阶无穷小.

例 1-7-2 证明: 当 $x \to 0$ 时, $\sqrt[n]{1+x} - 1 \sim \dfrac{1}{n}x$.

证明 因为

$$\lim_{x \to 0} \frac{\sqrt[n]{1+x} - 1}{\frac{1}{n}x} = \lim_{x \to 0} \frac{\left(\sqrt[n]{1+x}\right)^n - 1}{\frac{1}{n}x\left[\sqrt[n]{(1+x)^{n-1}} + \sqrt[n]{(1+x)^{n-2}} + \cdots + 1\right]}$$

$$= \lim_{x \to 0} \frac{n}{\sqrt[n]{(1+x)^{n-1}} + \sqrt[n]{(1+x)^{n-2}} + \cdots + 1} = 1,$$

所以 $\sqrt[n]{1+x} - 1 \sim \dfrac{1}{n}x(x \to 0)$.

例 1-7-3 证明: 当 $x \to 0$ 时, $x \sim \arcsin x$.

证明 设 $y = \arcsin x$, 则 $x = \sin y$ 且 $x \to 0$ 时 $y \to 0$, 有

$$\lim_{x \to 0} \frac{\arcsin x}{x} = \lim_{y \to 0} \frac{y}{\sin y} = 1,$$

故 $x \sim \arcsin x(x \to 0)$.

常用的等价无穷小:

$$x \sim \sin x \sim \tan x \sim \arcsin x \sim \arctan x \sim \ln(1+x),$$

$$x \sim \mathrm{e}^x - 1, \quad 1 - \cos x \sim \frac{1}{2}x^2, \quad (1+x)^a - 1 \sim ax \ (a \neq 0).$$

例 1-7-4 证明 β 与 α 是等价无穷小的充要条件是 $\beta = \alpha + o(\alpha)$.

证明 必要性 设 $\alpha \sim \beta$, 则

$$\lim \frac{\beta - \alpha}{\alpha} = \lim\left(\frac{\beta}{\alpha} - 1\right) = \lim \frac{\beta}{\alpha} - 1 = 0,$$

因此 $\beta - \alpha = o(\alpha)$, 即 $\beta = \alpha + o(\alpha)$.

充分性 设 $\beta = \alpha + o(\alpha)$, 则

$$\lim \frac{\beta}{\alpha} = \lim \frac{\alpha + o(\alpha)}{\alpha} = \lim\left(1 + \frac{o(\alpha)}{\alpha}\right) = 1,$$

因此 $\alpha \sim \beta$.

例 1-7-5 求 $\lim\limits_{x \to 0} \dfrac{\mathrm{e}^x - 1}{x}$.

解 $e^x - 1 = u$, $x = \ln(1+u)$, 当 $x \to 0$ 时有 $u \to 0$, 则

$$\lim_{x \to 0} \frac{e^x - 1}{x} = \lim_{u \to 0} \frac{u}{\ln(1+u)} = \lim_{u \to 0} \frac{1}{\ln(1+u)^{\frac{1}{u}}} = \frac{1}{\lim_{u \to 0} \ln(1+u)^{\frac{1}{u}}} = \frac{1}{\ln e} = 1.$$

即当 $x \to 0$ 时, $x \sim \ln(1+x)$, $x \sim e^x - 1$.

1.7.2 等价无穷小代换

定理 1-7-1 (等价无穷小代换定理)   设 $\alpha \sim \alpha'$, $\beta \sim \beta'$, 且 $\lim \dfrac{\beta'}{\alpha'}$ 存在, 则 $\lim \dfrac{\beta}{\alpha} = \lim \dfrac{\beta'}{\alpha'}$.

证明 $\lim \dfrac{\beta}{\alpha} = \lim \left(\dfrac{\beta}{\beta'} \cdot \dfrac{\beta'}{\alpha'} \cdot \dfrac{\alpha'}{\alpha} \right) = \lim \dfrac{\beta}{\beta'} \cdot \lim \dfrac{\beta'}{\alpha'} \cdot \lim \dfrac{\alpha'}{\alpha} = \lim \dfrac{\beta'}{\alpha'}$.

这个定理表明: 求两个无穷小之比的极限时, 分子及分母都可用等价无穷小来代替, 因此我们可以利用它来简化求极限问题.

例 1-7-6   求 $\lim\limits_{x \to 0} \dfrac{\sin ax}{\tan bx}$.

解   当 $x \to 0$ 时, $\sin ax \sim ax$, $\tan bx \sim bx$, 故

$$\lim_{x \to 0} \frac{\sin ax}{\tan bx} = \lim_{x \to 0} \frac{ax}{bx} = \frac{a}{b}.$$

例 1-7-7   求 $\lim\limits_{x \to 0} \dfrac{\tan^2 2x}{1 - \cos x}$.

解   当 $x \to 0$ 时, $1 - \cos x \sim \dfrac{1}{2}x^2$, $\tan 2x \sim 2x$, 故

$$\lim_{x \to 0} \frac{\tan^2 2x}{1 - \cos x} = \lim_{x \to 0} \frac{(2x)^2}{\frac{1}{2}x^2} = 8.$$

例 1-7-8   求 $\lim\limits_{x \to 0} \dfrac{(x+1)\sin x}{\arcsin x}$.

解   当 $x \to 0$ 时, $\sin x \sim x$, $\arcsin x \sim x$, 故

$$\lim_{x \to 0} \frac{(x+1)\sin x}{\arcsin x} = \lim_{x \to 0} \frac{(x+1)x}{x} = \lim_{x \to 0} (x+1) = 1.$$

注   (1) 若未定式的分子或分母为若干个因子的乘积, 则可对其中的任意一个或几个无穷小因子作等价无穷小代换, 而不会改变原式的极限.

(2) 只可对函数的因子作等价无穷小代换, 对于代数和中各无穷小不能分别代换.

例 1-7-9   求 $\lim\limits_{x \to 0} \dfrac{\tan x - \sin x}{\tan^3 2x}$.

错解 当 $x \to 0$ 时, $\tan x \sim x$, $\sin x \sim x$, 故

$$\lim_{x \to 0} \frac{\tan x - \sin x}{\tan^3 2x} = \lim_{x \to 0} \frac{x - x}{(2x)^3} = 0.$$

解 当 $x \to 0$ 时, $\tan 2x \sim 2x$, $\tan x - \sin x = \tan x (1 - \cos x) \sim \dfrac{1}{2} x^3$, 故

$$\lim_{x \to 0} \frac{\tan x - \sin x}{\tan^3 2x} = \lim_{x \to 0} \frac{\dfrac{1}{2} x^3}{(2x)^3} = \frac{1}{16}.$$

例 1-7-10 求 $\lim\limits_{x \to 0} \dfrac{\ln(1 + x + x^2) + \ln(1 - x + x^2)}{\sec x - \cos x}$.

解 先用对数性质化简分子, 得原式 $= \lim\limits_{x \to 0} \dfrac{\ln(1 + x^2 + x^4)}{\sec x - \cos x}$, 因为当 $x \to 0$ 时, 有

$$\ln(1 + x^2 + x^4) \sim x^2 + x^4,$$

$$\sec x - \cos x = \frac{1 - \cos^2 x}{\cos x} = \frac{\sin^2 x}{\cos x} \sim x^2,$$

所以原式 $= \lim\limits_{x \to 0} \dfrac{x^2 + x^4}{x^2} = 1$.

例 1-7-11 求 $\lim\limits_{x \to 0} \dfrac{(1 + x^2)^{1/3} - 1}{\cos x - 1}$.

解 当 $x \to 0$ 时, $(1 + x^2)^{\frac{1}{3}} - 1 \sim \dfrac{1}{3} x^2$, $\cos x - 1 \sim -\dfrac{1}{2} x^2$, 故

$$\lim_{x \to 0} \frac{(1 + x^2)^{\frac{1}{3}} - 1}{\cos x - 1} = \lim_{x \to 0} \frac{\dfrac{1}{3} x^2}{-\dfrac{1}{2} x^2} = -\frac{2}{3}.$$

例 1-7-12 求 $\lim\limits_{x \to 0} \dfrac{\sqrt{1 + \tan x} - \sqrt{1 - \tan x}}{\sqrt{1 + 2x} - 1}$.

解 由于 $x \to 0$ 时, $\sqrt{1 + 2x} - 1 \sim x$, $\tan x \sim x$, 故

$$\begin{aligned}
\lim_{x \to 0} \frac{\sqrt{1 + \tan x} - \sqrt{1 - \tan x}}{\sqrt{1 + 2x} - 1} &= \lim_{x \to 0} \frac{\sqrt{1 + \tan x} - \sqrt{1 - \tan x}}{x} \\
&= \lim_{x \to 0} \frac{2 \tan x}{x(\sqrt{1 + \tan x} + \sqrt{1 - \tan x})} \\
&= \lim_{x \to 0} \frac{2x}{x(\sqrt{1 + \tan x} + \sqrt{1 - \tan x})} \\
&= \lim_{x \to 0} \frac{2}{(\sqrt{1 + \tan x} + \sqrt{1 - \tan x})} = 1.
\end{aligned}$$

习　题　1-7

1. 当 $n \to 0$ 时, $x_n = \dfrac{1}{n}$, $y_n = \dfrac{1}{n!}$ 都是无穷小量, 问哪一个是较高阶的无穷小?

当 $x \to 1$ 时, 函数 $\dfrac{1-x}{1+x}$ 和 $1-x$ 都是无穷小, 问它们是否为同阶无穷小?

2. 下列无穷小量在给定的变化过程中与 x 相比是什么阶的无穷小量?

(1) $x + \sin x^2 \,(x \to 0)$;

(2) $\sqrt{x} + \sin x \,(x \to 0^+)$;

(3) $\dfrac{(x+1)x}{4 + \sqrt[3]{x}} \,(x \to 0)$;

(4) $\ln(1 + 2x) \,(x \to 0)$.

3. 利用等价无穷小的性质, 求下列极限:

(1) $\lim\limits_{x \to 0} \dfrac{\tan \alpha x}{\sin \beta x} \,(\beta \neq 0)$;

(2) $\lim\limits_{x \to 0} \dfrac{1 - \cos mx}{x^2}$;

(3) $\lim\limits_{x \to 0} \dfrac{\ln(1 + x)}{\sqrt{1 + x} - 1}$;

(4) $\lim\limits_{x \to 0} \dfrac{\sqrt{2} - \sqrt{1 + \cos x}}{\sqrt{1 + x^2} - 1}$;

(5) $\lim\limits_{x \to 0} \dfrac{\arctan 2x}{\arcsin 3x}$;

(6) $\lim\limits_{x \to 0} \dfrac{1 - \cos x}{x \sin x}$;

(7) $\lim\limits_{x \to 0} \dfrac{(\sqrt{1 + 2x} - 1)\arcsin x}{\tan x^2}$;

(8) $\lim\limits_{x \to 0} \dfrac{\tan x - \sin x}{\sqrt{2 + x^2}(e^{x^3} - 1)}$;

(9) $\lim\limits_{x \to a} \dfrac{\cos x - \cos a}{x - a}$;

(10) $\lim\limits_{x \to 0^+} \dfrac{1 - \sqrt{\cos x}}{x(1 - \cos \sqrt{x})}$.

课堂练习　1-7

1. 试证明: 当 $x \to 0$ 时, $x + \ln(1 - x)$ 与 $-\dfrac{x^2}{2}$ 是等价无穷小.

2. 求极限 $\lim\limits_{x \to 0} \dfrac{a^{3x} - 1}{x}$, $a > 0$, $a \neq 1$.

3. 求极限 $\lim\limits_{x \to 0} \dfrac{x - \arcsin x}{x \sin^2 x}$.

4. 求极限 $\lim\limits_{x \to 0} \dfrac{x^2 \sin \dfrac{1}{x} + 6 \sin x}{\ln(1 + x)}$.

1.8　函数的连续性与间断点

在自然界和现实社会中, 变量的变化有两种不同的形式: 渐变和突变. 反映在数学上, 就是函数的连续与间断. 连续函数是微积分的主要研究对象, 而且微积分中的主要概念、定理、公式、法则等往往要求函数具有连续性.

本节将以极限为基础, 介绍函数的连续性与间断点.

1.8.1 函数的连续性

1. 函数的增量

设函数 $f(x)$ 在 $U_\delta(x_0)$ 内有定义, $\forall x \in U_\delta(x_0)$, $\Delta x = x - x_0$ 称为自变量在点 x_0 的增量, $\Delta y = f(x) - f(x_0)$ 称为函数 $f(x)$ 相应于 Δx 的增量 (图 1-30).

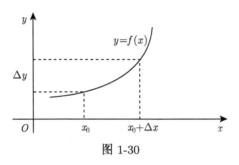

图 1-30

2. 连续的定义

定义 1-8-1　设函数 $f(x)$ 在 $U_\delta(x_0)$ 内有定义, 如果当自变量的增量 Δx 趋向于零时, 对应的函数的增量 Δy 也趋向于零, 即

$$\lim_{\Delta x \to 0} \Delta y = 0 \quad \text{或} \quad \lim_{\Delta x \to 0}[f(x_0 + \Delta x) - f(x_0)] = 0,$$

那么就称函数 $f(x)$ 在点 x_0 连续, x_0 称为 $f(x)$ 的连续点.

其中 $\Delta x \to 0$ 就是 $x \to x_0$, 而 $\Delta y \to 0$ 就是 $f(x) \to f(x_0)$.

定义 1-8-1′　设函数 $f(x)$ 在 $U_\delta(x_0)$ 内有定义, 如果函数 $f(x)$ 当 $x \to x_0$ 时的极限存在, 且等于它在点 x_0 处的函数值 $f(x_0)$, 即

$$\lim_{x \to x_0} f(x) = f(x_0),$$

那么就称函数 $f(x)$ 在点 x_0 连续.

连续的定义用 ε-δ 语言叙述为

设函数 $f(x)$ 在 $U_\delta(x_0)$ 内有定义, 如果函数 $f(x)$ 满足对 $\forall \varepsilon > 0, \exists \delta > 0$, 使当 $0 < |x - x_0| <$ 与时恒有 $|f(x) - f(x_0)| < \varepsilon$, 则称函数 $f(x)$ 在点 x_0 连续.

例 1-8-1　试证 $f(x) = \begin{cases} x \sin \dfrac{1}{x}, & x \neq 0, \\ 0, & x = 0 \end{cases}$ 在 $x = 0$ 处连续.

证明　$\lim\limits_{x \to 0} x \sin \dfrac{1}{x} = 0$, 又 $f(0) = 0$, 故 $\lim\limits_{x \to 0} f(x) = f(0)$, 由定义 1-8-1′ 知函数 $f(x)$ 在 $x = 0$ 处连续.

3. 单侧连续

若函数 $f(x)$ 在 $(a, x_0]$ 有定义, 且 x_0 处左极限 $\lim\limits_{x \to x_0^-} f(x) = f(x_0)$, 即 $f(x_0^-) = f(x_0)$, 则称 $f(x)$ 在 x_0 **处左连续**;

若函数 $f(x)$ 在 $[x_0, b)$ 有定义, 且 x_0 处右极限 $\lim\limits_{x \to x_0^+} f(x) = f(x_0)$, 即 $f(x_0^+) = f(x_0)$, 则称 $f(x)$ 在 x_0 **处右连续**.

函数 $f(x)$ 在 x_0 处连续的充要条件是函数 $f(x)$ 在 x_0 处既左连续又右连续.

例 1-8-2　讨论函数 $f(x) = \begin{cases} x+2, & x \geqslant 0, \\ x-2, & x < 0 \end{cases}$ 在 $x = 0$ 处的连续性.

解　因为 $\lim\limits_{x \to 0^+} f(x) = \lim\limits_{x \to 0^+} (x+2) = 2 = f(0)$, $\lim\limits_{x \to 0^-} f(x) = \lim\limits_{x \to 0^-} (x-2) = -2 \neq f(0)$, 所以 $f(x)$ 在 $x = 0$ 处右连续但不左连续, 于是 $f(x)$ 在 $x = 0$ 处不连续.

4. 连续函数与连续区间

在区间上每一点都连续的函数叫作在该区间上的连续函数, 或者说函数在该区间上连续.

如果函数 $f(x)$ 在开区间 (a,b) 内连续, 并且在左端点 $x = a$ 处右连续, 在右端点 $x = b$ 处左连续, 则称函数 $f(x)$ 在闭区间 $[a,b]$ 上连续.

连续函数的图形是一条连续而不间断的曲线.

例如, 有理整函数 $f(x)$(多项式) 在区间 $(-\infty, +\infty)$ 内任意一点 x_0 处, 都有 $\lim\limits_{x \to x_0} f(x) = f(x_0)$, 因此 $f(x)$ 是连续的.

例 1-8-3　证明函数 $y = \sin x$ 在区间 $(-\infty, +\infty)$ 内连续.

证明　任取 $x \in (-\infty, +\infty)$, $\Delta y = \sin(x+\Delta x) - \sin x = 2\sin\dfrac{\Delta x}{2} \cdot \cos\left(x + \dfrac{\Delta x}{2}\right)$.

因为 $\left|\cos\left(x + \dfrac{\Delta x}{2}\right)\right| \leqslant 1$, 所以 $|\Delta y| \leqslant 2\left|\sin\dfrac{\Delta x}{2}\right|$. 对 $\forall \alpha$, 当 $\alpha \neq 0$ 时, 有 $|\sin \alpha| < \alpha$, 故 $|\Delta y| \leqslant 2\left|\sin\dfrac{\Delta x}{2}\right| < |\Delta x|$, 所以 $\Delta x \to 0$ 时 $\Delta y \to 0$. 所以函数 $y = \sin x$ 在区间 $(-\infty, +\infty)$ 内连续.

1.8.2　函数的间断点及其分类

1. 间断点的定义

如果函数 $f(x)$ 在 x_0 处不连续, 则称 x_0 为 $f(x)$ 的间断点, 函数 $f(x)$ 在 x_0 处间断.

如果函数 $f(x)$ 在 x_0 处间断, 则可能有下列三种情况:

(1) 函数 $f(x)$ 在 x_0 处没有定义;

(2) 函数 $f(x)$ 在 x_0 处有定义, 但极限 $\lim\limits_{x \to x_0} f(x)$ 不存在;

(3) 函数 $f(x)$ 在 x_0 处有定义, 极限 $\lim\limits_{x \to x_0} f(x)$ 存在, 但 $\lim\limits_{x \to x_0} f(x) \neq f(x_0)$.

2. 间断点的分类

设点 x_0 为 $f(x)$ 间断点:

(1) 如果极限 $\lim\limits_{x \to x_0^-} f(x)$ 和 $\lim\limits_{x \to x_0^+} f(x)$ 都存在, 则称 x_0 为 $f(x)$ 的第一类间断点. 其中若极限 $\lim\limits_{x \to x_0^-} f(x) = \lim\limits_{x \to x_0^+} f(x) \neq f(x_0)$ 或 $\lim\limits_{x \to x_0^-} f(x) = \lim\limits_{x \to x_0^+} f(x)$, 但函数 $f(x)$ 在 x_0 处无定义, 则称 x_0 为 $f(x)$ 的可去间断点; 若极限 $\lim\limits_{x \to x_0^-} f(x)$ 和 $\lim\limits_{x \to x_0^+} f(x)$ 都存在, 但 $\lim\limits_{x \to x_0^-} f(x) \neq \lim\limits_{x \to x_0^+} f(x)$, 则称 x_0 为 $f(x)$ 的跳跃间断点.

(2) 如果极限 $\lim\limits_{x \to x_0^-} f(x)$ 和 $\lim\limits_{x \to x_0^+} f(x)$ 至少之一不存在, 则称 x_0 为 $f(x)$ 的第二类间断点. 其中若极限 $\lim\limits_{x \to x_0^-} f(x)$ 和 $\lim\limits_{x \to x_0^+} f(x)$ 之中至少有一个为无穷大, 则称 x_0 为 $f(x)$ 的无穷间断点. 若极限 $\lim\limits_{x \to x_0} f(x)$ 是极限值上、下振荡的情形, 则称 x_0 为 $f(x)$ 的振荡间断点.

例 1-8-4 讨论函数 $f(x) = \begin{cases} -x, & x < 0, \\ 1 + x, & x \geqslant 0 \end{cases}$ 在 $x = 0$ 处的连续性 (图 1-31).

解 因为 $f(0^-) = \lim\limits_{x \to 0^-}(-x) = 0$, $f(0^+) = \lim\limits_{x \to 0^+}(1 + x) = 1$, $f(0^-)$ 与 $f(0^+)$ 存在且 $f(0^-) \neq f(0^+)$, 所以 $x = 0$ 为跳跃间断点.

例 1-8-5 讨论函数

$$f(x) = \begin{cases} 2\sqrt{x}, & 0 \leqslant x < 1, \\ 1, & x = 1, \\ 1 + x, & x > 1 \end{cases}$$

在 $x = 1$ 处的连续性 (图 1-32).

解 在 $x = 1$ 处 $f(1) = 1$, 且

$$f(1^-) = \lim\limits_{x \to 1^-} 2\sqrt{x} = 2, \quad f(1^+) = \lim\limits_{x \to 1^+}(1 + x) = 2,$$

故 $\lim\limits_{x \to 1} f(x) = 2 \neq f(1)$, 所以 $x = 1$ 为可去间断点.

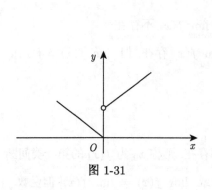

图 1-31

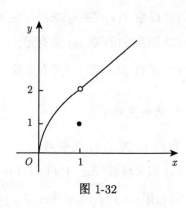

图 1-32

注　可去间断点只要改变或者补充间断处函数的定义, 使该点函数值等于该点极限值, 就可使其变为连续点.

如例 1-8-5 中, 令 $f(1) = 2$, 则 $f(x) = \begin{cases} 2\sqrt{x}, & 0 \leqslant x < 1, \\ 1 + x, & x \geqslant 1 \end{cases}$ 在 $x = 1$ 处连续.

例 1-8-6　讨论函数

$$f(x) = \begin{cases} \dfrac{1}{x}, & x > 0, \\ x, & x \leqslant 0 \end{cases}$$

在 $x = 0$ 处的连续性 (图 1-33).

解　在 $x = 0$ 处 $f(0) = 0$, 且 $f(0^-) = \lim\limits_{x \to 0^-} x = 0, f(0^+) = \lim\limits_{x \to 0^+} \dfrac{1}{x} = +\infty$, 故 $x = 0$ 为函数的无穷间断点.

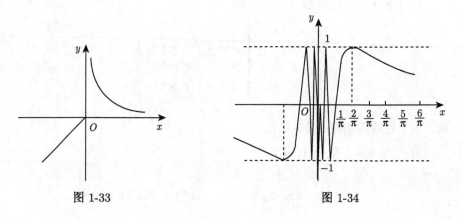

图 1-33

图 1-34

例 1-8-7　讨论函数 $f(x) = \sin \dfrac{1}{x}$ 在 $x = 0$ 处的连续性 (图 1-34).

解　$f(x) = \sin\dfrac{1}{x}$ 在 $x = 0$ 没有定义且 $\lim\limits_{x\to 0}\sin\dfrac{1}{x}$ 不存在, 又因为 $x \to 0$ 时, $f(x) = \sin\dfrac{1}{x}$ 在 $x = 0$ 附近的函数值在 1 和 -1 之间无限次振荡, 所以 $x = 0$ 为函数的振荡间断点.

注　函数的间断点有可能有无穷多个.

例如, 狄利克雷函数

$$y = D(x) = \begin{cases} 1, & x\text{是有理数}, \\ 0, & x\text{是无理数} \end{cases}$$

在定义域 **R** 内每一点处都间断, 且都是第二类间断点.

又如,

$$f(x) = \begin{cases} x, & x\text{是有理数}, \\ -x, & x\text{是无理数} \end{cases}$$

仅在 $x = 0$ 处连续, 其余各点处处间断.

再如,

$$f(x) = \begin{cases} 1, & x\text{是有理数}, \\ -1, & x\text{是无理数} \end{cases}$$

在定义域 $(-\infty, +\infty)$ 内每一点处都间断, 但其函数的绝对值处处连续.

例 1-8-8　问: 当 a 取何时, 函数

$$f(x) = \begin{cases} \cos x, & x < 0, \\ a + x, & x \geqslant 0 \end{cases}$$

在 $x = 0$ 处连续.

解　因为

$$f(0) = a, \quad f(0^-) = \lim_{x\to 0^-} f(x) = \lim_{x\to 0^-}\cos x = 1,$$
$$f(0^+) = \lim_{x\to 0^+} f(x) = \lim_{x\to 0^+}(a + x) = a,$$

由函数 $f(x)$ 在 $x = 0$ 处连续, 故 $a = 1$. 所以当且仅当 $a = 1$ 时, 函数 $f(x)$ 在 $x = 0$ 处连续.

习　题　1-8

1. 利用函数连续性的定义, 证明下列函数在其定义域上是连续的.

(1) $y = 5x$;

(2) $y = \begin{cases} x^2\sin\dfrac{1}{x}, & x \neq 0, \\ 0, & x = 0. \end{cases}$

2. 设函数

$$f(x) = \begin{cases} \dfrac{x^2 - A}{x - 2}, & x \neq 2, \\ A, & x = 2, \end{cases}$$

问 A 取何值时, 函数 $f(x)$ 在 $x = 2$ 处是连续的?

3. 讨论函数 $f(x) = \lim\limits_{n \to \infty} \dfrac{1 - x^{2n}}{1 + x^{2n}}$ 的连续性, 若有间断点, 并判别其类型.

4. 求下列函数的间断点, 并判断间断点的类型.

(1) $y = \dfrac{1}{(x + 2)^2}$;　　　　　　　　　　(2) $y = \dfrac{x^2 - 1}{x^2 + 3x - 4}$;

(3) $y = \dfrac{\sin x}{x}$;　　　　　　　　　　　(4) $y = \begin{cases} \dfrac{1 - x^2}{1 - x}, & x \neq 1, \\ 0, & x = 1; \end{cases}$

(5) $y = \begin{cases} \dfrac{\sin x}{x}, & x < 0, \\ 0, & x = 0, \\ \mathrm{e}^{-x}, & x > 0. \end{cases}$

5. 函数 $f(x) = \begin{cases} x + 1, & x \leqslant 0, \\ x^2, & x > 0 \end{cases}$ 在点 $x = 0$ 处是否连续? 并作出 $f(x)$ 的图形.

6. 函数 $f(x) = \begin{cases} 2x, & 0 \leqslant x < 1, \\ 3 - x, & 1 \leqslant x \leqslant 3 \end{cases}$ 在闭区间 $[0,\, 3]$ 上是否连续? 并作出 $f(x)$ 的图形.

7. 函数 $f(x) = \begin{cases} |x|, & |x| \leqslant 1, \\ \dfrac{x}{|x|}, & 1 < |x| \leqslant 3 \end{cases}$ 在其定义域内是否连续? 并作出 $f(x)$ 的图形.

课堂练习　1-8

1. 指出函数 $y = \sin x \sin \dfrac{1}{x}$ 的连续区间, 如果有间断点, 判定间断点的类型.

2. 求函数 $f(x) = \dfrac{1}{1 + \dfrac{1}{x}}$ 的连续区间, 如果有间断点, 指出间断点的类型.

3. 讨论函数 $f(x) = \begin{cases} \mathrm{e}^{\frac{1}{x}}, & x < 0, \\ 0, & x = 0, \\ x \sin x, & x > 0 \end{cases}$ 的连续性.

4. 若 $f(x)$ 在 $x = x_0$ 处有定义, 且 $f(x_0 - 0) = f(x_0 + 0)$, 由此能否导出 $f(x)$ 在 $x = x_0$ 处连续? 为什么?

5. 设 $f(x) = \begin{cases} x^2, & |x| \leqslant 1, \\ x, & |x| > 1, \end{cases}$ 讨论 $f(x)$ 的连续性.

1.9　连续函数的运算与初等函数的连续性

本节将以极限为基础, 介绍连续函数的运算及连续函数的一些性质.

1.9.1　连续函数的和、差、积、商的连续性

通过函数在某点连续的定义和极限的四则运算法则, 可得出以下结论.

定理 1-9-1　如果函数 $f(x)$ 和 $g(x)$ 都在点 x_0 处连续, 那么它们的和、差、积、商 $f(x) \pm g(x)$, $f(x) \cdot g(x)$, $\dfrac{f(x)}{g(x)}$(在商的情况下要求 $g(x_0) \neq 0$) 在 x_0 处也连续.

例如, $\sin x, \cos x$ 在 $(-\infty, +\infty)$ 内连续, 故 $\tan x = \dfrac{\sin x}{\cos x}, \sec x = \dfrac{1}{\cos x}$ 在其定义域内连续.

1.9.2　反函数与复合函数的连续性

定理 1-9-2 (反函数的连续性)　如果函数 $y = f(x)$ 在某区间 I 上单调增加 (单调减少) 且连续, 则其反函数 $x = \phi(y)$ 在对应的区间 $\{y \,|\, y = f(x), x \in I\}$ 上单调增加 (单调减少) 且连续.

证明　略.

例如, 函数 $y = \sin x$ 在闭区间 $\left[-\dfrac{\pi}{2}, \dfrac{\pi}{2}\right]$ 上单调增加且连续, 故它的反函数 $y = \arcsin x$ 在闭区间 $[-1, 1]$ 上也是单调增加且连续的.

同样, 函数 $y = \cos x$ 在闭区间 $[0, \pi]$ 上单调减少且连续, 它的反函数 $y = \arcsin x$ 在闭区间 $[-1, 1]$ 上也是单调减少且连续的.

$y = \arctan x, y = \text{arccot} x$ 在 $(-\infty, +\infty)$ 上单调且连续.

反三角函数 (主值) 在其定义域内皆连续.

定理 1-9-3　设函数 $y = f(u)$ 在 u_0 处连续, 函数 $u = \phi(x)$ 在 x_0 处 $\lim\limits_{x \to x_0} \phi(x) = u_0$, 则复合函数 $y = f[\phi(x)]$ 在 x_0 处 $\lim\limits_{x \to x_0} f[\phi(x)] = f(u_0) = f\left[\lim\limits_{x \to x_0} \phi(x)\right]$.

证明　略.

本定理的意义: (1) 是极限过程中极限符号 $\lim\limits_{x \to x_0}$ 可以与函数符号 f 互换的理论依据 $\left(\lim\limits_{x \to x_0} f[\phi(x)] = f\left[\lim\limits_{x \to x_0} \phi(x)\right] = f(u_0)\right)$; (2) 是极限过程中函数 $y = f(u)$ 变量代换 $(u = \phi(x))$ 的理论依据 $\left(\lim\limits_{x \to x_0} f[\phi(x)] = \lim\limits_{u \to u_0} f(u) = f(u_0)\right)$.

例 1-9-1　求 $\lim\limits_{x \to 0} \dfrac{\log_a(1 + x)}{x}$.

解　$\lim\limits_{x \to 0} \dfrac{\log_a(1 + x)}{x} = \lim\limits_{x \to 0} \log_a(1 + x)^{\frac{1}{x}} = \log_a\left[\lim\limits_{x \to 0}(1 + x)^{\frac{1}{x}}\right] = \log_a \mathrm{e} = \dfrac{1}{\ln a}$.

同理可得 $\lim\limits_{x \to 0} \dfrac{\ln(1+x)}{x} = 1$.

例 1-9-2　求 $\lim\limits_{x \to 0} \dfrac{a^x - 1}{x}$.

解　设 $a^x - 1 = y$, $x = \log_a(1+y)$, 则当 $x \to 0$ 时 $y \to 0$, 因此

$$\lim_{x \to 0} \frac{a^x - 1}{x} = \lim_{y \to 0} \frac{y}{\log_a(1+y)} = \lim_{y \to 0} \frac{1}{\log_a(1+y)^{\frac{1}{y}}} = \frac{1}{\log_a \mathrm{e}} = \ln a.$$

说明, $\lim\limits_{x \to 0} \dfrac{a^x - 1}{x \ln a} = 1$. 即当 $x \to 0$ 时, $a^x - 1 \sim x \ln a$.

同理可得 $\lim\limits_{x \to 0} \dfrac{\mathrm{e}^x - 1}{x} = \ln \mathrm{e} = 1$.

定理 1-9-4　设函数 $u = \phi(x)$ 在 $x = x_0$ 连续, 且 $\phi(x_0) = u_0$, 而函数 $y = f(u)$ 在 $u = u_0$ 连续, 则复合函数 $y = f[\phi(x)]$ 在 $x = x_0$ 也连续.

证明　略.

注　定理 1-9-4 是定理 1-9-3 的特殊情况.

1.9.3　初等函数的连续性

三角函数及反三角函数在它们的定义域内是连续的.

指数函数 $y = a^x$ $(a > 0, a \neq 1)$ 在 $(-\infty, +\infty)$ 内单调且连续;

对数函数 $y = \log_a x$ $(a > 0, a \neq 1)$ 在 $(0, +\infty)$ 内单调且连续;

幂函数 $y = x^\mu$ 在 $(0, +\infty)$ 内连续 (事实上, 设 $x > 0$, 有 $y = x^\mu = a^{\mu \log_a x}(a > 0, a \neq 1), y = a^u(u = \mu \log_a x))$.

幂函数、指数函数、对数函数、三角函数及反三角函数为基本初等函数.

定理 1-9-5　基本初等函数在定义域内是连续的.

证明　略.

定理 1-9-6　一切初等函数在其定义区间内都是连续的.

证明　略.

注　(1) 定义区间是指包含在定义域内的区间, 初等函数仅在其定义区间内连续, 在其定义域内不一定连续.

例如, $y = \sqrt{\cos x - 1}$, 定义域 $D : x = 0, \pm 2\pi, \pm 4\pi, \cdots$, 而函数在这些孤立点的某邻域内没有定义, 函数不连续.

$y = \sqrt{x^2(x-1)^3}$, 定义域 $D : x = 0$, 以及 $x \geqslant 1$, 而函数在点 $x = 0$ 的某邻域内没有定义, 函数不连续, 函数在 $[1, +\infty)$ 上连续.

(2) 求初等函数在有限值的极限 $\lim\limits_{x \to x_0} f(x)$, 当 x_0 属于定义区间时, 可将 x_0 直接代入, 即 $\lim\limits_{x \to x_0} f(x) = f(x_0)$.

例 1-9-3　求 $\lim\limits_{x \to 1} \sin \sqrt{\mathrm{e}^x - 1}$.

解 $\lim\limits_{x\to 1}\sin\sqrt{e^x-1}=\sin\sqrt{e^1-1}=\sin\sqrt{e-1}.$

例 1-9-4 求 $\lim\limits_{x\to 0}\dfrac{\sqrt{1+x^2}-1}{x}.$

解 $\lim\limits_{x\to 0}\dfrac{\sqrt{1+x^2}-1}{x}=\lim\limits_{x\to 0}\dfrac{(\sqrt{1+x^2}-1)(\sqrt{1+x^2}+1)}{x(\sqrt{1+x^2}+1)}$

$$=\lim\limits_{x\to 0}\dfrac{x}{\sqrt{1+x^2}+1}=\dfrac{0}{2}=0.$$

例 1-9-5 求极限 $\lim\limits_{x\to 0}(x+2e^x)^{\frac{1}{x-1}}.$

解 $\lim\limits_{x\to 0}(x+2e^x)^{\frac{1}{x-1}}=\left[\lim\limits_{x\to 0}(x+2e^x)\right]^{\lim\limits_{x\to 0}\frac{1}{x-1}}=2^{-1}=\dfrac{1}{2}.$

例 1-9-6 设 $f(x)=\begin{cases}\dfrac{\sin 2x}{x}, & x<0,\\[2mm] 3x^2-2x+k, & x\geqslant 0,\end{cases}$ 问当 k 为何值时, 函数 $f(x)$

在其定义域内连续, 为什么?

解 当 $k=2$ 时, 函数 $f(x)$ 在其定义域内连续.

因为要使函数在定义域内连续, 只需函数在 $x=0$ 处连续. 而当 $k=2$ 时, $f(0)=2$, 并有

$$\lim\limits_{x\to 0^-}f(x)=\lim\limits_{x\to 0^-}\dfrac{\sin 2x}{x}=2,\qquad \lim\limits_{x\to 0^+}f(x)=\lim\limits_{x\to 0^+}(3x^2-2x+2)=2,$$

所以函数 $f(x)$ 在 $x=0$ 处是连续的.

习 题 1-9

1. 求下列极限:

(1) $\lim\limits_{x\to 7}\dfrac{2-\sqrt{x-3}}{x^2-49}$;

(2) $\lim\limits_{\alpha\to\frac{\pi}{4}}(\sin 2\alpha)^3$;

(3) $\lim\limits_{x\to\frac{\pi}{6}}\ln(2\cos 2x)$;

(4) $\lim\limits_{x\to 0}\dfrac{\sqrt{x+1}-1}{x}$;

(5) $\lim\limits_{x\to\infty}e^{\frac{1}{x}}$;

(6) $\lim\limits_{x\to 0}\ln\dfrac{\sin x}{x}$;

(7) $\lim\limits_{x\to\infty}\left(\dfrac{3+x}{6+x}\right)^{\frac{x-1}{2}}$;

(8) $\lim\limits_{x\to 0}\dfrac{\sqrt{1+\tan x}-\sqrt{1+\sin x}}{x\sqrt{1+\sin^2 x}-x}$;

(9) $\lim\limits_{x\to 1}\dfrac{\sqrt{5x-4}-\sqrt{x}}{x-1}$;

(10) $\lim\limits_{x\to+\infty}(\sqrt{x^2+x}-\sqrt{x^2-x})$.

2. 设函数 $f(x)$ 和 $g(x)$ 在点 x_0 连续, 证明函数:

$$\varphi(x)=\max\{f(x),g(x)\},\quad \phi(x)=\min\{f(x),g(x)\}$$

在点 x_0 处也连续.

3. 设 $f(x)=\begin{cases}x+a, & x\leqslant 0,\\ \cos x, & x>0\end{cases}$ 在 $x=0$ 连续, 则常数 a 应取何值?

课堂练习　1-9

1. 写出函数 $f(x) = \dfrac{x^2 - 1}{x^2 - 3x + 2}$ 的连续区间.

2. 求极限 $\lim\limits_{x \to 0} \dfrac{(3x^2 + 2)^3}{(2x^3 + 3)^2}$.

3. 求极限 $\lim\limits_{x \to \infty} \left(\sqrt{x^2 + x} - \sqrt{x^2 - x}\right)$.

4. 求极限 $\lim\limits_{x \to 2} \dfrac{\tan x - \tan 2}{\sin \ln(x - 1)}$.

5. 求极限 $\lim\limits_{x \to 3} \dfrac{x^3 - 3^x}{\sin(3 - x)}$.

1.10　闭区间上连续函数的性质

连续函数在闭区间上有一些重要性质, 它们常常作为分析问题的理论研究依据.

1.10.1　最大值和最小值定理

对于在区间 I 有定义的函数 $f(x)$, 若有 $x_0 \in I$, 使得 $\forall x \in I$, 都有 $f(x) \leqslant f(x_0)(f(x) \geqslant f(x_0))$, 则称 $f(x_0)$ 是函数 $f(x)$ 在区间 I 上的最大 (小) 值, x_0 是函数 $f(x)$ 在区间 I 上的最大 (小) 值点.

定理 1-10-1 (最大值和最小值定理)　闭区间 $[a, b]$ 上的连续函数一定存在最大值和最小值.

证明　略.

如图 1-35, 曲线弧 AB 是闭区间 $[a, b]$ 上的连续函数 $y = f(x)$ 的一段, 在该曲线上, 至少存在一个最高点 $C(x_1, f(x_1))$, 也至少存在一个最低点 $D(x_2, f(x_2))$, 显然 $f(x_1) \geqslant f(x)(x \in [a, b]), f(x_2) \leqslant f(x)(x \in [a, b]), f(x_1)$ 和 $f(x_2)$ 分别是 $f(x)$ 在闭区间 $[a, b]$ 上的最大值和最小值.

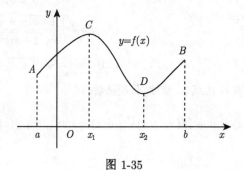

图 1-35

注 (1) 若区间是开区间, 定理不一定成立. 例如, 函数 $f(x) = \sin x, x \in \left(0, \dfrac{\pi}{2}\right)$, 如图 1-36 所示.

(2) 若区间内有间断点, 定理不一定成立. 例如, 函数

$$f(x) = \begin{cases} 1 - x, & 0 \leqslant x < 1, \\ 1, & x = 1, \\ 3 - x, & 1 < x \leqslant 2, \end{cases}$$

如图 1-37 所示.

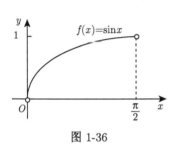

图 1-36

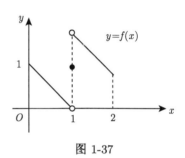

图 1-37

推论 (有界性定理) 在闭区间上连续的函数一定在该区间上有界.

证明 设函数 $f(x)$ 在 $[a,b]$ 上连续, $\forall x \in [a,b]$, 有 $m \leqslant f(x) \leqslant M$, 其中 m 和 M 分别为函数 $f(x)$ 在 $[a,b]$ 上的最小值和最大值.

取 $K = \max\{|m|, |M|\}$, 则有 $|f(x)| \leqslant K$. 所以函数 $f(x)$ 在 $[a,b]$ 上有界.

1.10.2 介值定理

如果 x_0 使 $f(x_0) = 0$, 则称 x_0 为函数 $f(x)$ 的**零点**.

定理 1-10-2 (零点定理) 设函数 $f(x)$ 在闭区间 $[a,b]$ 上连续, 且 $f(a)$ 与 $f(b)$ 异号 (即 $f(a) \cdot f(b) < 0$), 那么在开区间 (a,b) 内至少有函数 $f(x)$ 的一个零点, 即至少有一点 $\xi(a < \xi < b)$, 使 $f(\xi) = 0$, 即方程 $f(x) = 0$ 在 (a,b) 内至少存在一个实根.

证明 略.

几何解释: 如图 1-38, 连续曲线弧 $y = f(x)$ 的两个端点位于 x 轴的不同侧, 则曲线弧与 x 轴至少有一个交点.

定理 1-10-3 (介值定理) 设函数 $f(x)$ 在闭区间 $[a,b]$ 上连续, 且在该区间的端点取不同的函数值 $f(a) = A$ 及 $f(b) = B$, 那么, 对于 A 与 B 之间的任意一个数 C, 在开区间 (a,b) 内至少有一点 ξ, 使得 $f(\xi) = C(a < \xi < b)$.

证明 设函数 $\varphi(x) = f(x) - C$, 则 $\varphi(x)$ 在闭区间 $[a,b]$ 上连续, 且 $\varphi(a) = f(a) - C = A - C, \varphi(b) = f(b) - C = B - C$. 因为 C 介于 A 与 B 之间, 所以 $\varphi(a) \cdot \varphi(b) < 0$, 由零点定理, 在开区间 (a,b) 内至少存在一点 ξ, 使 $\varphi(\xi) = 0$, 即 $\varphi(\xi) = f(\xi) - C = 0$, 所以 $f(\xi) = C(a < \xi < b)$.

几何解释: 连续曲线弧 $y = f(x)$ 与水平线 $y = C$ 至少一个交点, 如图 1-39.

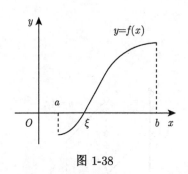

图 1-38

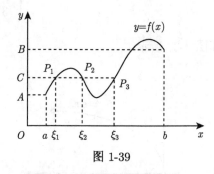

图 1-39

推论 在闭区间上连续的函数必取得介于最大值 M 与最小值 m 之间的任何值.

设 $m = f(x_1), M = f(x_2)$, 且 $m \neq M$, 不妨设 $x_1 < x_2$, 在区间 $[x_1, x_2]$ 上应用介值定理即证得推论.

例 1-10-1 证明方程 $x^3 - 4x^2 + 1 = 0$ 在区间 $(0,1)$ 内至少有一个根.

证明 设函数 $f(x) = x^3 - 4x^2 + 1$, 则 $f(x)$ 在 $[0,1]$ 上连续, 又因为 $f(0) = 1 > 0$, $f(1) = -2 < 0$, 由零点定理, 至少存在一点 $\xi \in (0,1)$, 使 $f(\xi) = 0$, 即 $\xi^3 - 4\xi^2 + 1 = 0$, 所以方程 $x^3 - 4x^2 + 1 = 0$ 在区间 $(0,1)$ 内至少有一个根 ξ.

例 1-10-2 设函数 $f(x)$ 在区间 $[a,b]$ 上连续, 且 $f(a) < a, f(b) > b$. 证明至少存在一点 $\xi \in (a,b)$, 使得 $f(\xi) = \xi$.

证明 设函数 $F(x) = f(x) - x$, 则 $F(x)$ 在区间 $[a,b]$ 上连续, 而 $F(a) = f(a) - a < 0, F(b) = f(b) - b > 0$, 由零点定理, 至少存在一点 $\xi \in (a,b)$, 使 $F(\xi) = f(\xi) - \xi = 0$, 即 $f(\xi) = \xi$.

习 题 1-10

1. 证明方程 $x2^x = 1$ 至少有一个小于 1 的正根.

2. 证明方程 $x^5 - 3x = 1$ 在 1 与 2 之间至少存在一个实根.

3. 证明曲线 $y = y = x^4 - 3x^2 + 7x - 10$ 在 $x = 1$ 与 $x = 2$ 之间至少与 x 轴有一个交点.

4. 设 $f(x) = \mathrm{e}^x - 2$, 求证在区间 $(0,2)$ 内至少有一点 x_0 使 $\mathrm{e}^{x_0} - 2 = x_0$.

课堂练习 1-10

1. 已知 $f(x)$ 在区间 $[0,1]$ 上连续, $0 < f(x) < 1$, 证明方程 $f(x) = x$ 在 $[0,1]$ 内至少有一个根.

2. 证明: 方程 $1 - x - \tan x = 0$ 在 $(0,1)$ 有唯一实数根.

3. 求 $y = 2x^3 - 3x^2$ 在 $[-1,4]$ 上的最大值和最小值.

4. 求 $y = 2\mathrm{e}^x + \mathrm{e}^{-x}$ 的极值.

单元自测题 1

一、填空题 (将正确答案填在横线上).

1. 设 $f(x) = \sqrt{2-x} + \ln\ln x$, 其定义域为 _____.

2. 设 $f(x) = \ln(x+1)$, 其定义域为 _____.

3. 设 $f(x) = \arcsin(x-3)$, 其定义域为 _____.

4. 设 $f(x)$ 的定义域是 $[0,1]$, 则 $f(\sin x)$ 的定义域为 _____.

5. 设 $y = f(x)$ 的定义域是 $[0,2]$, 则 $y = f(x^2)$ 的定义域为 _____.

6. $\lim\limits_{x \to 3} \dfrac{x^2 - 2x + k}{x - 3} = 4$, 则 $k =$ _____.

7. 函数 $y = \dfrac{x}{\sin x}$ 有间断点 _____, 其中 _____ 为其可去间断点.

8. 若当 $x \neq 0$ 时, $f(x) = \dfrac{\sin 2x}{x}$, 且 $f(x)$ 在 $x = 0$ 处连续, 则 $f(0) =$ _____.

9. $\lim\limits_{n \to \infty} \left(\dfrac{n}{n^2 + 1} + \dfrac{n}{n^2 + 2} + \cdots + \dfrac{n}{n^2 + n} \right) =$ _____.

10. 函数 $f(x)$ 在 x_0 处连续是 $|f(x)|$ 在 x_0 连续的 _____ 条件.

11. $\lim\limits_{x \to \infty} \dfrac{(x^3 + 1)(x^2 + 3x + 2)}{2x^5 + 5x^3} =$ _____.

12. $\lim\limits_{n \to \infty} \left(1 + \dfrac{2}{n} \right)^{kn} = \mathrm{e}^{-3}$, 则 $k =$ _____.

13. 函数 $y = \dfrac{x^2 - 1}{x^2 - 3x + 2}$ 的间断点是 _____.

14. 当 $x \to +\infty$ 时, $\dfrac{1}{x}$ 是比 $\sqrt{x+3} - \sqrt{x+1}$ _____ 的无穷小.

15. 当 $x \to 0$ 时, 无穷小 $1 - \sqrt{1-x}$ 与 x 相比较是 _____ 无穷小.

16. 函数 $y = \mathrm{e}^{\frac{1}{x}}$ 在 $x = 0$ 处是第 _____ 类间断点.

17. 设 $y = \dfrac{\sqrt[3]{x} - 1}{x - 1}$, 则 $x = 1$ 为 y 的 _____ 间断点.

18. 已知 $f\left(\dfrac{\pi}{3} \right) = \sqrt{3}$, 则当 a 为 _____ 时, 函数 $f(x) = a\sin x + \dfrac{1}{3}\sin 3x$ 在 $x = \dfrac{\pi}{3}$ 处连续.

19. 设 $f(x) = \begin{cases} \dfrac{\sin x}{2x}, & x < 0, \\ (1 + ax)^{\frac{1}{x}}, & x > 0, \end{cases}$ 若 $\lim\limits_{x \to 0} f(x)$ 存在, 则 $a =$ _____.

20. 曲线 $y = \dfrac{x + \sin x}{x^2} - 2$ 的水平渐近线方程是_____.

21. $f(x) = \sqrt{4 - x^2} + \dfrac{1}{\sqrt{x^2 - 1}}$ 的连续区间为_____.

二、计算题.

1. 求下列函数定义域:

(1) $y = \dfrac{1}{1 - x^2}$;　　　　　　(2) $y = \sin \sqrt{x}$;　　　　　　(3) $y = \mathrm{e}^{\frac{1}{x}}$.

2. 函数 $f(x)$ 和 $g(x)$ 是否相同? 为什么?

(1) $f(x) = \ln x^2$, $g(x) = 2 \ln x$;

(2) $f(x) = x$, $g(x) = \sqrt{x^2}$;

(3) $f(x) = 1$, $g(x) = \sec^2 x - \tan^2 x$.

3. 判定函数的奇偶性:

(1) $y = x^2(1 - x^2)$;　　　　(2) $y = 3x^2 - x^3$;　　　　(3) $y = x(x - 1)(x + 1)$.

4. 求由所给函数构成的复合函数:

(1) $y = u^2$, $u = \sin v$, $v = x^2$;

(2) $y = \sqrt{u}$, $u = 1 + x^2$;

(3) $y = u^2$, $u = \mathrm{e}^v$, $v = \sin x$.

5. 计算下列极限:

(1) $\lim\limits_{n \to \infty} \left(1 + \dfrac{1}{2} + \dfrac{1}{4} + \cdots + \dfrac{1}{2^n} \right)$;　　　(2) $\lim\limits_{n \to \infty} \dfrac{1 + 2 + 3 + \cdots + (n - 1)}{n^2}$;

(3) $\lim\limits_{x \to 0} \dfrac{\sqrt{1 - x} - 1}{\sin 3x}$;　　　(4) $\lim\limits_{x \to 1} \dfrac{x^2 - 2x + 1}{x^2 - 1}$;

(5) $\lim\limits_{x \to \infty} \dfrac{(x - 1)^{10}(2x + 3)^5}{12(x - 2)^{15}}$;　　　(6) $\lim\limits_{x \to 2} \dfrac{x^2 - 3x + 2}{x^2 + 4x - 12}$;

(7) $\lim\limits_{x \to 0} x^2 \sin \dfrac{1}{x}$;　　　(8) $\lim\limits_{x \to 0} \dfrac{\sqrt{x^2 + p^2} - p}{\sqrt{x^2 + q^2} - q}$ $(p > 0, q > 0, p, q$ 为常数$)$.

6. 计算下列极限:

(1) $\lim\limits_{x \to 0} \dfrac{\sin wx}{x}$;　　　(2) $\lim\limits_{x \to 0} \dfrac{\sin 2x}{\sin 5x}$;

(3) $\lim\limits_{x \to 0} x \cot x$;　　　(4) $\lim\limits_{x \to \infty} \left(\dfrac{x}{1 + x} \right)^x$;

(5) $\lim\limits_{x \to \infty} \left(\dfrac{x + 1}{x - 1} \right)^{x - 1}$;　　　(6) $\lim\limits_{x \to 0} (1 - x)^{\frac{1}{x}}$.

7. 比较无穷小的阶:

(1) $x \to 0$ 时, $2x - x^2$ 与 $x^2 - x^3$;

(2) $x \to 1$ 时 $1 - x$ 与 $\frac{1}{2}(1 - x^2)$.

8. 利用等价无穷小性质求极限:

(1) $\lim\limits_{x \to 0} \dfrac{\tan x - \sin x}{\sin x^3}$;

(2) $\lim\limits_{x \to 0} \dfrac{\sin(x^n)}{(\sin x)^m}$ (n, m 是正整数).

9. 讨论函数的连续性:

$$f(x) = \begin{cases} x - 1, & x \leqslant 1, \\ 3 - x, & x > 1 \end{cases} \quad 在 x = 1.$$

10. 利用函数的连续性求极限:

(1) $\lim\limits_{x \to \frac{\pi}{6}} \ln(2\cos 2x)$;

(2) $\lim\limits_{x \to +\infty} \left(\sqrt{x^2 + x} - \sqrt{x^2 - x} \right)$;

(3) $\lim\limits_{x \to 0} \ln \dfrac{\sin x}{x}$;

(4) $\lim\limits_{x \to \infty} \left(1 + \dfrac{1}{x} \right)^{2x}$;

(5) 设 $f(x) = \lim\limits_{n \to \infty} \left(1 - \dfrac{x}{n} \right)^n$, 求 $\lim\limits_{t \to 1^+} f\left(\dfrac{1}{t - 1} \right)$;

(6) $\lim\limits_{x \to \infty} x \ln \left(\dfrac{x - 1}{x + 1} \right)$.

11. 设函数

$$f(x) = \begin{cases} x \sin \dfrac{1}{x} + b, & x < 0, \\ a, & x = 0, \\ \dfrac{\sin x}{x}, & x > 0. \end{cases}$$

问: (1) a, b 为何值时, $f(x)$ 在 $x = 0$ 处有极限存在?

(2) a, b 为何值时, $f(x)$ 在 $x = 0$ 处连续?

第 2 章 导数与微分

微积分学是高等数学最基本、最重要的组成部分, 是现代数学许多分支的基础, 是人类认识客观世界、探索宇宙奥秘乃至人类自身的典型数学模型之一.

微分学是微积分学的两大部分之一, 导数与微分是微分学的主要内容, 本章将主要讨论一元函数的导数和微分的概念以及它们的计算方法.

2.1 导数的概念

从 15 世纪初文艺复兴时期起, 欧洲的工业、农业、航海事业与商贾贸易得到大规模的发展, 形成了一个新的经济时代. 而 16 世纪的欧洲, 正处在资本主义萌芽时期, 生产力得到了很大的发展. 生产实践的发展对自然科学提出了新的课题, 迫切要求力学、天文学等基础学科的发展, 而这些学科都是深刻依赖于数学的, 因而也推动了数学的发展. 在各类学科对数学提出的种种要求中, 下列三类问题导致了微分学的产生:

(1) 求变速运动的瞬时速度;

(2) 求曲线上一点处的切线;

(3) 求最大值和最小值.

这三类实际问题的现实原型在数学上都可归结为函数相对于自变量变化而变化的快慢程度, 即所谓**函数的变化率**问题. 导数在引进经济学之后, 对经济分析带来了很大变革, 可以定量分析很多以前没办法分析的经济问题. 导数在经济学中最通常的应用是边际和弹性. 经济学中的边际就是指增加某一个经济变量一单位从而对另一个经济变量带来的影响是多少, 如边际效用、边际成本、边际收益、边际利润、边际替代率等. 这些边际概念几乎都用导数来表示. 牛顿从第一个问题出发, 莱布尼茨从第二个问题出发, 分别给出了导数的概念.

2.1.1 两个实例

1. 变速直线运动的瞬时速度

设某点沿直线运动, 已知所走路程 s 与时间 t 的函数关系为 $s = s(t)$ (称 $s = s(t)$ 为位置函数), 质点在时刻 t_0 的运动速度 (称为瞬时速度, 记作 $v(t_0)$) 如何求?

我们知道, 匀速直线运动的速度为 $v = \dfrac{s}{t}$, 对于变速直线运动, 它只能表示 t 这一时间段的平均速度, 而用它来表示质点在时刻 t_0 的速度就不合适了.

取从时刻 t_0 到 $t_0 + \Delta t$ 这样一个时间间隔, 在这段时间内, 动点从位置 $s(t_0)$ 移动到 $s(t_0 + \Delta t)$, 那么, 在这一时间段内走过的路程为 $s = s(t_0 + \Delta t) - s(t_0)$, 所用的时间为 $t = (t_0 + \Delta t) - t_0 = \Delta t$, 平均速度 $\bar{v}$ 近似等于 t_0 时刻的速度, 即

$$v(t_0) \approx \bar{v} = \frac{s(t_0 + \Delta t) - s(t_0)}{\Delta t}.$$

显然, Δt 越小, 平均速度就近似于 t_0 时刻的速度, 当 $\Delta t \to 0$ 时, 平均速度就无限趋近于 t_0 时刻的速度, 所以

$$v(t_0) = \lim_{\Delta t \to 0} \frac{\Delta s}{\Delta t} = \lim_{\Delta t \to 0} \frac{s(t_0 + \Delta t) - s(t_0)}{\Delta t}.$$

2. 平面曲线的切线斜率

圆的切线可定义为 "与圆只有一个交点的直线", 但对于其他曲线, 用 "与曲线只有一个交点的直线" 作为切线定义就不一定合适, 例如, 直线 $x = 1$ 与曲线 $y = x^2$ 只有一个交点, 但 $x = 1$ 不是曲线 $y = x^2$ 的切线. 下面给出切线的定义.

设有曲线 C 及 C 上一点 M(图 2-1), 连接 M 和曲线 C 上另一点 N 的直线, 称为 C 的割线, 当点 N 沿曲线 C 趋于点 M 时, 割线 MN 绕点 M 旋转而趋于极限位置 MT(如果存在的话), 直线 MT 就称为曲线 C 在点 M 处的切线.

一般曲线的切线可定义为: 切线是割线的极限位置.

设曲线 C 为函数 $y = f(x)$ 的图形 (图 2-2), $M(x_0, y_0)$ 是曲线 C 上的一个点, 即坐标满足 $y_0 = f(x_0)$, 曲线上另一点为 $N(x, y)$, 其中令 $x = x_0 + \Delta x$, $y = y_0 + \Delta y$, 则点 N 为 $N(x_0 + \Delta x, y_0 + \Delta y)$, 且 $\Delta x = x - x_0, \Delta y = y - y_0 = f(x) - f(x_0) = f(x_0 + \Delta x) - f(x_0)$, 则割线 MN 的斜率为

$$\tan \varphi = \frac{\Delta y}{\Delta x} = \frac{f(x_0 + \Delta x) - f(x_0)}{\Delta x},$$

其中 φ 为割线 MN 的倾斜角, 当点 N 沿曲线 C 趋于点 M 时, $\varphi \to \alpha$ 且 $\Delta x \to 0$. 如果当 $\Delta x \to 0$ 时, 上式的极限存在, 设为 k, 即

$$k = \tan \alpha = \lim_{\Delta x \to 0} \tan \varphi = \lim_{\Delta x \to 0} \frac{f(x_0 + \Delta x) - f(x_0)}{\Delta x}$$

存在, 则此极限 k 是切线 MT 的斜率, 其中 α 为切线 MT 的倾斜角.

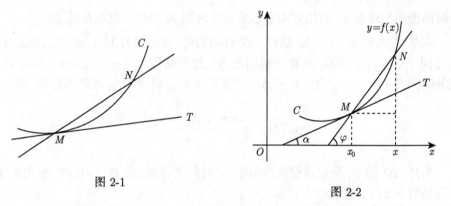

图 2-1

图 2-2

以上两个问题, 一个来自物理, 一个来自几何, 若抛开问题本身, 它们的计算都可归结为求函数的增量与自变量的增量之比的极限.

函数的增量与自变量的增量之比称为**平均变化率**, 平均变化率的极限称为**瞬时变化率**.

在科学技术各领域中, 还有许多概念, 例如电流强度、加速度、人口增长率等, 都可归结为求函数的瞬时变化率, 如果抛开不同变化率的具体意义, 抽出它们在数量关系上的共性, 就有下面导数的概念.

2.1.2 导数的概念

定义 2-1-1 设函数 $y = f(x)$ 在点 x_0 的某个邻域内有定义, 当自变量 x 在 x_0 处有增量 Δx 时, 相应的函数取得增量 $\Delta y = f(x_0 + \Delta x) - f(x_0)$, 如果$\Delta x \to 0$, 增量的比 $\dfrac{\Delta y}{\Delta x}$ 的极限存在, 则称函数 $y = f(x)$ 在 x_0 处可导, 并称此极限值为函数 y 在 x_0 处的导数, 记作 $f'(x_0)$ 或 $y'|_{x=x_0}$, $\dfrac{\mathrm{d}y}{\mathrm{d}x}\bigg|_{x=x_0}$, $\dfrac{\mathrm{d}f(x)}{\mathrm{d}x}\bigg|_{x=x_0}$, 即

$$f'(x_0) = \lim_{\Delta x \to 0} \frac{\Delta y}{\Delta x} = \lim_{\Delta x \to 0} \frac{f(x_0 + \Delta x) - f(x_0)}{\Delta x} \tag{2-1-1}$$

或

$$f'(x_0) = \lim_{x \to x_0} \frac{f(x) - f(x_0)}{x - x_0}. \tag{2-1-2}$$

如果极限式 (2-1-1) 不存在, 则称函数 $f(x)$ 在 x_0 处不可导. 特别地, 如果极限式 (2-1-1) 为无穷大时, $f(x)$ 在 x_0 处不可导, 但为了方便, 有时也说 $y = f(x)$ 的导数为无穷大, 记作 $f'(x_0) = \infty$.

如果右极限

$$\lim_{\Delta x \to 0^+} \frac{\Delta y}{\Delta x} = \lim_{\Delta x \to 0} \frac{f(x_0 + \Delta x) - f(x_0)}{\Delta x}$$

存在, 则称此极限值为函数 $y = f(x)$ 在 x_0 处的右导数, 并记为 $f'_+(x_0)$, 即

$$f'_+(x_0) = \lim_{\Delta x \to 0^+} \frac{\Delta y}{\Delta x}. \tag{2-1-3}$$

类似地定义函数 $y = f(x)$ 在 x_0 处的左导数

$$f'_-(x_0) = \lim_{\Delta x \to 0^-} \frac{\Delta y}{\Delta x}. \tag{2-1-4}$$

由第 1 章极限知识可得, 函数 $y = f(x)$ 在 x_0 处可导的充要条件为 $y = f(x)$ 在 x_0 处的左、右导数存在且相等.

如果函数 $y = f(x)$ 在开区间 I 内的每一点都可导, 则称函数 $y = f(x)$ 在开区间 I 内可导. 这时, 对于任一 $x \in I$, 都有一个确定的导数值与之对应, 这样就构成了一个新的函数, 这个函数叫作原来函数 $y = f(x)$ 的导函数, 记作 y', $f'(x)$, $\frac{\mathrm{d}y}{\mathrm{d}x}$ 或 $\frac{\mathrm{d}f(x)}{\mathrm{d}x}$.

在 (2-1-1) 式中把 x_0 换成 x, 即得导函数的定义式

$$f'(x) = \lim_{\Delta x \to 0} \frac{f(x + \Delta x) - f(x)}{\Delta x}. \tag{2-1-5}$$

必须指出, (2-1-5) 式中 x 是常量, Δx 是变量.

(2-1-5) 式亦可写成

$$f'(x) = \lim_{h \to 0} \frac{f(x + h) - f(x)}{h}. \tag{2-1-6}$$

显然, $f'(x_0) = f'(x)|_{x=x_0}$.

导函数 $f'(x)$ 简称导数, 而 $f'(x_0)$ 是 $f(x)$ 在 x_0 处的导数或导数 $f'(x)$ 在 x_0 处的值.

2.1.3 求导数举例

例 2-1-1　求函数 $f(x) = c$ (c 为常数) 的导数.

解　$f'(x) = \lim_{\Delta x \to 0} \dfrac{f(x + \Delta x) - f(x)}{\Delta x} = \lim_{\Delta x \to 0} \dfrac{c - c}{\Delta x} = 0$, 即

$$c' = 0.$$

例 2-1-2　求函数 $f(x) = x^2$ 的导函数 $f'(x)$ 和在 $x = 1$ 处的导数.

解　$f'(x) = \lim_{\Delta x \to 0} \dfrac{f(x + \Delta x) - f(x)}{\Delta x}$

$$= \lim_{\Delta x \to 0} \frac{(x + \Delta x)^2 - x^2}{\Delta x}$$

$$= \lim_{\Delta x \to 0} (2x + \Delta x) = 2x,$$

即 $(x^2)' = 2x$, 而 $f'(1) = f'(x)|_{x=1} = 2x|_{x=1} = 2$.

一般地, 当 n 是正整数时, $(x^n)' = nx^{n-1}$.

更一般地, 当 μ 是实数时, $(x^\mu)' = \mu x^{\mu-1}$.

例 2-1-3 求函数 $f(x) = \sin x$ 的导数.

解 $f'(x) = \lim_{\Delta x \to 0} \frac{f(x + \Delta x) - f(x)}{\Delta x}$

$$= \lim_{\Delta x \to 0} \frac{\sin(x + \Delta x) - \sin x}{\Delta x}$$

$$= \lim_{\Delta x \to 0} \frac{2 \sin \dfrac{\Delta x}{2} \cos \left(x + \dfrac{\Delta x}{2}\right)}{\Delta x}$$

$$= \lim_{\Delta x \to 0} \frac{\sin \dfrac{\Delta x}{2}}{\dfrac{\Delta x}{2}} \cos \left(x + \frac{\Delta x}{2}\right)$$

$$= \cos x,$$

即 $(\sin x)' = \cos x$. 类似地, 可得 $(\cos x)' = -\sin x$.

例 2-1-4 求函数 $f(x) = a^x (a > 0, a \neq 1)$ 的导数.

解 $f'(x) = \lim_{h \to 0} \frac{f(x + h) - f(x)}{h}$

$$= \lim_{h \to 0} \frac{a^{x+h} - a^x}{h} = \lim_{h \to 0} a^x \cdot \frac{a^h - 1}{h}$$

$$= a^x \cdot \lim_{h \to 0} \frac{a^h - 1}{h} \quad (h \to 0, a^h - 1 \sim h \cdot \ln a)$$

$$= a^x \cdot \lim_{h \to 0} \frac{h \ln a}{h} = a^x \cdot \ln a,$$

即

$$(a^x)' = a^x \ln a,$$

特别地

$$(e^x)' = e^x.$$

例 2-1-5 求函数 $f(x) = \log_a x (a > 0, a \neq 1)$ 的导数.

解 $f'(x) = \lim_{\Delta x \to 0} \frac{f(x + \Delta x) - f(x)}{\Delta x}$

$$= \lim_{\Delta x \to 0} \frac{\log_a(x + \Delta x) - \log_a(x)}{\Delta x}$$

$$= \lim_{\Delta x \to 0} \frac{1}{\Delta x} \cdot \log_a \frac{x + \Delta x}{\Delta x}$$

$$= \lim_{\Delta x \to 0} \frac{1}{x} \cdot \frac{x}{\Delta x} \cdot \log_a \left(1 + \frac{\Delta x}{x}\right)$$

$$= \frac{1}{x} \cdot \lim_{\Delta x \to 0} \log_a \left(1 + \frac{\Delta x}{x}\right)^{\frac{x}{\Delta x}}$$

$$= \frac{1}{x} \cdot \log_a \mathrm{e} = \frac{1}{x \ln a},$$

即

$$(\log_a x)' = \frac{1}{x \ln a},$$

特别地,

$$(\ln x)' = \frac{1}{x}.$$

例 2-1-6 讨论函数 $f(x) = |x|$ 在 $x = 0$ 处的可导性.

解 由于

$$f'_+(0) = \lim_{\Delta x \to 0^+} \frac{|0 + \Delta x| - |0|}{\Delta x} = \lim_{\Delta x \to 0^+} \frac{\Delta x}{\Delta x} = 1,$$

$$f'_-(0) = \lim_{\Delta x \to 0^-} \frac{|0 + \Delta x| - |0|}{\Delta x} = \lim_{\Delta x \to 0^-} \frac{-\Delta x}{\Delta x} = -1,$$

$$f'_+(0) \neq f'_-(0),$$

所以, $\lim\limits_{\Delta x \to 0} \dfrac{f(0 + \Delta x) - f(0)}{\Delta x}$ 不存在, 即函数 $f(x) = |x|$ 在 $x = 0$ 处不可导.

例 2-1-7 试按导数定义求下列各极限 (假设各极限均存在):

(1) $\lim\limits_{x \to a} \dfrac{f(2x) - f(2a)}{x - a}$;   (2) $\lim\limits_{x \to 0} \dfrac{f(x)}{x}$, 其中 $f(0) = 0$.

解 (1) $\lim\limits_{x \to a} \dfrac{f(2x) - f(2a)}{x - a} = \lim\limits_{2x \to 2a} \dfrac{f(2x) - f(2a)}{\dfrac{1}{2} \cdot (2x - 2a)}$

$$= 2 \cdot \lim_{2x \to 2a} \frac{f(2x) - f(2a)}{2x - 2a} = 2f'(2a);$$

(2) 因为 $f(0) = 0$, 于是 $\lim\limits_{x \to 0} \dfrac{f(x)}{x} = \lim\limits_{x \to 0} \dfrac{f(x) - f(0)}{x - 0} = f'(0).$

2.1.4　导数的几何意义

前面已经指出, 函数 $y = f(x)$ 在点 x_0 处的导数 $f'(x_0)$ 在几何上表示曲线 $y = f(x)$ 在点 $M(x_0, f(x_0))$ 处的切线斜率, 即

$$k = \tan \alpha = f'(x_0),$$

其中 α 是切线的倾斜角 (图 2-3).

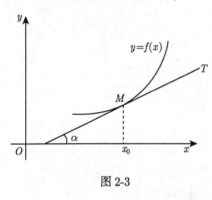

图 2-3

(1) 由导数的几何意义, 曲线 $y = f(x)$ 在一点 $M(x_0, f(x_0))$ 处的切线方程为

$$y - y_0 = f'(x_0)(x - x_0). \qquad (2\text{-}1\text{-}7)$$

过 M 点与切线垂直的直线称为曲线在 M 点的法线.

(2) 法线方程为

$$y - y_0 = -\frac{1}{f'(x_0)}(x - x_0). \qquad (2\text{-}1\text{-}8)$$

(3) 当 $f'(x_0) = 0$ 时, 曲线在 x_0 处有平行于 x 轴的切线 $y = y_0$; 当 $f'(x_0) = \infty$ 且 $f(x)$ 在 x_0 连续时, 曲线在 x_0 处有垂直于 x 轴的切线 $x = x_0$.

例 2-1-8　求曲线 $y = \dfrac{1}{x}$ 在点 $\left(\dfrac{1}{2}, 2\right)$ 处的切线方程和法线方程.

解　根据导数的几何意义, 所求切线斜率为

$$k = y' \Big|_{x=\frac{1}{2}} = \left(\frac{1}{x}\right)' \Big|_{x=\frac{1}{2}} = -\frac{1}{x^2} \Big|_{x=\frac{1}{2}} = -4,$$

从而所求切线方程为

$$y - 2 = -4\left(x - \frac{1}{2}\right),$$

即

$$4x + y - 4 = 0.$$

所求法线的斜率为 $k = \dfrac{1}{4}$, 因此所求法线方程为

$$y - 2 = \frac{1}{4}\left(x - \frac{1}{2}\right),$$

即

$$2x - 8y + 15 = 0.$$

例 2-1-9 求曲线 $y = \ln x$ 平行于直线 $y = 2x$ 的切线方程.

解 设切点为 $P(x_0, y_0)$, 则曲线在点 P 处的切线斜率为 $y'(x_0)$, 由例 2-1-5 知 $y'(x_0) = \dfrac{1}{x_0}$. 因为切线平行于直线 $y = 2x$, 所以 $\dfrac{1}{x_0} = 2$, $x_0 = \dfrac{1}{2}$, 将 $x_0 = \dfrac{1}{2}$ 代入曲线方程 $y = \ln x$ 得 $y_0 = -\ln 2$, 即切点为 $\left(\dfrac{1}{2}, -\ln 2\right)$, 故所求的切线方程为

$$y + \ln 2 = 2\left(x - \frac{1}{2}\right),$$

即

$$2x - y - \ln 2 - 1 = 0.$$

2.1.5 函数可导性与连续性的关系

由例 2-1-6 知, 函数 $f(x) = |x|$ 在 $x = 0$ 处不可导, 该函数的图像如图 2-4 所示, 它在点 $(0,0)$ 处没有切线, 而在 $x = 0$ 处是连续的.

一般来说, 函数 $f(x)$ 在 x_0 处连续, 但未必在 x_0 处可导, 但反过来有下面的重要关系.

定理 2-1-1 若函数 $y = f(x)$在x_0 处可导, 则函数必在点 x_0处连续.

证明 若 $y = f(x)$ 在 x_0 可导, 则

$$\lim_{\Delta x \to 0} \frac{\Delta y}{\Delta x} = \lim_{\Delta x \to 0} \frac{f(x_0 + \Delta x) - f(x_0)}{\Delta x}$$
$$= f'(x_0),$$

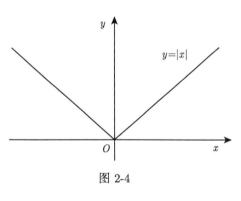

图 2-4

所以,

$$\lim_{\Delta x \to 0} \Delta y = \lim_{\Delta x \to 0} \frac{\Delta y}{\Delta x} \Delta x = f'(x_0) \cdot 0 = 0.$$

从而, 函数 $f(x)$ 在 x_0 处连续.

例 2-1-10 设函数

$$f(x) = \begin{cases} x, & 0 \leqslant x \leqslant 1, \\ 2x - 1, & 1 < x \leqslant 2, \end{cases}$$

讨论 $f(x)$ 在点 $x = 1$ 处的连续性与可导性.

解 因为

$$f(1^+) = \lim_{x \to 1^+} f(x) = \lim_{x \to 1^+} (2x - 1) = 1,$$
$$f(1^-) = \lim_{x \to 1^-} f(x) = \lim_{x \to 1^-} x = 1,$$

所以 $\lim\limits_{x \to 1} f(x) = 1 = f(1)$, 故 $f(x)$ 在 $x = 1$ 处连续, 又

$$f'_+(1) = \lim_{\Delta x \to 0^+} \frac{f(1 + \Delta x) - f(1)}{\Delta x} = \lim_{\Delta x \to 0^+} \frac{(2(1 + \Delta x) - 1) - 1}{\Delta x} = \lim_{\Delta x \to 0^+} \frac{2\Delta x}{\Delta x} = 2,$$

$$f'_-(1) = \lim_{\Delta x \to 0^-} \frac{f(1 + \Delta x) - f(1)}{\Delta x} = \lim_{\Delta x \to 0^-} \frac{(1 + \Delta x) - 1}{\Delta x} = \lim_{\Delta x \to 0^-} \frac{\Delta x}{\Delta x} = 1,$$

因此 $f(x)$ 在点 $x = 1$ 处左、右导数存在但不相等, 故函数在点 $x = 1$ 处不可导.

例 2-1-11　讨论 $f(x) = \begin{cases} x \sin \dfrac{1}{x}, & x \neq 0, \\ 0, & x = 0 \end{cases}$ 在 $x = 0$ 处的连续性与可导性.

解　因为 $\sin \dfrac{1}{x}$ 是有界函数, 所以极限 $\lim\limits_{x \to 0} f(x) = \lim\limits_{x \to 0} x \sin \dfrac{1}{x} = 0$.

因为 $f(0) = 0 = \lim\limits_{x \to 0} f(x)$, 所以 $f(x)$ 在 $x = 0$ 处连续.

但在 $x = 0$ 处有 $\dfrac{\Delta y}{\Delta x} = \dfrac{(0 + \Delta x) \sin \dfrac{1}{0 + \Delta x}}{\Delta x} = \sin \dfrac{1}{\Delta x}$, 因当 $\Delta x \to 0$ 时, $\sin \dfrac{1}{\Delta x}$ 在 -1 和 1 之间振荡, 所以极限 $\lim\limits_{\Delta x \to 0} \dfrac{\Delta y}{\Delta x}$ 不存在, 因此 $f(x)$ 在 $x = 0$ 处不可导.

例 2-1-12　设函数 $f(x) = \begin{cases} 2e^x + a, & x < 0, \\ x^2 + bx + 1, & x \geqslant 0, \end{cases}$ 问 a, b 为何值时函数 $f(x)$ 在 $x = 0$ 处可导.

解　$\lim\limits_{x \to 0^-} f(x) = \lim\limits_{x \to 0^-} (2e^x + a) = 2 + a$, $\lim\limits_{x \to 0^+} f(x) = \lim\limits_{x \to 0^+} (x^2 + bx + 1) = 1$, $f(0) = 1$, 根据定理 2-1-1 知 $f(x)$ 在 $x = 0$ 处连续, 则 $\lim\limits_{x \to 0^-} f(x) = \lim\limits_{x \to 0^+} f(x) = f(0) = 1$, 即 $2 + a = 1$, 于是 $a = -1$.

由 $f(x)$ 在 $x = 0$ 处可导, 则有

$$f'_-(0) = \lim_{x \to 0^-} \frac{f(0 + \Delta x) - f(0)}{\Delta x} = \lim_{x \to 0^-} \frac{2e^{\Delta x} + a - 1}{\Delta x}$$

$$= \lim_{x \to 0^-} \frac{2e^{\Delta x} - 1 - 1}{\Delta x} = 2 \lim_{x \to 0^-} \frac{e^{\Delta x} - 1}{\Delta x} = 2,$$

$$f'_+(0) = \lim_{x \to 0^+} \frac{f(0 + \Delta x) - f(0)}{\Delta x} = \lim_{x \to 0^+} \frac{(\Delta x)^2 + b\Delta x + 1 - 1}{\Delta x} = \lim_{x \to 0^+} (\Delta x + b) = b.$$

由于 $f'_-(0) = f'_+(0)$, 于是 $b = 2$. 故 $b = 2, a = -1$ 时, $f(x)$ 在 $x = 0$ 处可导.

注　上述两个例子说明, 虽然函数在某点处连续是函数在该点处可导的必要条件, 但不是充分条件. 由定理 2-1-1 还知道, 若函数在某点处不连续, 则它在该点处一定不可导.

例 2-1-13　设 $f(x)$ 为偶函数, 且 $f'(0)$ 存在. 证明 $f'(0) = 0$.

证明 因 $f(x)$ 为偶函数, 故有 $f(-x) = f(x)$,

$$
\begin{aligned}
f'_+(0) &= \lim_{h \to 0^+} \frac{f(0+h) - f(0)}{h} = \lim_{h \to 0^+} \frac{f(h) - f(0)}{h} \\
&= \lim_{h \to 0^+} \frac{f(-h) - f(0)}{-(-h)} = -\lim_{h \to 0^+} \frac{f(-h) - f(0)}{-h} \\
&= -f'_-(0).
\end{aligned}
$$

因为已知 $f'(0)$ 存在, 即有 $f'_+(0) = f'_-(0) = f'(0)$, 所以 $f'(0) = -f'(0) \Rightarrow f'(0) = 0$.

例 2-1-14 设某种产品的收益 $R(元)$ 为产量 $x(吨)$ 的函数

$$
R = R(x) = 800x - \frac{x^2}{4} \quad (x \geqslant 0),
$$

求: (1) 生产 200 吨到 300 吨时总收入的平均变化率;

(2) 生产 100 吨时收益对产量的变化率.

解 (1) 因为 $\Delta x = 300 - 200 = 100$, $\Delta R = R(300) - R(200) = 67500$, 故

$$
\frac{\Delta R}{\Delta x} = \frac{R(300) - R(200)}{\Delta x} = \frac{67500}{100} = 675(元/吨).
$$

生产 200 吨到 300 吨时总收入的平均变化率为 675 元/吨.

(2) 设产量由 x_0 变到 $x_0 + \Delta x$, 则

$$
\begin{aligned}
\frac{\Delta R}{\Delta x} &= \frac{R(x_0 + \Delta x) - R(x_0)}{\Delta x} = \frac{800\Delta x - \frac{1}{2}x_0\Delta x - \frac{1}{4}(\Delta x)^2}{\Delta x} \\
&= 800 - \frac{1}{2}x_0 - \frac{1}{4}\Delta x,
\end{aligned}
$$

故

$$
R'(x_0) = \lim_{\Delta x \to 0} \frac{\Delta R}{\Delta x} = \lim_{\Delta x \to 0} \left(800 - \frac{1}{2}x_0 - \frac{1}{4}\Delta x \right) = 800 - \frac{1}{2}x_0.
$$

当 $x_0 = 100$ 时, 收益对产量的变化率为

$$
R'(100) = 800 - \frac{1}{2} \times 100 = 750(元/吨).
$$

习 题 2-1

1. 某质点做直线运动, 在时间 t 的速度为 $v(t)$, 用导数表示该质点在时刻 t 的加速度.

2. 用导数的定义求函数 $y = 1 - 2x^2$ 在点 $x = 1$ 处的导数.

3. 一物体的运动方程为 $s = t^3 + 10$, 求该物体在 $t = 3$ 时的瞬时速度.

4. 已知 $f'(x_0)$ 存在, 求下列极限:

(1) $\lim\limits_{\Delta x \to 0} \dfrac{f(x_0 + 2\Delta x) - f(x_0)}{\Delta x}$;

(2) $\lim\limits_{\Delta x \to 0} \dfrac{f(x_0 - \Delta x) - f(x_0)}{\Delta x}$;

(3) $\lim\limits_{h \to 0} \dfrac{f(x_0 + h) - f(x_0 - h)}{2h}$;

(4) $\lim\limits_{x \to x_0} \dfrac{f(x_0) - f(x)}{x - x_0}$.

5. 求下列曲线满足给定条件的切线方程和法线方程:

(1) $y = \ln x$, 切点 $(e, 1)$;

(2) $y = \cos x \, (0 < x < 2\pi)$, 切线垂直于直线 $\sqrt{2}x + y = 1$.

6. 求在抛物线 $y = x^2$ 上横坐标为 3 的点的切线方程.

7. 求过点 $\left(\dfrac{3}{2}, 0 \right)$ 与曲线 $y = \dfrac{1}{x^2}$ 相切的直线方程.

课堂练习　2-1

1. 设 $f(x) = \begin{cases} \dfrac{2}{3}x^3, & x \leqslant 1, \\ x^2, & x > 1, \end{cases}$ 则 $f(x)$ 在点 $x = 1$ 处的 (　　).

A. 左、右导数都存在 　　　　　　　　　B. 左导数存在, 但右导数不存在

C. 左导数不存在, 但右导数存在 　　　　D. 左、右导数都不存在

2. 若 $f'(x_0) = -3$, 则 $\lim\limits_{\Delta x \to 0} \dfrac{f(x_0 + \Delta x) - f(x_0 + 3\Delta x)}{\Delta x} = $ (　　).

A. -3 　　　　　　　B. 6 　　　　　　　C. -9 　　　　　　　D. -12

3. 设 $f(x) = \begin{cases} x^2, & x \leqslant x_0, \\ ax + b, & x > x_0, \end{cases}$ 为了使函数 $f(x)$ 于点 $x = x_0$ 处连续而且可导, 应当如何选取系数 a 和 b?

2.2　函数的求导法则

2.1 节按照导数的定义求出了一些简单函数的导数, 但是对于比较复杂的函数, 直接根据定义来求它们的导数相当麻烦, 有时还很困难. 本节将介绍求导数的法则和基本初等函数的求导公式, 以解决初等函数的求导问题.

2.2.1　函数的和、差、积、商的求导法则

定理 2-2-1　若函数 $u(x)$ 和 $v(x)$ 在点 x 处可导, 则它们的和、差、积、商 (除使分母为零的点外) 都在点 x 处可导, 且

(1) $[u(x) \pm v(x)]' = u'(x) \pm v'(x)$;

(2) $[u(x) \cdot v(x)]' = u'(x)v(x) + u(x)v'(x)$;

(2-2-1)

(3) $\left[\dfrac{u(x)}{v(x)}\right]' = \dfrac{u'(x)v(x) - u(x)v'(x)}{v^2(x)}, v(x) \neq 0$.

证明 (1) $[u(x) \pm v(x)]'$

$$= \lim_{\Delta x \to 0} \frac{[u(x + \Delta x) \pm v(x + \Delta x)] - [u(x) \pm v(x)]}{\Delta x}$$

$$= \lim_{\Delta x \to 0} \frac{u(x + \Delta x) - u(x)}{\Delta x} \pm \lim_{\Delta x \to 0} \frac{v(x + \Delta x) - v(x)}{\Delta x}$$

$$= u'(x) \pm v'(x),$$

简写为

$$(u \pm v)' = u' \pm v'.$$

法则 (1) 还可以推广到多个函数的情形, 如

$$(u + v - w)' = u' + v' - w'.$$

(2) $[u(x)v(x)]'$

$$= \lim_{\Delta x \to 0} \frac{u(x + \Delta x)v(x + \Delta x) - u(x)v(x)}{\Delta x}$$

$$= \lim_{\Delta x \to 0} \frac{u(x + \Delta x)v(x + \Delta x) - u(x)v(x + \Delta x) + u(x)v(x + \Delta x) - u(x)v(x)}{\Delta x}$$

$$= \lim_{\Delta x \to 0} \frac{u(x + \Delta x) - u(x)}{\Delta x} \cdot v(x + \Delta x) + \lim_{\Delta x \to 0} u(x)\frac{v(x + \Delta x) - v(x)}{\Delta x}$$

$$= u'(x)v(x) + u(x)v'(x),$$

简写为

$$(uv)' = u'v + uv'.$$

当 $v(x) = c(c$ 为常数) 时, 有

$$(cu)' = cu'.$$

法则 (2) 还可以推广到多个函数的情形, 如

$$(uvw)' = u'vw + uv'w + uvw'.$$

(3) $\left[\dfrac{u(x)}{v(x)}\right]' = \lim_{\Delta x \to 0} \dfrac{\dfrac{u(x + \Delta x)}{v(x + \Delta x)} - \dfrac{u(x)}{v(x)}}{\Delta x}$

$$= \lim_{\Delta x \to 0} \frac{[u(x+\Delta x)-u(x)]v(x)-u(x)[v(x+\Delta x)-v(x)]}{v(x+\Delta x)v(x)\Delta x}$$

$$= \lim_{\Delta x \to 0} \frac{\dfrac{u(x+\Delta x)-u(x)}{\Delta x}v(x)-u(x)\dfrac{v(x+\Delta x)-v(x)}{\Delta x}}{v(x+\Delta x)v(x)}$$

$$= \frac{u(x)'v(x)-u(x)v(x)'}{v^2(x)},$$

简写为

$$\left(\frac{u}{v}\right)' = \frac{u'v-uv'}{v^2}.$$

例 2-2-1　设 $f(x)=2x^2-3x+\sin\dfrac{\pi}{9}+\ln 3$, 求 $f'(x)$, $f'(1)$.

解　注意到 $\sin\dfrac{\pi}{9}, \ln 3$ 都是常数, 有

$$\begin{aligned}
f'(x) &= \left(2x^2-3x+\sin\frac{\pi}{9}+\ln 3\right)' \\
&= (2x^2)'-(3x)'+\left(\sin\frac{\pi}{9}\right)'+(\ln 3)' \\
&= 2(x^2)'-3x'+0+0 \\
&= 4x-3, \\
f'(1) &= 4\times 1-3=1.
\end{aligned}$$

例 2-2-2　设 $f(x)=x\sin x+\mathrm{e}^x\cos x$, 求 $f'(x)$.
解

$$\begin{aligned}
f'(x) &= (x\sin x+\mathrm{e}^x\cos x)' \\
&= (x\sin x)'+(\mathrm{e}^x\cos x)' \\
&= x'\sin x+x(\sin x)'+(\mathrm{e}^x)'\cos x+\mathrm{e}^x(\cos x)' \\
&= \sin x+x\cos x+\mathrm{e}^x\cos x-\mathrm{e}^x\sin x.
\end{aligned}$$

例 2-2-3　设 $y=\tan x$, 求 y'.
解

$$\begin{aligned}
y' &= (\tan x)' = \left(\frac{\sin x}{\cos x}\right)' \\
&= \frac{(\sin x)'\cos x-\sin x(\cos x)'}{\cos^2 x} \\
&= \frac{\cos^2 x-\sin^2 x}{\cos^2 x} \\
&= \frac{1}{\cos^2 x}=\sec^2 x,
\end{aligned}$$

即得正切的求导公式

$$(\tan x)' = \sec^2 x,$$

同样可以得到余切的求导公式

$$(\cot x)' = -\csc^2 x.$$

例 2-2-4 设 $y = \sec x$, 求 y'.

解

$$\begin{aligned}
y' = (\sec x)' &= \left(\frac{1}{\cos x}\right)' \\
&= \frac{1' \cos x - 1(\cos x)'}{\cos^2 x} \\
&= \frac{\sin x}{\cos^2 x} = \tan x \cdot \sec x,
\end{aligned}$$

即得正割的求导公式

$$(\sec x)' = \tan x \cdot \sec x,$$

同样可以得到余割的求导公式

$$(\csc x)' = -\cot x \cdot \csc x.$$

2.2.2 反函数的求导法则

定理 2-2-2 设函数 $x = f(y)$ 在区间 I_y 内单调可导且 $f'(y) \neq 0$, 则其反函数 $y = f^{-1}(x)$ 在对应区间 $I_x = \{x \mid x = f(y), y \in I_y\}$ 内也可导, 且有

$$[f^{-1}(x)]' = \frac{1}{f'(y)} \quad \text{或} \quad \frac{\mathrm{d}y}{\mathrm{d}x} = \frac{1}{\frac{\mathrm{d}x}{\mathrm{d}y}}, \tag{2-2-2}$$

即反函数的导数等于直接函数的导数的倒数.

证明 由于 $x = f(y)$ 在 I_y 内单调、可导 (因而连续), 由定理 1-9-2 知道 $x = f(y)$ 的反函数 $y = f^{-1}(x)$ 在 I_x 内也单调、连续.

任取 $x \in I_x$, 给 x 以增量 $\Delta x \neq 0 \, (x + \Delta x \in I_x)$, 由 $y = f^{-1}(x)$ 的单调性可知 $\Delta y \neq 0$, 于是有

$$\frac{\Delta y}{\Delta x} = \frac{1}{\frac{\Delta x}{\Delta y}}.$$

又因为 $y = f^{-1}(x)$ 连续, 故 $\Delta x \to 0$ 时, $\Delta y \to 0$, 从而

$$y' = [f^{-1}(x)]' = \lim_{\Delta x \to 0} \frac{\Delta y}{\Delta x} = \lim_{\Delta y \to 0} \frac{1}{\frac{\Delta x}{\Delta y}} = \frac{1}{f'(y)}.$$

例 2-2-5 设 $y = \arcsin x (-1 \leqslant x \leqslant 1)$, 求 y'.

解　$y = \arcsin x (-1 \leqslant x \leqslant 1)$ 是 $x = \sin y \left(-\dfrac{\pi}{2} \leqslant y \leqslant \dfrac{\pi}{2}\right)$ 的反函数, 而 $x = \sin y$ 在 $I_y = \left(-\dfrac{\pi}{2}, \dfrac{\pi}{2}\right)$ 内单调可导, 且 $(\sin y)' = \cos y > 0$, 所以, $y = \arcsin x$ 在 $(-1, 1)$ 内可导, 且

$$y' = (\arcsin x)' = \frac{1}{(\sin y)'} = \frac{1}{\cos y}.$$

在 $\left(-\dfrac{\pi}{2}, \dfrac{\pi}{2}\right)$ 内, $\cos y = \sqrt{1 - \sin^2 y} = \sqrt{1 - x^2}$, 所以反正弦的求导公式为

$$(\arcsin x)' = \frac{1}{\sqrt{1 - x^2}}.$$

类似地, 反余弦的求导公式为

$$(\arccos x)' = -\frac{1}{\sqrt{1 - x^2}};$$

反正切的求导公式为

$$(\arctan x)' = \frac{1}{1 + x^2};$$

反余切的求导公式为

$$(\operatorname{arccot} x)' = -\frac{1}{1 + x^2}.$$

2.2.3　复合函数的求导法则

定理 2-2-3　如果函数 $u = g(x)$ 在点 x 处可导, 而函数 $y = f(u)$ 在点 $u = g(x)$ 处可导, 则复合函数 $y = f[g(x)]$ 在点 x 处可导, 且其导数为

$$\frac{\mathrm{d}y}{\mathrm{d}x} = f'(u) \cdot g'(x) \tag{2-2-3}$$

或

$$\frac{\mathrm{d}y}{\mathrm{d}x} = \frac{\mathrm{d}y}{\mathrm{d}u} \cdot \frac{\mathrm{d}u}{\mathrm{d}x}.$$

证明　略.

上述法则表明: 复合函数的导数等于函数对中间变量的导数乘以中间变量对自变量的导数.

复合函数的求导法则可以推广到多个中间变量的情形, 如 $y = f(u), u = g(v), v = \varphi(x)$, 则

$$\frac{\mathrm{d}y}{\mathrm{d}x} = \frac{\mathrm{d}y}{\mathrm{d}u} \frac{\mathrm{d}u}{\mathrm{d}v} \frac{\mathrm{d}v}{\mathrm{d}x}.$$

例 2-2-6　设 $y = \sin 2x$, 求 $\dfrac{\mathrm{d}y}{\mathrm{d}x}$.

解 $y = \sin 2x$ 可看作由 $y = \sin u, u = 2x$ 复合而成. 因此

$$\frac{\mathrm{d}y}{\mathrm{d}x} = \frac{\mathrm{d}y}{\mathrm{d}u}\frac{\mathrm{d}u}{\mathrm{d}x} = (\sin u)'(2x)' = \cos u \cdot 2 = 2\cos 2x.$$

例 2-2-7 求函数 $y = \mathrm{e}^{\sin^2(1-x)}$ 的导数.

解一 设中间变量, 令 $y = \mathrm{e}^u, u = v^2, v = \sin w, w = 1 - x$.

$$\begin{aligned}
\frac{\mathrm{d}y}{\mathrm{d}x} &= \frac{\mathrm{d}y}{\mathrm{d}u}\frac{\mathrm{d}u}{\mathrm{d}v}\frac{\mathrm{d}v}{\mathrm{d}w}\frac{\mathrm{d}w}{\mathrm{d}x} \\
&= (\mathrm{e}^u)' \cdot (v^2)' \cdot (\sin w)' \cdot (1-x)' \\
&= \mathrm{e}^u \cdot 2v \cdot \cos w \cdot (-1) \\
&= -\mathrm{e}^{\sin^2(1-x)} \cdot 2\sin(1-x)\cos(1-x) \\
&= -\sin 2(1-x) \cdot \mathrm{e}^{\sin^2(1-x)}.
\end{aligned}$$

解二 不设中间变量.

$$y' = \mathrm{e}^{\sin^2(1-x)} \cdot 2\sin(1-x) \cdot \cos(1-x) \cdot (-1) = -\sin 2(1-x) \cdot \mathrm{e}^{\sin^2(1-x)}.$$

由以上例子可以看出, 在求复合函数的导数时, 首先要分清函数的复合层次, 然后从外向里, 逐层推进求导, 不要遗漏, 也不要重复. 在求导的过程中, 始终要明确所求的导数是哪个函数对哪个变量 (不管是自变量还是中间变量) 的导数.

例 2-2-8 设 $y = \tan x^2$, 求 $\dfrac{\mathrm{d}y}{\mathrm{d}x}$.

解

$$\frac{\mathrm{d}y}{\mathrm{d}x} = \sec^2 x^2 \cdot (x^2)' = 2x\sec^2 x^2.$$

例 2-2-9 设 $y = \ln\sin x$, 求 $\dfrac{\mathrm{d}y}{\mathrm{d}x}$.

解

$$\frac{\mathrm{d}y}{\mathrm{d}x} = \frac{1}{\sin x}(\sin x)' = \frac{\cos x}{\sin x} = \cot x.$$

例 2-2-10 设 $y = \mathrm{e}^{\sin\frac{1}{x}}$, 求 y'.

解

$$\begin{aligned}
y' &= \mathrm{e}^{\sin\frac{1}{x}} \cdot \left(\sin\frac{1}{x}\right)' = \mathrm{e}^{\sin\frac{1}{x}} \cdot \cos\frac{1}{x} \cdot \left(\frac{1}{x}\right)' \\
&= \mathrm{e}^{\sin\frac{1}{x}} \cdot \cos\frac{1}{x} \cdot \left(-\frac{1}{x^2}\right) = -\frac{1}{x^2} \cdot \mathrm{e}^{\sin\frac{1}{x}} \cdot \cos\frac{1}{x}.
\end{aligned}$$

2.2.4　基本求导法则与导数公式

1. 基本初等函数的导数公式

(1) $(c)' = 0$;
(2) $(x^\mu)' = \mu x^{\mu-1}(\mu \in \mathbf{R})$;

(3) $(\sin x)' = \cos x$;
(4) $(\cos x)' = -\sin x$;

(5) $(\tan x)' = \sec^2 x$;
(6) $(\cot x)' = -\csc^2 x$;

(7) $(\sec x)' = \sec x \cdot \tan x$;
(8) $(\csc x)' = -\csc x \cdot \cot x$;

(9) $(\arcsin x)' = \dfrac{1}{\sqrt{1-x^2}}$;
(10) $(\arccos x)' = -\dfrac{1}{\sqrt{1-x^2}}$;

(11) $(\arctan x)' = \dfrac{1}{1+x^2}$;
(12) $(\operatorname{arccot} x)' = -\dfrac{1}{1+x^2}$;

(13) $(\ln x)' = \dfrac{1}{x}$;
(14) $(\log_a x)' = \dfrac{1}{x\ln a}\,(a > 0, a \neq 1)$;

(15) $(\mathrm{e}^x)' = \mathrm{e}^x$;
(16) $(a^x)' = a^x \ln a\,(a > 0, a \neq 1)$.

2. 函数和、差、积、商的求导法则

设 $u = u(x), v = v(x)$ 都可导, 则

(1) $(u \pm v)' = u' \pm v'$;
(2) $(u \cdot v)' = u'v + uv'$;

(3) $(cu)' = cu'$;
(4) $\left(\dfrac{u}{v}\right)' = \dfrac{u'v - uv'}{v^2}(v \neq 0)$.

3. 反函数的求导法则

设 $x = f(y)$ 的反函数是 $y = f^{-1}(x)$ 且 $f'(y) \neq 0$, 则

$$[f^{-1}(x)]' = \frac{1}{f'(y)} \quad \text{或} \quad \frac{\mathrm{d}y}{\mathrm{d}x} = \frac{1}{\dfrac{\mathrm{d}x}{\mathrm{d}y}}.$$

4. 复合函数的求导法则

设 $y = f(u), u = g(x)$, 则复合函数 $y = f[g(x)]$ 有

$$\frac{\mathrm{d}y}{\mathrm{d}x} = \frac{\mathrm{d}y}{\mathrm{d}u} \cdot \frac{\mathrm{d}u}{\mathrm{d}x}.$$

例 2-2-11　设 $y = \sin x^2(\ln x)^3$, 求 y 对 x 的导数.

解　先用乘法求导法则, 再用复合函数的求导法则, 有

$$\begin{aligned}
y' &= (\sin x^2)'(\ln x)^3 + (\sin x^2)((\ln x)^3)' \\
&= \cos x^2(x^2)'(\ln x)^3 + (\sin x^2)3(\ln x)^2(\ln x)' \\
&= 2x\cos x^2(\ln x)^3 + \frac{3}{x}\sin x^2(\ln x)^2.
\end{aligned}$$

例 2-2-12　求函数 $y = \ln \dfrac{\sqrt{x^2+1}}{\sqrt[3]{x-2}}(x > 2)$ 的导数.

解 因为

$$y = \frac{1}{2}\ln(x^2+1) - \frac{1}{3}\ln(x-2),$$

所以

$$\begin{aligned}
y' &= \frac{1}{2} \cdot \frac{1}{x^2+1} \cdot (x^2+1)' - \frac{1}{3} \cdot \frac{1}{x-2} \cdot (x-2)'\\
&= \frac{1}{2} \cdot \frac{1}{x^2+1} \cdot 2x - \frac{1}{3(x-2)}\\
&= \frac{x}{x^2+1} - \frac{1}{3(x-2)}.
\end{aligned}$$

例 2-2-13 求函数 $y = \sqrt{x + \sqrt{x + \sqrt{x}}}$ 的导数.

解

$$\begin{aligned}
y' &= \frac{1}{2\sqrt{x + \sqrt{x + \sqrt{x}}}} \left(x + \sqrt{x + \sqrt{x}} \right)'\\
&= \frac{1}{2\sqrt{x + \sqrt{x + \sqrt{x}}}} \left(1 + \frac{1}{2\sqrt{x + \sqrt{x}}} (x + \sqrt{x})' \right)\\
&= \frac{1}{2\sqrt{x + \sqrt{x + \sqrt{x}}}} \left(1 + \frac{1}{2\sqrt{x + \sqrt{x}}} \left(1 + \frac{1}{2\sqrt{x}} \right) \right)\\
&= \frac{4\sqrt{x^2 + x\sqrt{x}} + 2\sqrt{x} + 1}{8\sqrt{x + \sqrt{x + \sqrt{x}}} \cdot \sqrt{x^2 + x\sqrt{x}}}.
\end{aligned}$$

例 2-2-14 求函数 $y = \log_x \sin x (x > 0, x \neq 1)$ 的导数.

解 在函数表达式中, 考虑到对数的底是变量, 可用对数换底公式, 将其变形为 $y = \dfrac{\ln \sin x}{\ln x}$. 这时

$$y' = \frac{\cot x \cdot \ln x - \frac{1}{x} \ln \sin x}{\ln^2 x} = \frac{x\cos x \cdot \ln x - \sin x \cdot \ln \sin x}{x \cdot \sin x \cdot \ln^2 x}.$$

例 2-2-15 求函数 $y = \log_x e + x^{1/x}$ 的导数.

解 因为 $\log_x e = \dfrac{\ln e}{\ln x} = \dfrac{1}{\ln x}, x^{1/x} = e^{\ln x^{\frac{1}{x}}} = e^{\frac{1}{x}\ln x}$, 所以

$$\begin{aligned}
y' &= (\log_x e)' + (x^{\frac{1}{x}})' = \left(\frac{1}{\ln x} \right)' + \left(e^{\frac{1}{x}\ln x} \right)'\\
&= -\frac{1}{x\ln^2 x} + e^{\frac{1}{x}\ln x} \left(\frac{1}{x}\ln x \right)'\\
&= -\frac{1}{x\ln^2 x} + x^{\frac{1}{x}} \left(\frac{1 - \ln x}{x^2} \right).
\end{aligned}$$

例 2-2-16 求函数 $y = x^{a^a} + a^{x^a} + a^{a^x} (a > 0)$ 的导数.

解
$$y' = a^a x^{a^a-1} + a^{x^a} \ln a \cdot (x^a)' + a^{a^x} \cdot \ln a \cdot (a^x)'$$
$$= a^a x^{a^a-1} + a x^{a-1} a^{x^a} \ln a + a^x a^{a^x} \cdot \ln^2 a.$$

例 2-2-17　设 $f(x) = \begin{cases} x, & x < 0, \\ \ln(1+x), & x \geqslant 0, \end{cases}$　求 $f'(x)$.

解　当 $x < 0$ 时, $f'(x) = (x)' = 1$;

当 $x > 0$ 时,
$$f'(x) = [\ln(1+x)]' = \frac{1}{1+x} \cdot (1+x)' = \frac{1}{1+x};$$

当 $x = 0$ 时,
$$f(0) = \ln(1+0) = 0,$$
$$f'_-(0) = \lim_{h \to 0^-} \frac{f(0+h) - f(0)}{h} = \lim_{h \to 0^-} \frac{0+h-0}{h} = 1,$$
$$f'_+(0) = \lim_{h \to 0^+} \frac{f(0+h) - f(0)}{h} = \lim_{h \to 0^+} \frac{\ln[1+(0+h)] - 0}{h} = \lim_{h \to 0^+} \frac{\ln(1+h)}{h} = 1,$$

即 $f'(0) = 1$.

所以 $f'(x) = \begin{cases} 1, & x \leqslant 0, \\ \dfrac{1}{1+x}, & x > 0. \end{cases}$

求分段函数的导数时, 在每一段内的导数可按一般求导法则求之, 但在分段点处的导数要用左、右导数的定义求之.

例 2-2-18　已知 $f(u)$ 可导, 求函数 $y = f(\sec x)$ 的导数.

解
$$y' = [f(\sec x)]' = f'(\sec x) \cdot (\sec x)' = f'(\sec x) \cdot \sec x \cdot \tan x.$$

注　求此类含抽象函数的导数时, 应特别注意记号表示的真实含义, 此例中, $f'(\sec x)$ 表示对 $\sec x$ 求导, 而 $[f(\sec x)]'$ 表示 $f(\sec x)$ 对 x 求导.

例 2-2-19　设 $y = f(\tan x) + \tan[f(x)]$, 且 $f(x)$ 可导, 求函数 y 的导数.

解
$$y' = \sec^2 x f'(\tan x) + \sec^2[f(x)] \cdot f'(x).$$

例 2-2-20　求函数 $y = f^n[\varphi^n(\sin x^n)]$($n$ 为常数) 的导数.

解
$$y' = n f^{n-1}[\varphi^n(\sin x^n)] \cdot f'[\varphi^n(\sin x^n)]$$
$$\cdot n \varphi^{n-1}(\sin x^n) \cdot \varphi'(\sin x^n) \cdot \cos x^n \cdot n x^{n-1}$$
$$= n^3 \cdot x^{n-1} \cos x^n \cdot f^{n-1}[\varphi^n(\sin x^n)]$$
$$\cdot \varphi^{n-1}(\sin x^n) \cdot f'[\varphi^n(\sin x^n)] \cdot \varphi'(\sin x^n).$$

习 题 2-2

1. 求下列各函数的导数 (a, b 为常量):

(1) $y = 2\sqrt{x} - \dfrac{1}{x} + \sqrt{3}$;　　(2) $y = \dfrac{x^2}{2} + \dfrac{1}{x^2}$;　　(3) $y = \dfrac{1 - x^3}{\sqrt{x}}$;

(4) $y = (\sqrt{x} + 1)\left(\dfrac{1}{\sqrt{x}} - 1\right)$; (5) $y = (x + 1)\sqrt{x}$;　　(6) $y = \dfrac{ax + b}{a + b}$.

2. 求下列各函数的导数 (a, b, c, n 为常量):

(1) $y = \log_a \sqrt{x}$;　　　　(2) $y = \dfrac{x + 1}{x - 1}$;　　　　(3) $y = \dfrac{x}{1 + x^2}$;

(4) $y = x - \dfrac{2x}{2 - x}$;　　　(5) $y = \dfrac{a}{b + cx^n}$;　　　(6) $y = \dfrac{1 - \ln x}{1 + \ln x}$;

(7) $y = \dfrac{1 + x - x^2}{1 - x + x^2}$.

3. 求下列各函数的导数:

(1) $y = \dfrac{x}{1 - \cos x}$;　　　(2) $y = \dfrac{\sin x}{1 + \cos x}$;　　　(3) $y = \dfrac{\sin x}{x} + \dfrac{x}{\sin x}$.

4. 求下列各函数的导数 (a, n 为常量):

(1) $y = (1 + 3x^2)\sqrt{1 + 5x^2}$; (2) $y = \dfrac{(x + 1)^2}{x + 3}$;　　(3) $y = \sqrt{x^2 - a^2}$;

(4) $y = \dfrac{x}{\sqrt{1 - x^2}}$;　　　(5) $y = \ln \sqrt{x} + \sqrt{\ln x}$;　(6) $y = \ln \dfrac{1 + \sqrt{x}}{1 - \sqrt{x}}$;

(7) $y = \cos^2 \dfrac{x}{2}$;　　　　(8) $y = \tan \dfrac{x}{2} - \dfrac{x}{2}$;　　(9) $y = \ln \tan \dfrac{x}{2}$;

(10) $y = x^3 \sin \dfrac{1}{x}$;　　　(11) $y = \lg(x - \sqrt{x^2 - a^2})$; (12) $y = \dfrac{1}{\cos^n x}$;

(13) $y = \dfrac{\sin x - x \cos x}{\cos x + x \sin x}$;　(14) $y = \sec^2 \dfrac{x}{a} + \csc^2 \dfrac{x}{a}$.

5. 求下列各函数的导数:

(1) $y = \arcsin \dfrac{x}{2}$;　　　(2) $y = \operatorname{arc\,cot} \dfrac{1}{x}$;　　(3) $y = \arctan \dfrac{x}{1 - x^2}$;

(4) $y = \dfrac{\arccos x}{\sqrt{1 - x^2}}$;　　　(5) $y = \left(\arcsin \dfrac{x}{2}\right)^2$;　(6) $y = x\sqrt{1 - x^2} + \arcsin x$.

课堂练习 2-2

1. 设 $y = \dfrac{1}{3 - 2x}$, 求 y'.

2. 设 $y = \dfrac{\sqrt{x + 2}\,(3 - x)^4}{(1 + x)^5}$, 求 $y'(x)$.

3. 设 $y = \arctan x - \ln \sqrt{1 + x^2}$, 求 y'.

4. 设 $y = x + x^x$, 求 y'.

5. 设函数 $f(x) = x(x - 1)(x - 2)(x - 3)(x - 4)$, 则 $f'(0) = ($　　$)$.

A. 0　　　　　B. 24　　　　　C. 36　　　　　D. 48

2.3 高 阶 导 数

我们根据 2.1.1 小节的第一个实例知道, 物体做变速直线运动, 其瞬时速度 $v(t)$ 就是路程函数 $s = s(t)$ 对时间 t 的导数, 即

$$v(t) = s'(t).$$

根据物理学知识, 速度函数 $v(t)$ 对于时间 t 的变化率就是加速度 $\alpha(t)$, 即 $\alpha(t)$ 是 $v(t)$ 对于时间 t 的导数,

$$\alpha(t) = v'(t) = [s'(t)]'.$$

于是, 加速度 $\alpha(t)$ 就是路程函数 $s(t)$ 对时间 t 的导数的导数, 称为 $s(t)$ 对 t 的二阶导数, 记为 $s''(t)$. 因此, 变速直线运动的加速度就是路程函数 $s(t)$ 对 t 的二阶导数, 即

$$\alpha(t) = s''(t).$$

函数 $y = f(x)$ 的导数仍然是 x 的函数, 还可以继续对它求导, 这就是高阶导数. 如果函数 $y = f(x)$ 可导, 则称其导数

$$y' = f'(x) = \frac{\mathrm{d}y}{\mathrm{d}x}$$

为函数 $y = f(x)$ 的一阶导数, 如果函数一阶导数 $y' = f'(x)$ 可导, 则称其导数为函数 $y = f(x)$ 的二阶导数, 记作

$$y'', \quad f''(x), \quad \frac{\mathrm{d}^2 y}{\mathrm{d}x^2}, \quad \frac{\mathrm{d}^2 f}{\mathrm{d}x^2}. \tag{2-3-1}$$

类似地, 函数 $y = f(x)$ 的二阶导数的导数称为函数 $y = f(x)$ 的三阶导数, 记作

$$y''', \quad f'''(x), \quad \frac{\mathrm{d}^3 y}{\mathrm{d}x^3}, \quad \frac{\mathrm{d}^3 f}{\mathrm{d}x^3}.$$

一般地, 函数 $y = f(x)$ 的 $n-1$ 阶导数的导数叫作函数 $y = f(x)$ 的 n 阶导数, 记作

$$y^{(n)}, \quad f^{(n)}(x), \quad \frac{\mathrm{d}^n y}{\mathrm{d}x^n}, \quad \frac{\mathrm{d}^n f}{\mathrm{d}x^n},$$

即

$$y^{(n)} = (y^{(n-1)})', \quad f^{(n)}(x) = (f^{(n-1)}(x))',$$
$$\frac{\mathrm{d}^n y}{\mathrm{d}x^n} = \frac{\mathrm{d}}{\mathrm{d}x}\left(\frac{\mathrm{d}^{n-1} y}{\mathrm{d}x^{n-1}}\right), \quad \frac{\mathrm{d}^n f}{\mathrm{d}x^n} = \frac{\mathrm{d}}{\mathrm{d}x}\left(\frac{\mathrm{d}^{n-1} f}{\mathrm{d}x^{n-1}}\right). \tag{2-3-2}$$

函数二阶及二阶以上的导数称为函数的高阶导数.

求高阶导数就是多次接连地求导数, 所以, 仍可应用前面学过的求导方法来计算高阶导数.

例 2-3-1   设 $y = \arctan x$, 求 $f'''(0)$.

解 $y' = \dfrac{1}{1+x^2}, \quad y'' = \left(\dfrac{1}{1+x^2}\right)' = \dfrac{-2x}{(1+x^2)^2},$

$$y''' = \left(\dfrac{-2x}{(1+x^2)^2}\right)' = \dfrac{2(3x^2-1)}{(1+x^2)^3}, \quad f'''(0) = \dfrac{2(3x^2-1)}{(1+x^2)^3}\bigg|_{x=0} = -2.$$

例 2-3-2 证明: 函数 $y = \sqrt{2x-x^2}$ 满足关系式 $y^3 y'' + 1 = 0$.

证明 对 $y = \sqrt{2x-x^2}$ 求导, 得

$$y' = \dfrac{1}{2\sqrt{2x-x^2}} \cdot (2x-x^2)' = \dfrac{1-x}{\sqrt{2x-x^2}},$$

$$y'' = \dfrac{(1-x)' \cdot \sqrt{2x-x^2} - (1-x) \cdot (\sqrt{2x-x^2})'}{2x-x^2}$$

$$= \dfrac{-\sqrt{2x-x^2} - (1-x)\dfrac{2-2x}{2\sqrt{2x-x^2}}}{2x-x^2}$$

$$= \dfrac{-2x+x^2-(1-x)^2}{(2x-x^2)\sqrt{2x-x^2}} = -\dfrac{1}{(2x-x^2)^{\frac{3}{2}}} = -\dfrac{1}{y^3}.$$

代入原方程, 得 $y^3 y'' + 1 = 0$. 证毕.

例 2-3-3 求 $y = a^x$ 的 n 阶导数.

解

$$y' = a^x \ln a,$$
$$y'' = a^x (\ln a)^2,$$
$$\cdots\cdots$$
$$y^{(n)} = a^x (\ln a)^n,$$

即

$$(a^x)^{(n)} = a^x (\ln a)^n,$$

特别地,

$$(e^x)^{(n)} = e^x.$$

例 2-3-4 求正弦函数 $y = \sin x$ 的 n 阶导数.

解

$$y' = \cos x = \sin\left(x + \dfrac{\pi}{2}\right),$$

$$y'' = \cos\left(x + \dfrac{\pi}{2}\right) = \sin\left(x + 2 \cdot \dfrac{\pi}{2}\right),$$

$$y''' = \cos\left(x + 2 \cdot \dfrac{\pi}{2}\right) = \sin\left(x + 3 \cdot \dfrac{\pi}{2}\right),$$

$$\cdots\cdots$$

$$y^{(n)} = \sin\left(x + n \cdot \dfrac{\pi}{2}\right),$$

即

$$(\sin x)^{(n)} = \sin\left(x + n \cdot \frac{\pi}{2}\right),$$

类似地, 可得

$$(\cos x)^{(n)} = \cos\left(x + n \cdot \frac{\pi}{2}\right).$$

例 2-3-5　求对数函数 $y = \ln(1 + x)$ 的 n 阶导数.

解

$$y' = \frac{1}{1+x},$$
$$y'' = -\frac{1}{(1+x)^2},$$
$$y''' = \frac{1 \cdot 2}{(1+x)^3},$$
$$y^{(4)} = -\frac{1 \cdot 2 \cdot 3}{(1+x)^4},$$

一般地, 可得

$$y^{(n)} = (-1)^{n-1}\frac{(n-1)!}{(1+x)^n},$$

即

$$[\ln(1+x)]^{(n)} = (-1)^{(n-1)}\frac{(n-1)!}{(1+x)^n}.$$

规定 $0! = 1$, 所以这个公式当 $n = 1$ 时也成立.

例 2-3-6　求幂函数 $y = x^\alpha$ (α 是常数) 的 n 阶导数.

解

$$y' = \alpha x^{\alpha-1},$$

$$y'' = \alpha(\alpha - 1)x^{\alpha-2},$$

$$y''' = \alpha(\alpha - 1)(\alpha - 2)x^{\alpha-3},$$

$$\cdots\cdots$$

一般地, 可得

$$y^{(n)} = \alpha(\alpha - 1)(\alpha - 2)\cdots(\alpha - n + 1)x^{\alpha-n},$$

即

$$(x^\alpha)^{(n)} = \alpha(\alpha - 1)(\alpha - 2)\cdots(\alpha - n + 1)x^{\alpha-n}.$$

当 $\alpha = n$ 时, 有

$$(x^n)^{(n)} = n!.$$

而当 $k > n$ 时, 有

$$(x^n)^{(k)} = 0.$$

注 求 n 阶导数时, 在求出 1 到 3 或 4 阶后, 不要急于合并整理, 分析结果的规律性, 再写出 n 阶导数 (利用数学归纳法验证), 但是, 这一点要灵活掌握.

例 2-3-7 设 $y = \mathrm{e}^{ax} \sin bx(a, b$ 为常数), 求 $y^{(n)}$.

解

$$\begin{aligned}
y' =& (\mathrm{e}^{ax})' \sin bx + \mathrm{e}^{ax}(\sin bx)' \\
=& a\mathrm{e}^{ax} \sin bx + b\mathrm{e}^{ax} \cos bx \\
=& \mathrm{e}^{ax}(a \sin bx + b \cos bx) \\
=& \mathrm{e}^{ax} \cdot \sqrt{a^2 + b^2} \sin(bx + \varphi) \quad \left(\varphi = \arctan \frac{b}{a}\right), \\
y'' =& \sqrt{a^2 + b^2} \cdot [a\mathrm{e}^{ax} \sin(bx + \varphi) + b\mathrm{e}^{ax} \cos(bx + \varphi)] \\
=& \sqrt{a^2 + b^2} \cdot \mathrm{e}^{ax} \cdot \sqrt{a^2 + b^2} \sin(bx + 2\varphi), \\
&\cdots\cdots \\
y^{(n)} =& (a^2 + b^2)^{\frac{n}{2}} \cdot \mathrm{e}^{ax} \sin(bx + n\varphi) \quad \left(\varphi = \arctan \frac{b}{a}\right).
\end{aligned}$$

高阶导数的运算法则:

如果函数 $u = u(x)$, $v = v(x)$ 都在 x 点处具有 n 阶导数, 则

(1) $(u \pm v)^{(n)} = u^{(n)} \pm v^{(n)}$;

(2) $(cu)^{(n)} = cu^{(n)}(c$ 为常数$)$;

(3) $(uv)^{(n)} = \sum_{k=0}^{n} \mathrm{C}_n^k u^{(n-k)} v^{(k)}$

$$\begin{aligned}
=& u^{(n)}v^{(0)} + nu^{(n-1)}v^{(1)} + \frac{n(n-1)}{2!}u^{(n-2)}v^{(2)} + \cdots \\
&+ \frac{n(n-1)\cdots(n-k+1)}{k!}u^{(n-k)}v^{(k)} + \cdots + u^{(0)}v^{(n)},
\end{aligned}$$

其中, $u^{(0)} = u$, $v^{(0)} = v$.

上面的公式 (3) 称为莱布尼茨公式, 其右端类似于关于 $(u+v)^n$ 的二项式定理

$$\begin{aligned}
(u + v)^n =& \sum_{k=0}^{n} \mathrm{C}_n^k u^{n-k}v^k \\
=& u^n v^0 + nu^{n-1}v^1 + \frac{n(n-1)}{2!}u^{n-2}v^2 + \cdots \\
&+ \frac{n(n-1)\cdots(n-k+1)}{k!}u^{n-k}v^k + \cdots + u^0 v^n
\end{aligned}$$

的右端, 当将其中的幂指数 n 换成求导的阶数 (n) 时的结果. 例如,

$$(uv)''' = u'''v + 3u''v' + 3u'v'' + uv'''.$$

例 2-3-8 $y = x^2 e^{2x}$, 求 $y^{(20)}$.

解   设 $u = x^2, v = e^{2x}$, 则

$$u' = 2x, \quad u'' = 2, \quad u^{(k)} = 0 \quad (k = 3, 4, \cdots, 20),$$
$$v^{(k)} = 2^k e^{2x} \quad (k = 1, 2, \cdots, 20),$$

于是

$$y^{(20)} = (x^2 e^{2x})^{(20)}$$
$$= 190 \cdot 2 \cdot 2^{18} \cdot e^{2x} + 20 \cdot 2x \cdot 2^{19} \cdot e^{2x} + x^2 \cdot 2^{20} \cdot e^{2x}$$
$$= 2^{20} e^{2x} (95 + 20x + x^2).$$

习 题 2-3

1. 设 $f(x) = (x + 10)^6$, 求 $f^{(3)}(2)$.

2. 求下列函数在指定点的二阶导数:

(1) $y = \ln(\ln x)$ 在点 $x = e^2$ 处;   (2) $y = \tan x$ 在点 $x = \dfrac{\pi}{4}$ 处.

3. 求下列函数的二阶导数:

(1) $y = \ln(1 + x^2)$; $(2) y = x e^{x^2}$.

4. 求下列各函数的 n 阶导数 $(a, m$ 为常数$)$:

(1) $y = a^x$;   (2) $y = \ln(1 + x)$;   (3) $y = (1 + x)^m$.

5. 求下列函数的高阶导数:

(1) $y = x^2 \sin 2x$, 求 $y^{(50)}$;   (2) $y = e^x \cos x$, 求 $y^{(4)}$.

6. 验证函数 $y = \dfrac{x - 3}{x - 4}$ 满足关系式 $2y'^2 = (y - 1)y''$.

7. 设 $f''(x)$ 存在, 求下列函数的二阶导数:

$(1) y = x f(x^2)$; $(2) y = \ln[f(x)]$.

课堂练习   2-3

1. 设 $y = e^{f(x)}$ 且 $f(x)$ 二阶可导, 则 $y'' = ($ $)$.

A. $e^{f(x)}$ B. $e^{f(x)} f''(x)$ C. $e^{f(x)} [f'(x) f''(x)]$ D. $e^{f(x)} \left\{ [f'(x)]^2 + f''(x) \right\}$

2. 设 $y = f(x^2)$, 若 $f'(x)$ 存在, 求 $\dfrac{d^2 y}{dx^2}$.

3. 若 $y = \dfrac{1}{x^2 - 1}$, 求 $y^{(5)}$.

4. 设 $y = \dfrac{1}{x+1}$, 求 $y^{(n)}$.

5. 若 $f(x) = \begin{cases} x^2 \arctan \dfrac{1}{x}, & x \neq 0, \\ 0, & x = 0, \end{cases}$ 求 $f'(0)$ 及 $f'(x)$.

2.4 隐函数及参数方程所确定的函数的导数

2.4.1 隐函数的导数

用解析式表达变量 y 关于 x 的函数关系, 有下列两种方式: 一是形如 $y = f(x)$ 的表达方式, 函数 $y = f(x)$ 称为显函数, 如 $y = \sin x, g = \ln x + x^2$ 等; 二是变量 y 关于 x 的函数关系隐含在方程 $F(x,y) = 0$ 中, 如果方程 $F(x,y) = 0$ 确定了 y 是 x 的函数, 那么, 这样的函数叫作隐函数, 如由方程 $x^2 + y^2 - 4 = 0$ 可以确定 y 是 x 的函数.

把一个隐函数化成显函数, 叫作隐函数的显化, 如从方程 $e^x + y + 1 = 0$ 中可解出 $y = -1 - e^x$. 但并不是所有隐函数都易于显化, 如方程 $\sin y - y - e^x = 0$ 所确定的隐函数不易于显化. 因此, 我们希望有一种方法, 不管隐函数能否显化, 都能直接由方程算出它所确定的隐函数的导数来, 设隐函数 $F(x,y) = 0$ 中 y 关于 x 可导, 可根据复合函数求导法则求出函数 y 对 x 的导数. 下面通过具体例子来说明这种方法.

例 2-4-1 求由下列方程所确定的函数的导数:

$$y \sin x - \cos(x - y) = 0.$$

解 在题设方程两边同时对自变量 x 求导, 得

$$y \cos x + \sin x \cdot \frac{dy}{dx} + \sin(x - y) \cdot \left(1 - \frac{dy}{dx}\right) = 0,$$

整理得

$$[\sin(x - y) - \sin x] \frac{dy}{dx} = \sin(x - y) + y \cos x,$$

解得

$$\frac{dy}{dx} = \frac{\sin(x - y) + y \cos x}{\sin(x - y) - \sin x}.$$

例 2-4-2 求由方程 $xy - e^x + e^y = 0$ 所确定的隐函数 y 的导数 $\dfrac{dy}{dx}, \dfrac{dy}{dx}\bigg|_{x=0}$.

解 方程两边对 x 求导,

$$y + x \frac{dy}{dx} - e^x + e^y \frac{dy}{dx} = 0,$$

解得

$$\frac{\mathrm{d}y}{\mathrm{d}x} = \frac{\mathrm{e}^x - y}{x + \mathrm{e}^y}.$$

由原方程知 $x = 0, y = 0$, 所以

$$\left.\frac{\mathrm{d}y}{\mathrm{d}x}\right|_{x=0} = \left.\frac{\mathrm{e}^x - y}{x + \mathrm{e}^y}\right|_{\substack{x=0 \\ y=0}} = 1.$$

例 2-4-3　求由方程 $\mathrm{e}^{x+2y} = xy + 1$ 所确定的隐函数在点 $(0,0)$ 处的导数 $\left.\dfrac{\mathrm{d}y}{\mathrm{d}x}\right|_{(0,0)}$.

解　方程两边关于 x 求导, 则

$$(\mathrm{e}^{x+2y})' = (xy + 1)',$$
$$\mathrm{e}^{x+2y}(1 + 2y') = y + xy',$$
$$(2\mathrm{e}^{x+2y} - x)y' = y - \mathrm{e}^{x+2y},$$

即

$$y' = \frac{y - \mathrm{e}^{x+2y}}{2\mathrm{e}^{x+2y} - x}.$$

由原方程知

$$\mathrm{e}^{x+2y} = xy + 1,$$

故

$$y' = \frac{y - (xy + 1)}{2(xy + 1) - x} \quad (\text{点}(0,0)\text{处}, 2(xy+1) - x \neq 0),$$

代入 $x = y = 0$ 得 $y'\Big|_{(0,0)} = -\dfrac{1}{2}$.

例 2-4-4　求由方程 $xy + \ln y = 1$ 所确定的函数 $y = f(x)$ 在点 $M(1,1)$ 处的切线方程.

解　在题设方程两边同时对自变量 x 求导, 得

$$y + xy' + \frac{1}{y}y' = 0,$$

解得

$$y' = -\frac{y^2}{xy + 1}.$$

在点 $M(1,1)$ 处,

$$y'\Big|_{\substack{x=1 \\ y=1}} = -\frac{1^2}{1 \times 1 + 1} = -\frac{1}{2},$$

于是, 在点 $M(1,1)$ 处的切线方程为

$$y - 1 = -\frac{1}{2}(x - 1), \text{即} x + 2y - 3 = 0.$$

例 2-4-5 设 $x - y + \frac{1}{2}\sin y = 0$, 求 y''.

解 方程两边对 x 求导, 得

$$1 - y' + \frac{1}{2}\cos y \cdot y' = 0,$$

即

$$y' = \frac{2}{2 - \cos y}.$$

上式两边对 x 求导, 得

$$y'' = \frac{-2\sin y \cdot y'}{(2 - \cos y)^2} \xrightarrow{\text{代入 } y'} \frac{-4\sin y}{(2 - \cos y)^3}.$$

由以上例题可以看到, 隐函数的求导方法是: 设方程 $F(x, y) = 0$ 确定了函数 $y = f(x)$, 然后在方程 $F(x, y) = 0$ 的两边分别对 x 求导 (注意 y 是 x 的函数), 再解出 y'.

利用隐函数求导方法, 对幂指函数 $u(x)^{v(x)}(u(x) > 0)$ 或由几个含有变量的式子的乘、除、乘方、开方构成的显函数求导, 可以用到以下简便的求导方法——对数求导法.

设函数 $y = f(x)$ 是适合用对数求导法求导的函数, 在 $y = f(x)$ 的两边取对数, 得到方程

$$\ln y = \ln f(x),$$

对等式两边利用隐函数求导法来求出 y 的导数.

例 2-4-6 设 $y = (\ln x)^{\cos x}$ $(x > 1)$, 求函数 y 的导数.

解 先在等式两边取对数, 有

$$\ln y = \cos x \ln(\ln x),$$

方程两边对 x 求导, 得

$$\frac{1}{y}y' = -\sin x \ln(\ln x) + \cos x \frac{1}{\ln x}\frac{1}{x}.$$

所以

$$y' = y\left(-\sin x \ln(\ln x) + \cos x \frac{1}{\ln x}\frac{1}{x}\right)$$

$$= (\ln x)^{\cos x}\left(-\sin x \ln(\ln x) + \frac{\cos x}{x\ln x}\right).$$

例 2-4-7 设 $y = \sqrt{\frac{(x-1)(x-2)}{(x-3)(x-4)}}$, 求 y'.

解　先在两边取对数 (假定 $x > 4$), 得

$$\ln y = \frac{1}{2}[\ln(x-1) + \ln(x-2) - \ln(x-3) - \ln(x-4)].$$

上式两边对 x 求导, 得

$$\frac{1}{y}y' = \frac{1}{2}\left(\frac{1}{x-1} + \frac{1}{x-2} - \frac{1}{x-3} - \frac{1}{x-4}\right),$$

即

$$y' = \frac{y}{2}\left(\frac{1}{x-1} + \frac{1}{x-2} - \frac{1}{x-3} - \frac{1}{x-4}\right)$$

$$= \frac{1}{2}\sqrt{\frac{(1-x)(2-x)}{(3-x)(4-x)}}\left(\frac{1}{x-1} + \frac{1}{x-2} - \frac{1}{x-3} - \frac{1}{x-4}\right).$$

当 $x < 1$ 时, $y = \sqrt{\dfrac{(1-x)(2-x)}{(3-x)(4-x)}}$;

当 $2 < x < 3$ 时, $y = \sqrt{\dfrac{(x-1)(x-2)}{(x-3)(x-4)}}$.

用同样方法可得与上面相同的结果.

例 2-4-8　设 $y = \dfrac{\sqrt[5]{x-3}\cdot\sqrt[3]{3x-2}}{\sqrt{x+2}}$, 求 y'.

解　两边取对数, 得

$$\ln|y| = \frac{1}{5}\ln|x-3| + \frac{1}{3}\ln|3x-2| - \frac{1}{2}\ln|x+2|,$$

方程两边对 x 求导, 得

$$\frac{1}{y}y' = \frac{1}{5}\frac{1}{x-3} + \frac{1}{3}\frac{3}{3x-2} - \frac{1}{2}\frac{1}{x+2},$$

于是

$$y' = \frac{\sqrt[5]{x-3}\cdot\sqrt[3]{3x-2}}{\sqrt{x+2}}\left(\frac{1}{5(x-3)} + \frac{1}{3x-2} - \frac{1}{2(x+2)}\right).$$

注　$y = \ln|x|$, ① 当 $x > 0$ 时, $y = \ln|x| = \ln x, y' = \dfrac{1}{x}$; ② 当 $x < 0$ 时, $y = \ln|x| = \ln(-x), y' = \dfrac{-1}{-x} = \dfrac{1}{x}$. 故 $y = \ln|x|$ 时, $y' = \dfrac{1}{x}$.

例 2-4-9　设 $y = x + x^x + x^{x^x}$, 求函数 y 的导数.

解　因为 $y = x + \mathrm{e}^{x\ln x} + \mathrm{e}^{x^x\ln x}$, 所以

$$y' = 1 + \mathrm{e}^{x\ln x}(x\ln x)' + \mathrm{e}^{x^x\ln x}(x^x\ln x)'$$

$$=1 + x^x(\ln x + 1) + x^{x^x}[(x^x)'\ln x + x^x(\ln x)']$$
$$=1 + x^x(\ln x + 1) + x^{x^x}[x^x(\ln x + 1)\ln x + x^{x-1}].$$

2.4.2 由参数方程所确定的函数的导数

有时, y 关于 x 的函数关系是借助另一个变量 (称为参数) 给出的, 如研究抛射体的运动问题时, 如果空气阻力忽略不计, 则抛射体的运动轨迹可表示为 (图 2-5)

$$\begin{cases} x = v_1 t, \\ y = v_2 t - \dfrac{1}{2}gt^2, \end{cases}$$

其中 v_1, v_2 分别是抛射体初速度的水平、铅直分量, g 是重力加速度, t 是飞行时间, x 和 y 分别是飞行中抛射体在铅直平面上的位置的横、纵坐标, 在上式中, t 为参数.

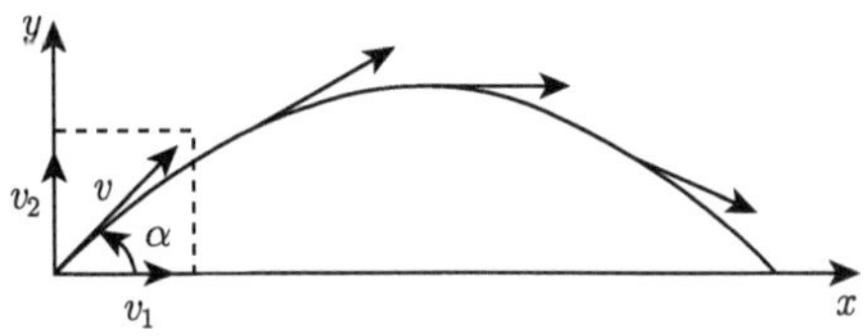

一般地, 若参数方程

图 2-5

$$\begin{cases} x = \varphi(t), \\ y = \phi(t) \end{cases} \qquad (2\text{-}4\text{-}1)$$

确定 y 与 x 间的函数关系数, 则称此函数为由参数方程 (2-4-1) 确定的函数.

为了求参数方程 (2-4-1) 中函数 y 对 x 的导数, 我们会想到如果能消去参数 t, 得到 y 与 x 之间直接的函数关系, 就能求 y 对 x 的导数了. 但如果消去参数 t 很困难, 我们则希望能直接由参数方程 (2-4-1) 计算 y 对 x 的函数的导数.

假设在 (2-4-1) 式中, $x = \varphi(t)$ 中能够确定可导的反函数 $t = \varphi^{-1}(x)$, 且能与 $y = \phi(t)$ 构成复合函数, 则 y 与 x 之间的函数关系就是复合函数 $y = \phi\left(\varphi^{-1}(x)\right)$. 若 $x = \varphi(t), y = \phi(t)$ 都可导, 并且 $\varphi'(t) \neq 0$, 则由复合函数的求导法则及反函数的求导法则, 就有

$$\frac{\mathrm{d}y}{\mathrm{d}x} = \frac{\mathrm{d}y}{\mathrm{d}t}\frac{\mathrm{d}t}{\mathrm{d}x} = \frac{\dfrac{\mathrm{d}y}{\mathrm{d}t}}{\dfrac{\mathrm{d}x}{\mathrm{d}t}} = \frac{\phi'(t)}{\varphi'(t)}. \qquad (2\text{-}4\text{-}2)$$

以上我们看到的 $\dfrac{\mathrm{d}y}{\mathrm{d}x} = \dfrac{\phi'(t)}{\varphi'(t)}$, y 对 x 的一阶导数是由参数表达的. 实际上, 参数方程所确定的函数的导数仍然是参数方程所确定的函数, 即

$$\begin{cases} x = \varphi(t), \\ y' = \dfrac{\phi'(t)}{\varphi'(t)}. \end{cases} \qquad (2\text{-}4\text{-}3)$$

如果 $x = \varphi(t)$, $y = \phi(t)$ 还是二阶可导的, 还可以求参数方程所确定的函数的二阶导数, 即 $\dfrac{\mathrm{d}^2 y}{\mathrm{d}x^2} = \dfrac{\mathrm{d}(y)'}{\mathrm{d}x} = \dfrac{\mathrm{d}y'}{\mathrm{d}t}\dfrac{\mathrm{d}t}{\mathrm{d}x} = \dfrac{\mathrm{d}}{\mathrm{d}t}\left(\dfrac{\phi'(t)}{\varphi'(t)}\right)\dfrac{\mathrm{d}t}{\mathrm{d}x} = \dfrac{\phi''(t)\varphi'(t) - \phi'(t)\varphi''(t)}{(\varphi'(t))^3}.$

例 2-4-10　求曲线 $\begin{cases} x = \ln(1 + t^2), \\ y = \arctan t \end{cases}$ 在 $t = 1$ 时对应点处的切线方程和法线方程.

解　因为

$$\frac{\mathrm{d}y}{\mathrm{d}x} = \frac{(\arctan t)'}{(\ln(1 + t^2))'} = \frac{\dfrac{1}{1 + t^2}}{\dfrac{2t}{1 + t^2}} = \frac{1}{2t},$$

于是

$$\left.\frac{\mathrm{d}y}{\mathrm{d}x}\right|_{t=1} = \frac{1}{2}.$$

当 $t = 1$ 时, $x = \ln 2, y = \dfrac{\pi}{4}$, 所以切线方程为

$$y - \frac{\pi}{4} = \frac{1}{2}(x - \ln 2),$$

法线方程为

$$y - \frac{\pi}{4} = -2(x - \ln 2).$$

例 2-4-11　计算由摆线 (图 2-6) 的参数方程

$$\begin{cases} x = a(t - \sin t), \\ y = a(1 - \cos t) \end{cases}$$

所确定的函数 $y = y(x)$ 的二阶导数.

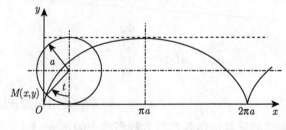

图 2-6

解　$\dfrac{\mathrm{d}y}{\mathrm{d}x} = \dfrac{\dfrac{\mathrm{d}y}{\mathrm{d}t}}{\dfrac{\mathrm{d}x}{\mathrm{d}t}} = \dfrac{a\sin t}{a(1 - \cos t)} = \dfrac{\sin t}{1 - \cos t} = \cot\dfrac{t}{2}$　$(t \neq 2n\pi, n \in \mathbf{Z})$.

$$\frac{\mathrm{d}^2 y}{\mathrm{d}x^2} = \frac{\mathrm{d}}{\mathrm{d}t}\left(\cot\frac{t}{2}\right)\cdot\frac{1}{\dfrac{\mathrm{d}x}{\mathrm{d}t}} = -\frac{1}{2\sin^2\dfrac{t}{2}}\cdot\frac{1}{a(1-\cos t)}$$

$$= -\frac{1}{a(1-\cos t)^2}\quad (t\neq 2n\pi, n\in\mathbf{Z}).$$

例 2-4-12 求方程 $\begin{cases} x = a\cos^3 t, \\ y = a\sin^3 t \end{cases}$ 确定的函数 $y=y(x)$ 的二阶导数.

解 $\dfrac{\mathrm{d}y}{\mathrm{d}x} = \dfrac{\dfrac{\mathrm{d}y}{\mathrm{d}t}}{\dfrac{\mathrm{d}x}{\mathrm{d}t}} = \dfrac{3a\sin^2 t\cos t}{3a\cos^2 t(-\sin t)} = -\tan t,$

$$\frac{\mathrm{d}^2 y}{\mathrm{d}x^2} = \frac{\mathrm{d}}{\mathrm{d}x}\left(\frac{\mathrm{d}y}{\mathrm{d}x}\right) = \frac{\mathrm{d}}{\mathrm{d}t}\left(\frac{\mathrm{d}y}{\mathrm{d}x}\right)\bigg/\frac{\mathrm{d}x}{\mathrm{d}t} = \frac{(-\tan t)'}{(a\cos^3 t)'} = \frac{-\sec^2 t}{3a\cos^2 t\sin t} = \frac{\sec^4 t}{3a\sin t}.$$

2.4.3 相关变化率

在物理实际问题中有这样一类问题, 变量 x 及变量 y 都是变量 t 的可导函数, 而变化率 $\dfrac{\mathrm{d}y}{\mathrm{d}t}$ 与 $\dfrac{\mathrm{d}x}{\mathrm{d}t}$ 之间有函数关系, 已知 $\dfrac{\mathrm{d}x}{\mathrm{d}t}\left(\text{或}\ \dfrac{\mathrm{d}y}{\mathrm{d}t}\right)$ 求 $\dfrac{\mathrm{d}y}{\mathrm{d}t}\left(\text{或}\ \dfrac{\mathrm{d}x}{\mathrm{d}t}\right)$, 这类问题称为相关变化率问题, 解这类问题的步骤是: 首先根据题意确定 x 与 y 之间的函数关系式, 在该式的两端分别对 t 求导 (注意 x, y 都是 t 的可导函数), 得到 $\dfrac{\mathrm{d}y}{\mathrm{d}t}$ 与 $\dfrac{\mathrm{d}x}{\mathrm{d}t}$ 之间有函数关系式, 从中解出 $\dfrac{\mathrm{d}y}{\mathrm{d}t}\left(\text{或}\ \dfrac{\mathrm{d}x}{\mathrm{d}t}\right)$.

例 2-4-13 某人身高 1.8m, 在水平路面上以 1.6m/s 的速度走向一街灯, 此街灯在路面上方 5m, 问当此人与灯的水平距离为 4m 时, 人影端点 (人头部投影点) 移动的速度为多少?

解 如图 2-7, 设 BE 为人高, CD 为灯高, $BC = x$ 为人到灯的水平距离, BA 为人影, 人影端点为 A, A 到灯的水平距离 $AC = y$, 显然,

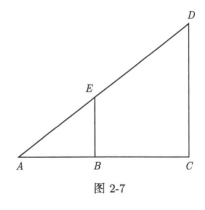

图 2-7

$$\frac{AB}{AC} = \frac{BE}{CD},$$

即

$$\frac{y-x}{y} = \frac{1.8}{5}\quad\text{或}\quad y = \frac{25}{16}x.$$

两边对 t 求导, 得 $\dfrac{\mathrm{d}y}{\mathrm{d}t} = \dfrac{25}{16}\dfrac{\mathrm{d}x}{\mathrm{d}t}$, 由题意知 $\dfrac{\mathrm{d}x}{\mathrm{d}t} = 1.6$, 所以

$$\frac{\mathrm{d}y}{\mathrm{d}t} = \frac{25}{16} \times 1.6 = 2.5(\mathrm{m/s}).$$

因此, 人影端点移动的速度为 $2.5\mathrm{m/s}$.

习　题　2-4

1. 求由下列方程所确定的隐函数的导数:

(1) $xy = \mathrm{e}^{x+y}$;   (2) $x^3 + y^3 - 3axy = 0$;

(3) $\mathrm{e}^{xy} + y^2 = \cos x$;   (4) $1 - x\mathrm{e}^y = y$;

(5) $y = \tan(x + y)$.

2. 已知 $x^2 + y^2 = a^2 (y > 0)$, 求 y 对 x 的二阶导数.

3. 方程 $y - x\mathrm{e}^y = 1$ 确定 y 是 x 的函数, 求 $y''|_{x=0}$.

4. 利用对数求导法求下列函数的导数 $(a_1, a_2, \cdots, a_n, n$ 为常数):

(1) $y = x \cdot \sqrt{\dfrac{1-x}{1+x}}$;

(2) $y = \dfrac{x^2}{1-x} \cdot \sqrt[3]{\dfrac{3-x}{(3+x)^2}}$;

(3) $y = (x + \sqrt{1+x^2})^n$;

(4) 方程 $y^{\sin x} = (\sin x)^y$ 确定 y 是 x 的函数, 求 y'.

5. 求椭圆 $\dfrac{x^2}{a^2} + \dfrac{y^2}{b^2} = 1$ 在点 $F(x_1, y_1)$ 的切线方程.

6. 证明曲线 $\sqrt{x} + \sqrt{y} = \sqrt{a}(a$ 为常数$)$ 上任一点的切线在两坐标轴上的截距之和为常数.

7. 求参数方程所确定的函数的导数 $\dfrac{\mathrm{d}y}{\mathrm{d}x}$:

(1) $\begin{cases} x = x\sin^2 t, \\ y = \cos^2 t; \end{cases}$ (2) $\begin{cases} x = \theta(1 - \sin\theta), \\ y = \theta\cos\theta. \end{cases}$

8. 求下列参数方程所确定的函数的二阶导数 $\dfrac{\mathrm{d}^2 y}{\mathrm{d}x^2}$:

(1) $\begin{cases} x = 2\mathrm{e}^{-t}, \\ y = \mathrm{e}^{-2t}; \end{cases}$ (2) $\begin{cases} x = \cos\theta + \theta\sin\theta, \\ y = \sin\theta - \theta\cos\theta. \end{cases}$

9. 求曲线 $\begin{cases} x = \sin t, \\ y = \sin(t + \sin t) \end{cases}$ 在 $t = 0$ 处的切线方程和法线方程.

课堂练习　2-4

1. 设 $y(x)$ 是由方程 $y - \varepsilon\sin y = x(0 < \varepsilon < 1, \varepsilon$ 常数$)$ 所定义的函数, 求 y'.

2. 已知 $\begin{cases} x = a\left(\sin t - t\cos t\right), \\ y = a\left(\cos t + t\sin t\right), \end{cases}$ 求 $\dfrac{\mathrm{d}x}{\mathrm{d}y}\Big|_{t=\frac{3}{4}\pi}$ 和 $\dfrac{\mathrm{d}^2 x}{\mathrm{d}y^2}\Big|_{t=\frac{3}{4}\pi}$.

3. 设 $\begin{cases} x = \ln\cos t, \\ y = \sin t - t\cos t, \end{cases}$ 求 $\dfrac{\mathrm{d}y}{\mathrm{d}x}, \dfrac{\mathrm{d}^2 y}{\mathrm{d}x^2}\Big|_{t=\frac{\pi}{3}}$.

4. 设函数 $y = y(x)$ 由方程 $\ln\left(x^2 + y\right) = x^3 y + \sin x$ 确定, 求 $\dfrac{\mathrm{d}y}{\mathrm{d}x}\Big|_{x=0}$.

5. $y = y(x)$ 是由方程组 $\begin{cases} x = 3t^2 + 2t + 3, \\ \mathrm{e}^y \sin t - y + 1 = 0 \end{cases}$ 所确定的隐函数, 求 $\dfrac{\mathrm{d}^2 y}{\mathrm{d}x^2}\Big|_{t=0}$.

2.5 微分及其应用

2.5.1 微分的概念

在实际问题中, 常常会遇到这样的问题: 当自变量 x 有微小变化 Δx 时, 求函数 $y = f(x)$ 的微小改变量 Δy. 对于复杂的函数, 差值 $\Delta y = f(x + \Delta x) - f(x)$ 是一个更复杂的表达式, 不易求其值. 这时, 人们设法将 Δy 表示成 Δx 的线性函数, 就可把复杂问题化为简单问题. 微分就是实现这种线性化的数学模型. 先看下面的例子.

先考察一个实例, 一块正方形金属薄片由于温度的变化, 其边长由 x_0 变为 $x_0 + \Delta x$, 此时薄片的面积改变了多少?

设此薄片的边长为 x, 面积为 A, 则 $A = x^2$, 当自变量 x 在 x_0 取得增量 Δx 时, 相应的面积函数的增量为 ΔA, 则

$$\Delta A = (x_0 + \Delta x)^2 - x_0^2 = 2x_0 \Delta x + (\Delta x)^2.$$

ΔA 由两部分组成: 一部分是 Δx 的线性函数 $2x_0\Delta x$, 即图 2-8 中带有斜阴影线的两个矩形面积之和; 另一部分是 $(\Delta x)^2$, 即图中带有交叉斜线的小正方形的面积. 当 $\Delta x \to 0$ 时, $(\Delta x)^2$ 是 Δx 的高阶无穷小. 只要 $|\Delta x|$ 很小, $2x_0\Delta x$ 是 ΔA 的主要部分, 即有 $\Delta A \approx 2x_0\Delta x$ $\left(2x_0\Delta x = \left(x^2\right)'\Big|_{x=x_0} \cdot \Delta x\right)$. 我们把 ΔA 的主要部分 $2x_0\Delta x$ 称为函数 $y = x^2$ 在点 x_0 处的微分.

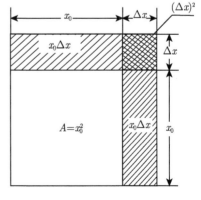

图 2-8

定义 2-5-1　如果函数$y = f(x)$在点x处可导, 则把函数$y = f(x)$在x处的导数$f'(x)$与自变量在x处的增量Δx之积$f'(x)\Delta x$称为函数$y = f(x)$在点x处的微分, 记作$\mathrm{d}y$, 即$\mathrm{d}y = f'(x)\Delta x$, 这时称函数$y = f(x)$在$x$处可微.

若函数 $y = f(x)$ 在 x 处可微, 则由定义 2-5-1, $\mathrm{d}y = f'(x)\Delta x$, 推出函数 $y = f(x)$ 在点 x 处可导, 且由于对自变量 x 的微分 $\mathrm{d}x$ 可以认为是对函数 $y = x$ 的微分, 即 $\mathrm{d}y = \mathrm{d}x = x'\Delta x = \Delta x$, 则 $\mathrm{d}x = \Delta x$, 于是函数 $y = f(x)$ 在点 x 处的微分, 又可记为 $\mathrm{d}y = f'(x)\mathrm{d}x$, 由此式可得 $\dfrac{\mathrm{d}y}{\mathrm{d}x} = f'(x)$.

这就是说函数 $y = f(x)$ 在点 x 处的微分 $\mathrm{d}y$ 与自变量的微分 $\mathrm{d}x$ 之商等于函数 $y = f(x)$ 的导数. 因此, 导数也叫微商. 由此可见, 函数$y = f(x)$ 在x处可微与可导等价, 即

$$\mathrm{d}y = f'(x)\mathrm{d}x \Leftrightarrow \frac{\mathrm{d}y}{\mathrm{d}x} = f'(x). \tag{2-5-1}$$

另外, 当函数 $y = f(x)$ 在点 x 处可微时

$$\lim_{\Delta x \to 0} \frac{\Delta y}{\Delta x} = \frac{\mathrm{d}y}{\mathrm{d}x} = f'(x) \Rightarrow \frac{\Delta y}{\Delta x} = \frac{\mathrm{d}y}{\mathrm{d}x} + \alpha = f'(x) + \alpha$$

$$\Rightarrow \Delta y = \frac{\mathrm{d}y}{\mathrm{d}x}\Delta x + \alpha\Delta x = f'(x)\Delta x + \alpha\Delta x$$

$$\Rightarrow \Delta y = \frac{\mathrm{d}y}{\mathrm{d}x}\Delta x + o(\Delta x) = f'(x)\Delta x + o(\Delta x) \quad \left(\lim_{\Delta x \to 0}\alpha = 0\right),$$

即当函数$y = f(x)$在点x处可微时, $\Delta y = \mathrm{d}y + o(\Delta x)$.

注　微分 $\mathrm{d}y$ 既是 x 的也是 $\mathrm{d}x$ 的函数, 它是二元函数.

2.5.2　微分的几何意义

为了对微分有比较直观的了解, 下面来分析微分的几何意义.

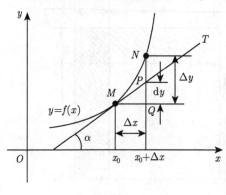

图 2-9

设函数 $y = f(x)$ 的图像如图 2-9 所示, 曲线上有点 $M(x_0, y_0)$ 以及 $N(x_0 + \Delta x, y_0 + \Delta y)$, MT 是曲线在 M 处的切线, 由图可知 $MQ = \Delta x$, $QN = \Delta y$, $QP = \tan\alpha \cdot \Delta x = f'(x_0)\Delta x = \mathrm{d}y$. 因此函数 $y = f(x)$ 在 x_0 处的微分 $\mathrm{d}y$ 是当曲线在 M 处取得增量 Δy 时, 切线上的点的纵坐标相应的增量, 当 $|\Delta x|$ 很小时, 即在切点 M 的邻近, 曲线 $y = f(x)$ 与它在 M 处的切线非常贴近. 因此, 由微分的几何意义

可以看出, 当 $f'(x_0) \neq 0$ 时, 只要 $|\Delta x|$ 很小, 在点 M 的邻近函数的增量 Δy 近似等于函数的微分 $\mathrm{d}y$.

例 2-5-1　求函数 $y = x^2$ 在 $x = 1$ 处, Δx 分别为 0.1 和 0.01 时的增量与微分.

解　$\Delta x = 0.1$时, $\Delta y = (1 + 0.1)^2 - 1^2 = 0.21, \mathrm{d}y = y'(1)\Delta x = 0.2$,

$\Delta x = 0.01$时, $\Delta y = (1 + 0.01)^2 - 1^2 = 0.0201, \mathrm{d}y = y'(1)\Delta x = 0.02$.

例 2-5-2　求函数 $y = x^3$ 在 $x = 2$ 处的微分.

解　函数 $y = x^3$ 在 $x = 2$ 处的微分为 $\mathrm{d}y = (x^3)'\big|_{x=2}\,\mathrm{d}x = 12\mathrm{d}x$.

2.5.3　基本初等函数的微分公式与微分运算法则

由函数的微分表达式 $\mathrm{d}y = f'(x)\mathrm{d}x$ 可以看出, 函数的微分是函数的导数乘以自变量的微分. 因此, 可以得到微分公式和微分的运算法则. 下面将求导公式及法则和微分公式及法则一起给出.

1. 微分公式

(1) $\mathrm{d}(c) = 0$;

(2) $\mathrm{d}(x^\mu) = \mu x^{\mu-1}\mathrm{d}x(\mu \neq 0)$;

(3) $\mathrm{d}(\sin x) = \cos x\mathrm{d}x$;

(4) $\mathrm{d}(\cos x) = -\sin x\mathrm{d}x$;

(5) $\mathrm{d}(\tan x) = \sec^2 x\mathrm{d}x$;

(6) $\mathrm{d}(\cot x) = -\csc^2 x\mathrm{d}x$;

(7) $\mathrm{d}(\sec x) = \sec x \cdot \tan x\mathrm{d}x$;

(8) $\mathrm{d}(\csc x) = -\csc x \cdot \cot x\mathrm{d}x$;

(9) $\mathrm{d}(\mathrm{e}^x) = \mathrm{e}^x\mathrm{d}x$;

(10) $\mathrm{d}(a^x) = a^x \ln a\mathrm{d}x(a > 0$且$a \neq 1)$;

(11) $\mathrm{d}(\ln x) = \dfrac{1}{x}\mathrm{d}x$;

(12) $\mathrm{d}(\log_a^x) = \dfrac{1}{x \ln a}\mathrm{d}x(a > 0$且$a \neq 1)$;

(13) $\mathrm{d}(\arcsin x) = \dfrac{1}{\sqrt{1 - x^2}}\mathrm{d}x$;

(14) $\mathrm{d}(\arccos x) = -\dfrac{1}{\sqrt{1 - x^2}}\mathrm{d}x$;

(15) $\mathrm{d}(\arctan x) = \dfrac{1}{1 + x^2}\mathrm{d}x$;

(16) $\mathrm{d}(\mathrm{arccot}x) = -\dfrac{1}{1 + x^2}\mathrm{d}x$.

2. 微分运算法则

(1) $\mathrm{d}(u \pm v) = \mathrm{d}u \pm \mathrm{d}v$;

(2) $\mathrm{d}(cu) = c\mathrm{d}u$;

(3) $\mathrm{d}(uv) = v\mathrm{d}u + u\mathrm{d}v$;

(4) $\mathrm{d}\left(\dfrac{u}{v}\right) = \dfrac{v\mathrm{d}u - u\mathrm{d}v}{v^2}$.

3. 一阶微分形式不变性

定理 2-5-1　不论 u 是自变量还是中间变量, 函数 $y = f(u)$ 的微分形式总是 $\mathrm{d}y = f'(u)\mathrm{d}u$.

证明　当 u 是自变量时, 函数 $y = f(u)$ 的微分形式是 $\mathrm{d}y = f'(u)\mathrm{d}u$.

当 u 是中间变量时, 设 $u = \varphi(x)$ 且 $\varphi(x)$ 可微, 因为 $y = f(u)$ 可导, 根据复合函数的求导法则, $y = f(u)$ 与 $u = \varphi(x)$ 的复合函数 $y = f[\varphi(x)]$ 可微, 且

$$\mathrm{d}y = (f[\varphi(x)])'\mathrm{d}x = f'[\varphi(x)]\varphi'(x)\mathrm{d}x,$$

又将 $\mathrm{d}u = \varphi'(x)\mathrm{d}x$ 代入上式, 可得 $\mathrm{d}y = f'(u)\mathrm{d}u$. 它与 u 是自变量时的微分形式是一样的. 此性质称为一阶微分形式不变性 (复合函数的微分性质).

例 2-5-3   设 $y = \sin(2x + 1)$, 求 $\mathrm{d}y$.

解一   把 $2x + 1$ 看成中间变量 u, 则

$$\mathrm{d}y = \mathrm{d}(\sin u) = \cos u \mathrm{d}u = \cos(2x + 1)\mathrm{d}(2x + 1)$$
$$= \cos(2x + 1) \cdot 2\mathrm{d}x = 2\cos(2x + 1)\mathrm{d}x.$$

解二 $\mathrm{d}y = y'\mathrm{d}x = (\sin(2x + 1))'\mathrm{d}x$
$$= \cos(2x + 1) \cdot 2\mathrm{d}x = 2\cos(2x + 1)\mathrm{d}x.$$

在求复合函数的导数时, 可以不写出中间变量. 在求复合函数的微分时, 类似地也可以不写出中间变量.

例 2-5-4   求函数 $y = x^3 \mathrm{e}^{2x}$ 的微分.

解   因为

$$y' = (x^3 \mathrm{e}^{2x})' = 3x^2 \mathrm{e}^{2x} + 2x^3 \mathrm{e}^{2x} = x^2 \mathrm{e}^{2x}(3 + 2x),$$

所以

$$\mathrm{d}y = y'\mathrm{d}x = x^2 \mathrm{e}^{2x}(3 + 2x)\mathrm{d}x,$$

或利用微分形式不变性

$$\mathrm{d}y = \mathrm{e}^{2x}\mathrm{d}(x^3) + x^3\mathrm{d}(\mathrm{e}^{2x}) = \mathrm{e}^{2x} \cdot 3x^2\mathrm{d}x + x^3 \cdot 2\mathrm{e}^{2x}\mathrm{d}x = x^2\mathrm{e}^{2x}(3 + 2x)\mathrm{d}x.$$

例 2-5-5   已知 $y = \dfrac{\mathrm{e}^{2x}}{x^2}$, 求 $\mathrm{d}y$.

解 $\mathrm{d}y = \dfrac{x^2\mathrm{d}(\mathrm{e}^{2x}) - \mathrm{e}^{2x}\mathrm{d}(x^2)}{(x^2)^2} = \dfrac{x^2\mathrm{e}^{2x} \cdot 2\mathrm{d}x - \mathrm{e}^{2x} \cdot 2x\mathrm{d}x}{x^4} = \dfrac{2\mathrm{e}^{2x}(x - 1)}{x^3}\mathrm{d}x.$

例 2-5-6   在下列等式的括号中填入适当的函数, 使等式成立:

(1) $\mathrm{d}(\quad) = \cos\omega t \mathrm{d}t$;   (2) $\mathrm{d}(\sin x^2) = (\quad)\mathrm{d}(\sqrt{x})$.

解   (1) 因为 $\mathrm{d}(\sin\omega t) = \omega\cos\omega t\mathrm{d}t$, 所以

$$\cos\omega t\mathrm{d}t = \frac{1}{\omega}\mathrm{d}(\sin\omega t) = \mathrm{d}\left(\frac{1}{\omega}\sin\omega t\right).$$

一般地, 有 $\mathrm{d}\left(\dfrac{1}{\omega}\sin\omega t + c\right) = \cos\omega t\mathrm{d}t.$

(2) 因为 $\dfrac{\mathrm{d}(\sin x^2)}{\mathrm{d}(\sqrt{x})} = \dfrac{2x\cos x^2\mathrm{d}x}{\dfrac{1}{2\sqrt{x}}\mathrm{d}x} = 4x\sqrt{x}\cos x^2$, 所以

$$\mathrm{d}(\sin x^2) = \left(4x\sqrt{x}\cos x^2\right)\mathrm{d}\left(\sqrt{x}\right).$$

例 2-5-7 求由方程 $\mathrm{e}^{xy} = 2x + y^3$ 所确定的隐函数 $y = f(x)$ 的微分 $\mathrm{d}y$.

解 对方程两边求微分, 得

$$\mathrm{d}(\mathrm{e}^{xy}) = \mathrm{d}(2x + y^3),$$

即

$$\mathrm{e}^{xy}\mathrm{d}(xy) = \mathrm{d}(2x) + \mathrm{d}(y^3),$$

$$\mathrm{e}^{xy}(y\mathrm{d}x + x\mathrm{d}y) = 2\mathrm{d}x + 3y^2\mathrm{d}y,$$

于是

$$\mathrm{d}y = \frac{2 - y\mathrm{e}^{xy}}{x\mathrm{e}^{xy} - 3y^2}\mathrm{d}x.$$

2.5.4 微分的应用

1. 在近似计算中的应用

前面说过, 当 $f'(x_0) \neq 0, |\Delta x|$ 很小时, $\Delta y \approx \mathrm{d}y$, 即

$$\Delta y = f(x_0 + \Delta x) - f(x_0) \approx f'(x_0)\Delta x$$

或

$$f(x_0 + \Delta x) \approx f(x_0) + f'(x_0)\Delta x.$$

记 $x = x_0 + \Delta x$, 即 $\Delta x = x - x_0$, 那么由上式得

$$f(x) \approx f(x_0) + f'(x_0)(x - x_0). \tag{2-5-2}$$

如果令 $x_0 = 0$, 则又有

$$f(x) \approx f(0) + f'(0)x. \tag{2-5-3}$$

在 $f'(x_0) \neq 0$ 时, 利用公式 (2-5-2), (2-5-3) 可以分别对 Δy 和 $f(x)$ 作近似计算, 关键是公式的右端计算要相对简单, 同时 $|\Delta x|$ 要很小.

在 (2-5-3) 式中分别取 $f(x)$ 为一些函数时, 可得工程上常用的一些近似计算公式 (假定 $|x|$ 是很小的数值):

$$\sqrt[n]{1+x} \approx 1 + \frac{1}{n}x, \quad \sin x \approx x, \quad \tan x \approx x, \quad \mathrm{e}^x \approx 1 + x, \quad \ln(1+x) \approx x.$$

证明 现在证明第一个, 其余 4 个式子可类似证明. 取 $f(x) = \sqrt[n]{1+x}$, 于是

$$f'(x) = \frac{1}{n}(1+x)^{\frac{1}{n}-1}, \quad f(0) = 1, \quad f'(0) = \frac{1}{n},$$

代入 (2-5-3) 式, 有

$$\sqrt[n]{1+x} \approx 1 + \frac{1}{n}x.$$

例 2-5-8　计算 $\tan 136°$ 的值.

解　为了用 (2-5-2) 式, 必须设函数 $f(x)$ 和 x_0, 使 $f(x_0)$, $f'(x_0)$ 易于计算, 且 $|x - x_0|$ 很小. 取 $f(x) = \tan x$ (x 以弧度为单位), $x_0 = \dfrac{3\pi}{4}$, 则

$$f'(x) = \sec^2 x, \quad f\left(\frac{3\pi}{4}\right) = -1, \quad f'\left(\frac{3\pi}{4}\right) = 2, \quad |x - x_0| = \frac{\pi}{180},$$

于是

$$\begin{aligned}
\tan 136° &= \tan\left(\frac{3\pi}{4} + \frac{\pi}{180}\right) \\
&\approx \tan\frac{3\pi}{4} + \sec^2\frac{3\pi}{4} \cdot \frac{\pi}{180} \\
&= -1 + 2 \cdot \frac{\pi}{180} = -0.96509.
\end{aligned}$$

例 2-5-9　半径 10 厘米的金属圆片加热后, 半径伸长了 0.05 厘米, 问面积增大了多少?

解　设 $A = \pi r^2$, $r = 10$ 厘米, $\Delta r = 0.05$ 厘米, 所以

$$\Delta A \approx \mathrm{d}A = 2\pi r \cdot \Delta r = 2\pi \times 10 \times 0.05 = \pi(厘米^2).$$

2. 误差估计

在实际应用中常常要计算一些与测量数据有关的数, 如果计算球体的体积 V, 可先测量该球的直径 D, 再根据公式 $V = \dfrac{\pi}{6}D^3$, 算得 V.

由于测量仪器的精度、测量人员的水准等多种原因, 测得的数据总有误差, 根据带有误差的数据, 计算所得到的结果必然有误差, 这种误差称为间接测量误差. 下面用微分知识来估计间接测量误差.

先说明绝对误差、相对误差的概念.

如果某个量的准确值为 A, 近似值为 a, 则 $|A - a|$ 称为绝对误差, 记为 δ_a, $\left|\dfrac{A - a}{a}\right|$ 称为 a 的相对误差.

一般地, 由直接测量 x 得到的近似值 x_0, 按公式 $y = f(x)$ 计算 y 时, 如果测量 x 的绝对误差为 $\delta_x = |\Delta x|$, 当 $y' \neq 0$ 时, y 的绝对误差为

$$\delta_y = |\Delta y| \approx |\mathrm{d}y| = |f'(x_0)|\,\delta_x,$$

y 的相对误差为

$$\frac{\delta_y}{|y|} = \left|\frac{f'(x_0)}{y}\right|\delta_x \quad (y = f(x_0)).$$

例 2-5-10 设测得球罐的直径 D 为 10.1m, 已知测量的绝对误差不超过 0.5cm, 利用公式, 计算球罐体积, 试估计求得的体积的绝对误差和相对误差.

解 $V = \dfrac{\pi}{6}D^3 = \dfrac{\pi}{6}(10.1)^3 \approx 539.46(\text{m}^3),$

$$\delta_V = |\Delta V| \approx |\mathrm{d}V| = \frac{\pi}{2}D^2\delta_D = \frac{\pi}{2}(10.1)^2 \times 0.005 \approx 0.8012(\text{m}^3),$$

$$\frac{\delta_V}{V} = \frac{\dfrac{\pi}{2}D^2\delta_D}{\dfrac{\pi}{6}D^3} = \frac{3\delta_D}{D} \approx 0.15\%.$$

故球罐体积约为 539.46m^3, 其绝对误差不超过 0.81m^3, 相对误差不超过 0.15%.

习 题 2-5

1. 求下列函数的微分 $\mathrm{d}y$:

(1) 设 $y = \tan x + \mathrm{e}^x$, 求 $\mathrm{d}y$;

(2) 设 $y = 2^x + \dfrac{\sin x^2}{x}$, 求 $\mathrm{d}y$;

(3) 设 $y = \tan x \cdot \arcsin\sqrt{1-x^2}$, 求 $\mathrm{d}y$;

(4) 设 $y = x^x$, 求 $\mathrm{d}y$;

(5) 设 $y = \mathrm{e}^{-ax} \cdot \sin bx$, 求 $\mathrm{d}y$;

(6) 设 $y = \mathrm{e}^{-x}\left(\cos\dfrac{1}{x}\right)^2$, 求 $\mathrm{d}y$;

(7) 设 $y = \left(\dfrac{x}{1+x}\right)^x$, 求 $\mathrm{d}y$;

(8) 设方程 $x^y = y^x$ 确定了 y 是 x 的函数, 求 $\mathrm{d}y$.

2. 将适当的函数填入下列括号内, 使等式成立:

(1) $x\mathrm{d}x = \mathrm{d}(\quad)$;   (2) $\dfrac{\mathrm{d}x}{1+x} = \mathrm{d}(\quad)$;

(3) $\mathrm{d}(\quad) = \cos t\mathrm{d}t$;   (4) $\mathrm{d}(\quad) = \mathrm{e}^{-2x}\mathrm{d}x$;

(5) $\mathrm{d}(\arctan\mathrm{e}^{2x}) = (\quad)\mathrm{d}\mathrm{e}^{2x} = (\quad)\mathrm{d}x$;

(6) $x^2\cos(1-x^3)\mathrm{d}x = (\quad)\mathrm{d}(1-x^3) = \mathrm{d}(\quad)$.

课堂练习 2-5

1. 设 $y = y(x)$ 由方程 $\ln\sqrt{x^2+y^2} = \arctan\dfrac{y}{x}(x \neq 0, x \neq y)$ 确定, 求 $\mathrm{d}y$.

2. 若函数 $y = \mathrm{e}^x(\cos x + \sin x)$, 求 $\mathrm{d}y$.

3. 若 $f(u)$ 可导, 且 $y = \sin f(e^{-x})$, 求 dy.

4. 设 $y = \sqrt[3]{x} + \sqrt[x]{7} + \sqrt[3]{7}$, 求 $dy|_{x=2}$.

5. 若函数 $y = e^x(\cos x + \sin x)$, 求 dy.

单元自测题 2

一、填空题 (将正确答案填在横线上).

1. $y = \arctan e + \cos x - \sec x$, 则 $y' = $_____.

2. $y = \dfrac{1}{3 - 2x}$, 则 $y'' = $_____.

3. $y = \ln \ln x$, 则 $y' = $_____.

4. $y = x \arcsin \dfrac{x}{2} + \sqrt{4 - x^2}$, 则 $y' = $_____.

5. $y = \ln(1 + x^2)$, 则 $y' = $_____.

6. 曲线 L 的参数方程为 $\begin{cases} x = 2(t - \sin t), \\ y = 2(1 - \cos t), \end{cases}$ 则曲线 L 在 $t = \dfrac{\pi}{2}$ 处的切线方程为_____.

7. 设函数 $y = y(x)$ 由方程 $\sin(x^2 + y^2) + e^x - xy^2 = 0$ 确定, 则 $\dfrac{dy}{dx} = $_____.

8. 函数 $y = y(x)$ 由方程 $\tan y = x + y$ 确定, 则 $dy = $_____.

9. $y = \sec e$, 则 $y' = $_____.

10. $y = \ln|x|$, 则 $y' = $_____.

11. $y = \ln(\sec x + \tan x)$, 则 $y' = $_____.

12. $y = \sin x - 2x$, 则其反函数 $x = x(y)$ 的导数 $x'(y) = $_____.

13. 已知 $y = \ln x$ 的一条切线为 $x = ey$, 则切点为_____.

二、单项选择题 (在每个小题四个备选答案中选出一个正确答案, 填在题末的括号中).

1. 若函数 $y = f(x)$ 有 $f'(x_0) = \dfrac{1}{2}$, 则当 $\Delta x \to 0$ 时 $f(x)$ 在点 $x = x_0$ 处微分 dy 是 ( ).

A. 与 Δx 等价的无穷小

B. 与 Δx 同阶的无穷小, 但不是等价无穷小

C. 比 Δx 高阶的无穷小

D. 比 Δx 低阶的无穷小

2. 设 $y = f(t)$, $t = \phi(x)$ 都可微, 则 $dy = ($).

A. $f'(t)dt$ B. $\varphi'(x)dx$ C. $f'(t)\varphi'(x)dt$ D. $f'(t)dx$

3. $f(x) = \begin{cases} x^3 e^{-x}, & x > 0, \\ x, & x \leqslant 0, \end{cases}$ 则 $f(x)$ 在 $x = 0$ 处 ( ).

A. 可导

B. 连续但不可导

C. 左可导但右不可导

D. 右可导但左不可导

4. $f(x) = \begin{cases} x\sin\dfrac{1}{x}, & x \neq 0, \\ 0, & x = 0, \end{cases}$ 则 $f(x)$ 在 $x = 0$ 处 ( ).

A. 可导

B. 连续但不可导

C. 不连续

D. 左可导但右不可导

5. $f(x) = \begin{cases} x^2, & x \leqslant 1, \\ ax + b, & x > 1, \end{cases}$ 为使 $f(x)$ 在 $x = 1$ 处可导, 则系数 ( ).

A. $a = 1, b = -2$

B. $a = -2, b = 1$

C. $a = 2, b = -1$

D. $a = -1, b = 2$

6. $\lim\limits_{x \to 0} \dfrac{[f(x) - f(0)]\sin 3x}{x^2} = 4$, 则 $f'(0)$ 等于 ( ).

A. 3 B. 4 C. **R** D. $\dfrac{4}{3}$

7. $y = \ln \pi x$, 则 $\mathrm{d}y =$ ( ).

A. $\dfrac{1}{\pi x}\mathrm{d}x$ B. $\dfrac{1}{x}\mathrm{d}x$ C. $\dfrac{\pi}{x}\mathrm{d}x$ D. $\left(\dfrac{1}{\pi} + \dfrac{1}{x}\right)\mathrm{d}x$

8. 关于函数 $y = f(x)$ 在点 x 处连续可导及可微三者的关系 ( ).

A. 连续是可微的充分条件

B. 可导是可微的充要条件

C. 可微不是连续的充分条件

D. 连续是可导的充要条件

9. 已知 $f(x)$ 连续且 $\lim\limits_{x \to 0} \dfrac{f(x)}{x} = A$($A$ 为常数), 则下列结论正确的是 ( ).

A. $f(0) = 0$ 但 $f'(0)$ 不存在 B. $f(0) = A$

C. $f(0) = 0$ 且 $f'(0) = A$ D. $f'(0) = 0$

10. $f(x)$ 在点 x_0 可导的充要条件是 ( ).

A. $\lim\limits_{n \to \infty} n\left[f\left(x_0 + \dfrac{1}{n}\right) - f(x_0)\right]$ 存在 B. $\lim\limits_{h \to 0} \dfrac{f(x_0 + h) - f(x_0 - h)}{h}$ 存在

C. $\lim\limits_{h \to 0} \dfrac{f(x_0 + h^2) - f(x_0)}{h^2}$ 存在 D. $\lim\limits_{h \to 0} \dfrac{f(x_0) - f(x_0 - h)}{h}$ 存在

三、解答下列各题.

1. $f(x) = \begin{cases} 1 - \sin x, & x < 0, \\ \cos^2 x, & x \geqslant 0, \end{cases}$ 讨论 $f(x)$ 的可导性并求导.

2. 讨论 $f(x) = \begin{cases} \cos x, & x \leqslant 0, \\ 1, & x > 0 \end{cases}$ 在 $x = 0$ 点的可导性.

3. 讨论 $y = e^{|x|}$ 在 $x = 0$ 点处的连续性与可导性.

4. 讨论 $y = \left(x - \dfrac{\pi}{2}\right)|\cos x|$ 在 $x = \dfrac{\pi}{2}$ 处的可导性.

四、解答下列各题.

1. $y = \ln 2^x + 2^x + x^2$, 求 y'.

2. $y = \dfrac{a}{x} + \dfrac{x^2}{b} - x \ln x$, 求 y'.

3. $y = \ln \dfrac{1+x}{1-x}$, 求 y''.

4. $y = x e^{x^2}$, 求 y''.

5. $y = f^2(x)$, 求 $y''(f(x)$ 二阶可导$)$.

6. $y(x) = a_n x^n + a_{n-1} x^{n-1} + \cdots + a_1 x + a_0$, 求 $\mathrm{d}y|_{x=1}$.

7. $f(x) = \sqrt{\cot 2x}$, 求 $\mathrm{d}f(x)$.

8. 求由方程 $x^3 + y^3 - 3axy = 0(a > 0)$ 确定的隐函数 $y = y(x)$ 的微分 $\mathrm{d}y$.

9. $y = y(x)$ 由方程 $e^{x+y} + x \sin y = 1$ 确定, 求 $A(x, y)$ 使 $\mathrm{d}y = A(x, y)\mathrm{d}x$.

10. $y = y(x)$ 由方程 $e^{xy} + \sin(xy) = y$ 确定, 求 $y'(0)$.

11. $y = y(x)$ 由 $x^2 + y^2 = 1$ 确定, 求 $y''|_{x=0, y=1}$.

12. 已知 $\begin{cases} x = 2\sin t + \sin 2t, \\ y = 2\cos t + \cos 2t \end{cases}$ 确定的隐函数 $y = y(x)$, 求 $\dfrac{\mathrm{d}y}{\mathrm{d}x}\Big|_{t=0}$.

13. 已知 $\begin{cases} x = t^2 + 2t, \\ y = 2t^3 + 3t^2 \end{cases}$ 确定的隐函数 $y = y(x)$, 求 $\dfrac{\mathrm{d}^2 y}{\mathrm{d}x^2}$.

第3章 微分中值定理及导数的应用

第 2 章主要研究的是已知函数求导问题, 而实际应用中更多的是已知导数的性质来研究函数的性质. 一直以来, 导数作为函数的变化率, 在研究函数变化的性态中有着十分重要的意义, 因而在自然科学、工程技术以及社会科学等领域中得到广泛的应用.

3.1 微分中值定理

中值定理揭示了函数在某区间的整体性质与该区间内部某一点的导数之间的关系, 因而称为中值定理. 中值定理既是用微分学知识解决应用问题的理论基础, 又是解决微分学自身发展的一种理论性模型, 因而称为微分中值定理.

3.1.1 费马定理

首先, 观察图 3-1, 曲线弧 $\overset{\frown}{AB}$ 是函数 $y = f(x)$ 的图形, C 是曲线上的 "峰顶", D 是曲线上的 "谷底". 从图上可以看出, 点 C, D 处有曲线的切线平行于 x 轴, 对应点 (如 $x = \xi$) 函数 $y = f(x)$ 的导数等于零. 这一结果对于可导函数具有普遍性, 因此有以下定理.

定理 3-1-1 (费马定理) 设函数 $f(x)$在x_0点的某邻域内有定义, 且在x_0可导, 如果对于任意的$x \in U(x_0)$, 有$f(x) \leqslant f(x_0)(f(x) \geqslant f(x_0))$, 则 $f'(x_0) = 0$.

证明 假设对于任意 $x \in U(x_0)$, 有 $f(x) \leqslant f(x_0)$, 则当 $x > x_0$ 时, $\dfrac{f(x) - f(x_0)}{x - x_0} \leqslant 0$, 由 $f(x)$ 在 x_0 可导性及极限的保号性, 有

$$f'(x_0) = f'_+(x_0) = \lim_{x \to x_0^+} \frac{f(x) - f(x_0)}{x^- x_0} \leqslant 0,$$

当 $x < x_0$ 时, $\dfrac{f(x) - f(x_0)}{x - x_0} \geqslant 0$, 同理有

$$f'(x_0) = f'_-(x_0) = \lim_{x \to x_0^-} \frac{f(x) - f(x_0)}{x - x_0} \geqslant 0.$$

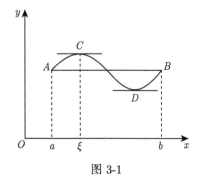

图 3-1

所以必有 $f'(x_0) = 0$.

对于任意 $x \in U(x_0)$, $f(x) \geqslant f(x_0)$ 的情形, 同理可证.

3.1.2 罗尔定理

定理 3-1-2 (罗尔定理)　设函数 $f(x)$ 满足

(1) 在闭区间 $[a,b]$ 上连续;

(2) 在开区间 (a,b) 内可导;

(3) 在区间端点处 $f(a) = f(b)$,

则在开区间 (a,b) 内至少存在一点 ξ, 使得 $f'(\xi) = 0$.

证明　因为 $f(x)$ 在 $[a,b]$ 上连续, 由闭区间上连续函数的最大值、最小值定理, $f(x)$ 在 $[a,b]$ 上必取得最大值 M 和最小值 m.

(1) 如果 $M = m$, 则 $f(x) \equiv M$, $x \in [a,b]$, 因此 $\forall \xi \in (a,b)$, $f'(\xi) = 0$.

(2) 如果 $M > m$, 因为在区间端点处 $f(a) = f(b)$, 所以 M 和 m 中至少有一个与端点值不等, 不妨设 $M \neq f(a)$, 则至少存在一点 $\xi \in (a,b)$, 使 $f(\xi) = M$, 由费马定理得 $f'(\xi) = 0$.

通常称导数为零的点为函数的驻点.

$f'(\xi) = 0$ 表示该点 $(x = \xi)$ 对应曲线的切线是水平的, 如图 3-1 所示, 罗尔定理的几何意义: 如果光滑曲线 $y = f(x)(x \in [a,b])$ 的两个端点 A 和 B 等高, 即其连线 AB 是水平的, 则在曲线上至少有一个点 $C(\xi, f(\xi))$, 点 C 处的切线是水平的.

利用罗尔定理可以帮助讨论某些方程的根的情况.

例 3-1-1　设函数 $f(x) = x(x-1)$, 证明方程 $f'(x) = 0$ 至少有一个实根.

证明　函数 $f(x) = x(x-1)$ 在 $\mathbf{R}$ 上可导, 可以看出 $f(0) = 0 = f(1)$, 罗尔定理函数 $f(x)$ 在区间 $(0,1)$ 内至少有一个点 ξ, 使得 $f'(\xi) = 0$, 从而方程 $f'(x) = 0$ 至少有一个实根.

例 3-1-2　证明方程 $x^5 - 5x + 1 = 0$ 有且仅有一个小于 1 的正实根.

证明　设 $f(x) = x^5 - 5x + 1$, 则 $f(x)$ 在 $[0,1]$ 上连续, 且 $f(0) = 1, f(1) = -3$. 由零点定理, 存在 $x_0 \in (0,1)$, 使 $f(x_0) = 0$, 即为方程小于 1 的正实根.

设另有 $x_1 \in (0,1), x_1 \neq x_0$, 使 $f(x_1) = 0$. 因为 $f(x_0) = 0$, $f(x)$ 在 x_0, x_1 之间满足罗尔定理的条件, 所以至少存在一点 ξ(在 x_0, x_1 之间), 使得 $f'(\xi) = 0$. 但 $f'(x) = 5(x^4 - 1) < 0(x \in (0,1))$, 导致矛盾, 故 x_0 为唯一实根.

例 3-1-3　不求导数, 判断函数 $f(x) = (x-1)(x-2)(x-3)$ 的导数有几个零点及这些零点所在的范围.

解　因为 $f(1) = f(2) = f(3) = 0$, 所以 $f(x)$ 在闭区间 $[1,2], [2,3]$ 上满足罗尔定理的三个条件, 从而, 在 $(1,2)$ 内至少存在一点 ξ_1, 使 $f'(\xi_1) = 0$, 即 ξ_1 是 $f'(x)$

的一个零点; 又在 $(2,3)$ 内至少存在一点 ξ_2, 使 $f'(\xi_2) = 0$, 即 ξ_2 是 $f'(x)$ 的一个零点; 又因为 $f'(x)$ 为二次多项式, 最多只能有两个零点, 故 $f'(x)$ 恰好有两个零点, 分别在区间 $(1,2)$ 和 $(2,3)$ 内.

例 3-1-4 对函数 $f(x) = \sin^2 x$ 在区间 $[0,\pi]$ 上验证罗尔定理的正确性.

解 显然 $f(x)$ 在 $[0,\pi]$ 上连续, 在 $(0,\pi)$ 内可导, 且 $f(0) = f(\pi) = 0$, 而在 $(0,\pi)$ 内确存在一点 $\xi = \dfrac{\pi}{2}$, 使

$$f'\left(\frac{\pi}{2}\right) = (2\sin x \cos x)|_{x=\frac{\pi}{2}} = 0,$$

从而验证了罗尔定理的正确性.

罗尔定理中, 条件 $f(a) = f(b)$ 很特殊, 一般的函数不满足这个条件, 去掉这一条件把结果一般化, 就能得到拉格朗日中值定理.

3.1.3 拉格朗日中值定理

定理 3-1-3 (拉格朗日中值定理) 设函数 $f(x)$ 满足

(1) 在闭区间 $[a,b]$ 上连续;

(2) 在开区间 (a,b) 内可导,

则至少存在一点 $\xi \in (a,b)$, 使得 $f'(\xi) = \dfrac{f(b) - f(a)}{b - a}$.

分析 拉格朗日中值定理的几何意义: 若连续曲线 $y = f(x)(x \in [a,b])$ 的弧 $\overset{\frown}{AB}$ 除端点外处处具有不垂直于 x 轴的切线, 则在该弧上至少存在一点 C, 使曲线在 C 点的切线平行于弦 AB (图 3-2).

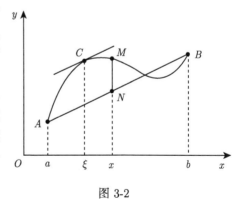

图 3-2

拉格朗日中值定理是罗尔定理的推广, 因此可以考虑构造一个辅助函数 $F(x)$, 使 $F(x)$ 满足罗尔定理的条件, 应用罗尔定理证明 $f'(\xi) = \dfrac{f(b) - f(a)}{b - a}$. 为此, 要证

$$f'(\xi) = \frac{f(b) - f(a)}{b - a},$$

只要

$$f(b) - f(a) - f'(\xi)(b - a) = 0,$$

希望有函数 $F(x)$ 满足

$$F'(\xi) = f(b) - f(a) - f'(\xi)(b - a),$$

即

$$F'(x) = f(b) - f(a) - f'(x)(b-a),$$

于是

$$F(x) = [f(b) - f(a)]x - f(x)(b-a).$$

证明　作辅助函数 $F(x) = [f(b) - f(a)]x - f(x)(b-a)$, 因为 $f(x)$ 在 $[a,b]$ 上连续, 在 (a,b) 内可导, 因而 $F(x)$ 也在 $[a,b]$ 上连续, (a,b) 内可导, 且 $F(a) = af(b) - bf(a) = F(b)$, 由罗尔定理, 在 (a,b) 内至少存在一点 ξ, 使

$$F'(\xi) = f(b) - f(a) - f'(\xi)(b-a) = 0,$$

得

$$f'(\xi) = \frac{f(b) - f(a)}{b-a}.$$

注　(1) 此定理的分析过程经常用于解题过程中构造辅助函数.

(2) 在拉格朗日中值定理中令 $f(a) = f(b)$, 即得到罗尔定理, 罗尔定理是拉格朗日中值定理的特殊情况.

由拉格朗日中值定理可以得到如下两个重要推论.

推论 I　若函数 $f(x)$ 在区间 I 上恒有 $f'(x) \equiv 0$, 则函数 $f(x)$ 在区间 I 上为常数.

证明　设 $f(x)$ 在区间 I 上恒有 $f'(x) \equiv 0$, 在区间 I 上任取两点 x_1, x_2(不妨设 $x_1 < x_2$), 则在区间 $[x_1, x_2]$ 上, 由拉格朗日中值定理, 有

$$f'(\xi) = \frac{f(x_2) - f(x_1)}{x_2 - x_1}, \quad x_1 < \xi < x_2,$$

由条件 $f'(\xi) = 0$, 所以 $f(x_1) = f(x_2)$, 说明 $f(x)$ 在 I 内任意两点处的函数值都相等, 所以 $f(x)$ 在 I 上是一个常数.

推论 II　若区间 I 上处处有 $f'(x) = g'(x)$, 则函数 $f(x) - g(x) = c$(常数).

证明　作辅助函数 $\varphi(x) = f(x) - g(x)$, 由于 $f'(x) = g'(x)(\forall x \in I)$, 所以

$$\varphi'(x) = f'(x) - g'(x) = 0 \quad (\forall x \in I),$$

由推论 I, $\varphi(x) = c$(常数), 即

$$f(x) - g(x) = c.$$

此推论在积分中有重要应用.

例 3-1-5　证明: $\arcsin x + \arccos x = \dfrac{\pi}{2}(-1 \leqslant x \leqslant 1)$.

证明 设 $f(x) = \arcsin x + \arccos x, x \in [-1, 1]$, 该函数在 $x \in [-1, 1]$ 上连续, 在 $(-1, 1)$ 内

$$f'(x) = \frac{1}{\sqrt{1 - x^2}} - \frac{1}{\sqrt{1 - x^2}} = 0,$$

由推论 I, $f(x) = c, x \in [-1, 1]$, 又

$$f(0) = \arcsin 0 + \arccos 0 = 0 + \frac{\pi}{2} = \frac{\pi}{2},$$

即 $c = \dfrac{\pi}{2}$. 所以

$$\arcsin x + \arccos x = \frac{\pi}{2}, \quad x \in [-1, 1].$$

例 3-1-6 证明当 $x > 0$ 时, $\dfrac{x}{1 + x} < \ln(1 + x) < x$.

证明 设函数 $f(t) = \ln(1 + t)$, 该函数在 $[0, x]$ 上满足拉格朗日中值定理的条件, 所以存在 $\xi \in (0, x)$, 使

$$f(x) - f(0) = f'(\xi)(x - 0),$$
$$f'(\xi) = \frac{1}{1 + \xi},$$

即

$$\ln(1 + x) = \frac{1}{1 + \xi} x \quad (\xi \in (0, x)).$$

由于 $0 < \xi < x$, $1 < 1 + \xi < x + 1$, 得 $\dfrac{1}{1 + x} < \dfrac{1}{1 + \xi} < 1$, 所以

$$\frac{x}{1 + x} < \frac{x}{1 + \xi} < x,$$

故 $\dfrac{x}{1 + x} < \ln(1 + x) < x (x > 0)$.

3.1.4 柯西中值定理

定理 3-1-4 (柯西中值定理) 设函数 $f(x)$ 和 $F(x)$ 满足
(1) 在闭区间 $[a, b]$ 上连续;
(2) 在开区间 (a, b) 内可导;
(3) 在开区间 (a, b) 内, $F'(x) \neq 0$,
则至少存在一点 $\xi \in (a, b)$, 使得

$$\frac{f'(\xi)}{F'(\xi)} = \frac{f(b) - f(a)}{F(b) - F(a)}.$$

分析　要证 $\dfrac{f'(\xi)}{F'(\xi)} = \dfrac{f(b)-f(a)}{F(b)-F(a)}$, 即要证

$$[f(b)-f(a)]F'(\xi) - [F(b)-F(a)]f'(\xi) = 0.$$

希望构造函数 $\varphi(x)$, 满足

$$\varphi'(\xi) = [f(b)-f(a)]F'(\xi) - [F(b)-F(a)]f'(\xi),$$
$$\varphi(x) = [f(b)-f(a)]F(x) - [F(b)-F(a)]f(x).$$

证明　作辅助函数

$$\varphi(x) = [f(b)-f(a)]F(x) - [F(b)-F(a)]f(x).$$

由于 $f(x)$ 和 $F(x)$ 在 $[a,b]$ 上连续, 在 (a,b) 内可导, 所以 $\varphi(x)$ 在 $[a,b]$ 上连续, 在 (a,b) 内可导, 且

$$\varphi(a) = f(b)F(a) - f(a)F(b) = \varphi(b).$$

由罗尔定理, 在 (a,b) 内至少有在一点 ξ, 使

$$\varphi'(\xi) = [f(b)-f(a)]F'(\xi) - [F(b)-F(a)]f'(\xi) = 0.$$

又 $F'(x) \neq 0, x \in (a,b)$, 由拉格朗日中值定理, 可推导

$$F(b) - F(a) = F'(\xi)(b-a) \neq 0,$$

因此由上式即得

$$\frac{f'(\xi)}{F'(\xi)} = \frac{f(b)-f(a)}{F(b)-F(a)}.$$

注　此定理中取 $F(x) = x$, 就得到拉格朗日中值定理, 因此拉格朗日中值定理是柯西定理的特殊情况, 柯西中值定理是拉格朗日中值定理的推广.

例 3-1-7　设函数 $f(x)$ 在 $[0,1]$ 上连续, 在 $(0,1)$ 内可导, 证明至少存在一点 $\xi \in (0,1)$, 使

$$f'(\xi) = 2\xi[f(1) - f(0)].$$

分析　结论可变形为 $\dfrac{f'(\xi)}{2\xi} = \dfrac{f(1)-f(0)}{1-0}$, 就可以想到用柯西中值定理来证明.

证明　设 $F(x) = x^2$, 则 $f(x), F(x)$ 在 $[0,1]$ 上满足柯西中值定理条件, 因此在 $(0,1)$ 内至少存在一点 ξ, 使

$$\frac{f'(\xi)}{F'(\xi)} = \frac{f(1)-f(0)}{F(1)-F(0)},$$

即

$$\frac{f'(\xi)}{2\xi} = \frac{f(1) - f(0)}{1 - 0},$$

整理后即得 $f'(\xi) = 2\xi[f(1) - f(0)]$.

习　题　3-1

1. 下列函数在给定区间上是否满足罗尔定理的所有条件? 如满足就求出满足定理的数值 ξ.

(1) 函数 $f(x) = \dfrac{1}{1 + x^2}$, 区间 $[-2, 2]$;

(2) 函数 $f(x) = e^{x^2} - 1$, 区间 $[-1, 1]$.

2. 下列函数在给定区间上是否满足拉格朗日定理的所有条件? 如满足就求出满足定理的数值 ξ.

(1) 函数 $f(x) = x^3$, 区间 $[0, 1]$;

(2) 函数 $f(x) = \ln x$, 区间 $[1, 2]$.

3. 设 $f(x) = (x - 1)(x - 2)(x - 3)(x - 4)$, 证明 $f'(x) = 0$ 有三个实根.

4. 证明 $2\arctan x + \arcsin \dfrac{2x}{1 + x^2} = \pi$, 其中 $x \geqslant 1$.

5. 证明函数 $y = px^2 + qx + r$ 应用拉格朗日中值定理时所求得的点 ξ 总位于区间的正中间.

6. 若四次方程 $x^4 + x^3 + x^2 + x + 1 = 0$ 有四个不同的实根, 证明 $4x^3 + 3x^2 + 2x + 1 = 0$ 的所有根皆为实根.

7. 证明不等式: $|\sin x_2 - \sin x_1| \leqslant |x_2 - x_1|$.

8. 证明不等式

$$nb^{n-1}(a - b) < a^n - b^n < na^{n-1}(a - b) \quad (n > 1, a > b > 0).$$

9. 证明下列不等式 $\dfrac{1}{1 + x} < \ln(1 + x) - \ln x < \dfrac{1}{x}, x > 0$.

10. 用拉格朗日定理证明: 若 $\lim\limits_{x \to 0^+} f(x) = f(0) = 0$, 且当 $x > 0$ 时 $f'(x) > 0$, 则当 $x > 0$ 时, $f(x) > 0$.

课堂练习　3-1

1. 设 $f(x)$ 在 $[0, 1]$ 上可导, 且 $0 < f(x) < 1$, 对于任何 $x \in (0, 1)$, 都有 $f'(x) \neq 1$, 试证: 在 $(0, 1)$ 内, 有且仅有一个数 x, 使 $f(x) = x$.

2. 设 $f(x)$ 在 $[1, 2]$ 上具有二阶导数 $f''(x)$, 且 $f(2) = f(1) = 0$, 如果 $F(x) = (x - 1)f(x)$, 证明至少存在一点 $\xi \in (1, 2)$, 使 $F''(\xi) = 0$.

3. 设 $f(x)$ 在 $[a,b]$ 上连续, 在 (a,b) 内二阶可导且 $f(a) = f(b) = 0$, 且存在点 $c \in (a,b)$, 使得 $f(c) > 0$, 试证至少存在一点 $\xi \in (a,b)$, 使得 $f''(x) < 0$.

4. $f(x)$ 在区间 $[0,1]$ 上连续, 在 $(0,1)$ 内可导, 且 $f(0) = f(1) = 0$. 证明在区间 $(0,1)$ 内至少存在一点 ξ, 使 $f'(\xi) = \lambda f(\xi)$, 其中 $\lambda \neq 0$ 为实常数.

3.2　洛必达法则

在第 1 章中, 我们曾计算过两个无穷小之比以及两个无穷大之比的未定式的极限. 在那里, 计算未定式的极限往往需要经过适当的变形, 转化成可利用极限运算法则或重要极限的形式进行计算. 这种变形没有一般方法, 需视具体问题而定, 属于特定的方法. 本节将用导数作为工具, 给出计算未定式极限的一般方法, 即洛必达法则. 本节的几个定理所给出的求极限的方法统称为洛必达法则.

在求分式极限 $\lim\limits_{x \to a} \dfrac{f(x)}{g(x)}$ 时, 若 $\lim\limits_{x \to a} f(x) = A$, $\lim\limits_{x \to a} g(x) = B$, 则有

$$\lim_{x \to a} \frac{f(x)}{g(x)} = \begin{cases} \dfrac{A}{B}, & B \neq 0, \\ \infty, & A \neq 0, B = 0. \end{cases}$$

而当 $A = 0, B = 0$ 时, $\lim\limits_{x \to a} \dfrac{f(x)}{g(x)}$ 可能存在, 也可能不存在, 此时通常称 $\lim\limits_{x \to a} \dfrac{f(x)}{g(x)}$ 为 $\dfrac{0}{0}$ 型未定式极限. 本节就是利用柯西中值定理讨论求这种极限的方法, 称为洛必达法则. 其适用于以下七种未定式的极限:

$$\frac{0}{0}, \quad \frac{\infty}{\infty}, \quad \infty - \infty, \quad 0 \times \infty, \quad \infty^0, \quad 1^\infty, \quad 0^0.$$

3.2.1　$\dfrac{0}{0}$ 型未定式

考虑 $\lim\limits_{x \to a} \dfrac{f(x)}{g(x)} \left(\dfrac{0}{0} \right)$, 假设 $f(x)$, $g(x)$ 在 a 的某去心邻域 $\mathring{U}(a)$ 内可导, 且 $g'(x) \neq 0$, $f(a) = g(a) = 0$, 则由柯西中值定理有

$$\begin{aligned} \lim_{x \to a} \frac{f(x)}{g(x)} &= \lim_{x \to a} \frac{f(x) - f(a)}{g(x) - g(a)} = \lim_{x \to a} \frac{f'(\xi)}{g'(\xi)} \\ &= \lim_{\xi \to a} \frac{f'(\xi)}{g'(\xi)} = \lim_{x \to a} \frac{f'(x)}{g'(x)} \quad (\xi \text{介于} x \text{与} a \text{之间}). \end{aligned}$$

定理 3-2-1　设 $f(x)$, $g(x)$ 满足

(1) $\lim\limits_{x \to a} f(x) = \lim\limits_{x \to a} g(x) = 0$;

(2) 在 a 的某去心邻域内可导, 且 $g'(x) \neq 0$;

(3) $\lim\limits_{x \to a} \dfrac{f'(x)}{g'(x)} = A,$

则有

$$\lim_{x \to a} \frac{f(x)}{g(x)} = \lim_{x \to a} \frac{f'(x)}{g'(x)} = A. \tag{3-2-1}$$

证明 略.

注意 (1) 若 $\lim\limits_{x \to a} \dfrac{f'(x)}{g'(x)}$ 仍是 $\dfrac{0}{0}$ 型, 只要还满足定理条件, 就可继续定理中的过程, 即

$$\lim_{x \to a} \frac{f(x)}{g(x)} = \lim_{x \to a} \frac{f'(x)}{g'(x)} = \lim_{x \to a} \frac{f''(x)}{g''(x)},$$

依次可继续类推;

(2) 定理中的可以是有限数 A, 也可以是 ∞;

(3) 若极限过程换成 $x \to a^+, x \to a^-, x \to \infty, x \to +\infty, x \to -\infty$, 定理也成立. 例如,

$$\lim_{x \to \infty} \frac{f(x)}{g(x)} \left(\frac{0}{0} \right) \xlongequal{x = \frac{1}{t}} \lim_{t \to 0} \frac{f\left(\frac{1}{t}\right)}{g\left(\frac{1}{t}\right)} = \lim_{t \to 0} \frac{f'\left(\frac{1}{t}\right)\left(-\frac{1}{t^2}\right)}{g'\left(\frac{1}{t}\right)\left(-\frac{1}{t^2}\right)} = \lim_{t \to 0} \frac{f'\left(\frac{1}{t}\right)}{g'\left(\frac{1}{t}\right)} = \lim_{x \to \infty} \frac{f'(x)}{g'(x)}.$$

例 3-2-1 求 $\lim\limits_{x \to 0} \dfrac{\sin x}{x}$.

解 这是 $\dfrac{0}{0}$ 型, 用洛必达法则, 得

$$\lim_{x \to 0} \frac{\sin x}{x} = \lim_{x \to 0} \frac{\cos x}{1} = 1.$$

例 3-2-2 求 $\lim\limits_{x \to 0} \dfrac{\cos x - \sqrt{1+x}}{x^3}$.

解 这是 $\dfrac{0}{0}$ 型, 用洛必达法则, 得

$$\lim_{x \to 0} \frac{\cos x - \sqrt{1+x}}{x^3} = \lim_{x \to 0} \frac{-\sin x - \dfrac{1}{2\sqrt{1+x}}}{6x^2} = \infty.$$

例 3-2-3 求 $\lim\limits_{x \to \infty} \dfrac{\ln\left(1 + \dfrac{1}{x}\right)}{\mathrm{e}^{\frac{1}{x}} - 1}$.

解 这是 $\dfrac{0}{0}$ 型, 用洛必达法则, 得

$$\lim_{x \to \infty} \frac{\ln\left(1 + \dfrac{1}{x}\right)}{\mathrm{e}^{\frac{1}{x}} - 1} = \lim_{x \to \infty} \frac{1}{\left(1 + \dfrac{1}{x}\right)\mathrm{e}^{\frac{1}{x}}} = 1.$$

例 3-2-4　求 $\lim\limits_{x\to 0}\dfrac{e^x-1-x}{x^2}$.

解　这是 $\dfrac{0}{0}$ 型, 用洛必达法则, 得

$$\lim_{x\to 0}\frac{e^x-1-x}{x^2}=\lim_{x\to 0}\frac{e^x-1}{2x}=\lim_{x\to 0}\frac{e^x}{2}=\frac{1}{2}.$$

注　洛必达法则虽然是求未定式的一种有效方法, 但若能与其他求极限的方法结合使用, 效果则更好. 例如, 能化简时应尽可能先化简, 可以应用等价无穷小替换或应用重要极限时, 应尽可能应用, 以使运算尽可能简捷.

例 3-2-5　求 $\lim\limits_{x\to 0}\dfrac{\tan x-x}{x^2\tan x}$.

解　这是 $\dfrac{0}{0}$ 型, 注意到 $\tan x\sim x$, 则有

$$\begin{aligned}
\lim_{x\to 0}\frac{\tan x-x}{x^2\tan x}&=\lim_{x\to 0}\frac{\tan x-x}{x^3}=\lim_{x\to 0}\frac{\sec^2 x-1}{3x^2}\\
&=\lim_{x\to 0}\frac{2\sec^2 x\tan x}{6x}=\frac{1}{3}\lim_{x\to 0}\sec^2 x\cdot\lim_{x\to 0}\frac{\tan x}{x}\\
&=\frac{1}{3}\lim_{x\to 0}\frac{\tan x}{x}=\frac{1}{3}.
\end{aligned}$$

例 3-2-6　求 $\lim\limits_{x\to 0}\dfrac{3x-\sin 3x}{(1-\cos x)\ln(1+2x)}$.

解　这是 $\dfrac{0}{0}$ 型, 当 $x\to 0$ 时, $1-\cos x\sim\dfrac{1}{2}x^2,\ln(1+2x)\sim 2x$, 故

$$\lim_{x\to 0}\frac{3x-\sin 3x}{(1-\cos x)\ln(1+2x)}=\lim_{x\to 0}\frac{3x-\sin 3x}{x^3}=\lim_{x\to 0}\frac{3-3\cos 3x}{3x^2}=\lim_{x\to 0}\frac{3\sin 3x}{2x}=\frac{9}{2}.$$

注　$\lim\limits_{x\to a}\dfrac{f'(x)}{g'(x)}$ 可能存在, 也可能不存在. 当不存在时, 洛必达法则不能用, 但并不说明 $\lim\limits_{x\to a}\dfrac{f(x)}{g(x)}$ 不存在, 此时可以寻求其他办法. 如对于 $\lim\limits_{x\to\infty}\dfrac{x-\sin x}{x+\sin x}$,

$$\lim_{x\to\infty}\frac{(x-\sin x)'}{(x+\sin x)'}=\lim_{x\to\infty}\frac{1-\cos x}{1+\cos x},$$

此极限不存在, 但

$$\lim_{x\to\infty}\frac{x-\sin x}{x+\sin x}=\lim_{x\to\infty}\frac{1-\dfrac{1}{x}\sin x}{1+\dfrac{1}{x}\sin x}=1.$$

3.2.2 $\dfrac{\infty}{\infty}$ 型未定式

定理 3-2-2 设 $f(x)$, $g(x)$满足

(1) $\lim\limits_{x \to a} f(x) = \lim\limits_{x \to a} g(x) = \infty$;

(2) 在 a的某去心邻域内可导, 且$g'(x) \neq 0$;

(3) $\lim\limits_{x \to a} \dfrac{f'(x)}{g'(x)} = A$,

则有

$$\lim_{x \to a} \frac{f(x)}{g(x)} = \lim_{x \to a} \frac{f'(x)}{g'(x)} = A.$$

证明 略.

注 若极限过程换成 $x \to a^+, x \to a^-, x \to \infty, x \to +\infty, x \to -\infty$, 定理也成立.

例 3-2-7 求 $\lim\limits_{x \to +\infty} \dfrac{\ln x}{x^{1/2}}$.

解 这是 $\dfrac{\infty}{\infty}$ 型, 用洛必达法则, 得

$$\lim_{x \to +\infty} \frac{\ln x}{x^{\frac{1}{2}}} = \lim_{x \to +\infty} \frac{2}{\sqrt{x}} = 0.$$

例 3-2-8 求 $\lim\limits_{x \to 0^+} \dfrac{\ln \cot x}{\ln x}$.

解 这是 $\dfrac{\infty}{\infty}$ 型, 用洛必达法则, 得

$$\lim_{x \to 0^+} \frac{\ln \cot x}{\ln x} = \lim_{x \to 0^+} \frac{\dfrac{1}{\cot x} \cdot \left(-\dfrac{1}{\sin^2 x} \right)}{\dfrac{1}{x}} = -\lim_{x \to 0^+} \frac{x}{\sin x \cos x}$$

$$= -\lim_{x \to 0^+} \frac{x}{\sin x} \cdot \lim_{x \to 0^+} \frac{1}{\cos x} = -1.$$

例 3-2-9 求 $\lim\limits_{x \to +\infty} \dfrac{x^n}{\mathrm{e}^{\lambda x}}$ (n 为正整数, $\lambda > 0$).

解 这是 $\dfrac{\infty}{\infty}$ 型, 反复应用洛必达法则 n 次, 得

$$原式 = \lim_{x \to +\infty} \frac{nx^{n-1}}{\lambda \mathrm{e}^{\lambda x}} = \lim_{x \to +\infty} \frac{n(n-1)x^{n-2}}{\lambda^2 \mathrm{e}^{\lambda x}} = \cdots = \lim_{x \to +\infty} \frac{n!}{\lambda^n \mathrm{e}^{\lambda x}} = 0.$$

3.2.3 其他类型未定式

$0 \cdot \infty, \infty - \infty, 0^0, 1^\infty, \infty^0$ 等, 它们都可以通过恒等变形或取对数转化为前两种未定式, 再用洛必达法则来计算.

例 3-2-10 求 $\lim\limits_{x \to +\infty} x^{-2} \mathrm{e}^x$.

解　这是 $0 \cdot \infty$ 型, 可将乘积化为除的形式, 即化为 $\dfrac{0}{0}$ 或 $\dfrac{\infty}{\infty}$ 型的未定式来计算.

$$\lim_{x \to +\infty} x^{-2} \mathrm{e}^x = \lim_{x \to +\infty} \frac{\mathrm{e}^x}{x^2} = \lim_{x \to +\infty} \frac{\mathrm{e}^x}{2x} = \lim_{x \to +\infty} \frac{\mathrm{e}^x}{2} = +\infty.$$

例 3-2-11　求 $\lim\limits_{x \to \frac{\pi}{2}} (\sec x - \tan x)$.

解　这是 $\infty - \infty$ 型, 可利用通分化为 $\dfrac{0}{0}$ 型的未定式来计算.

$$\lim_{x \to \frac{\pi}{2}} (\sec x - \tan x) = \lim_{x \to \frac{\pi}{2}} \left(\frac{1}{\cos x} - \frac{\sin x}{\cos x} \right) = \lim_{x \to \frac{\pi}{2}} \frac{1 - \sin x}{\cos x} = \lim_{x \to \frac{\pi}{2}} \frac{-\cos x}{-\sin x} = \frac{0}{1} = 0.$$

例 3-2-12　求 $\lim\limits_{x \to 0} \left(\dfrac{1}{\sin x} - \dfrac{1}{x} \right)$.

解　这是 $\infty - \infty$ 型,

$$\lim_{x \to 0} \left(\frac{1}{\sin x} - \frac{1}{x} \right) = \lim_{x \to 0} \frac{x - \sin x}{x \cdot \sin x} = \lim_{x \to 0} \frac{x - \sin x}{x^2} = \lim_{x \to 0} \frac{1 - \cos x}{2x} = \lim_{x \to 0} \frac{\sin x}{2} = 0.$$

例 3-2-13　求 $\lim\limits_{x \to \infty} [(2 + x) \mathrm{e}^{1/x} - x]$.

解　这是 $\infty - \infty$ 型,

$$原式 = \lim_{x \to \infty} x \left[\left(\frac{2}{x} + 1 \right) \mathrm{e}^{\frac{1}{x}} - 1 \right] = \lim_{x \to \infty} \frac{\left(1 + \dfrac{2}{x} \right) \mathrm{e}^{\frac{1}{x}} - 1}{\dfrac{1}{x}}.$$

直接用洛必达法则, 计算量较大. 为此作变量替换, 令 $t = \dfrac{1}{x}$, 则当 $t \to \infty$ 时, $t \to 0$, 所以

$$\lim_{x \to \infty} [(2 + x) \mathrm{e}^{\frac{1}{x}} - x] = \lim_{t \to 0} \frac{(1 + 2t) \mathrm{e}^t - 1}{t} = \lim_{t \to 0} \frac{2 + (2t + 1)}{1} \mathrm{e}^t = 3.$$

对于 0^0, 1^∞, ∞^0 型的做题步骤如下:

$$\left. \begin{array}{r} 0^0 \\ 1^\infty \\ \infty^0 \end{array} \right\} \xRightarrow{\text{取对数}} \left\{ \begin{array}{l} 0 \cdot \ln 0 \\ \infty \cdot \ln 1 \\ 0 \cdot \ln \infty \end{array} \right. \Rightarrow 0 \cdot \infty.$$

例 3-2-14　求 $\lim\limits_{x \to 0} x^x$.

解　这是 0^0 型,

$$\lim_{x \to 0^+} x^x = \lim_{x \to 0^+} \mathrm{e}^{x \ln x} = \mathrm{e}^{\lim\limits_{x \to 0^+} x \ln x} = \mathrm{e}^{\lim\limits_{x \to 0^+} \frac{\ln x}{\frac{1}{x}}} = \mathrm{e}^{\lim\limits_{x \to 0^+} \frac{1/x}{-1/x^2}} = \mathrm{e}^0 = 1.$$

习 题 3-2

1. 利用洛必达法则求下列极限:

(1) $\lim\limits_{x\to 0}\dfrac{e^x - e^{-x}}{x}$;

(2) $\lim\limits_{x\to 1}\dfrac{\ln x}{x-1}$;

(3) $\lim\limits_{x\to 1}\dfrac{x^3 - 3x^2 + 2}{x^3 - x^2 - x + 1}$;

(4) $\lim\limits_{x\to \frac{\pi}{2}+}\dfrac{\ln\left(x - \dfrac{\pi}{2}\right)}{\tan x}$;

(5) $\lim\limits_{x\to a}\dfrac{ax^3 - x^4}{a^4 - 2a^3 x + 2ax^3 - x^4}$, $a \neq 0$;

(6) $\lim\limits_{x\to +\infty}\dfrac{x^n}{e^x}$, n 为正整数;

(7) $\lim\limits_{x\to +\infty}\dfrac{\ln\left(1 + \dfrac{1}{x}\right)}{\operatorname{arccot} x}$;

(8) $\lim\limits_{x\to 0+}x^m \ln x$, $m > 0$;

(9) $\lim\limits_{x\to 0}\left(\dfrac{1}{x} - \dfrac{1}{e^x - 1}\right)$;

(10) $\lim\limits_{x\to 0}(1 + \sin x)^{\frac{1}{x}}$;

(11) $\lim\limits_{x\to 0+}\left(\ln\dfrac{1}{x}\right)^x$;

(12) $\lim\limits_{x\to 0+}x^{\sin x}$.

2. 求下列极限:

(1) $\lim\limits_{x\to 0}\dfrac{\sqrt{1 + x^3} - 1}{1 - \cos\sqrt{x - \sin x}}$;

(2) $\lim\limits_{x\to 0}\dfrac{\sqrt{1 + \tan x} - \sqrt{1 + \sin x}}{x\ln(1 + x) - x^2}$.

3. 设函数 $f(x) = \begin{cases} \dfrac{\ln(1 + kx)}{x}, & x \neq 0, \\ -1, & x = 0, \end{cases}$ 若 $f(x)$ 在点 $x = 0$ 处可导, 求 k 与 $f'(0)$ 的值.

4. 设函数 $f(x) = \begin{cases} \dfrac{1 - \cos x}{x^2}, & x > 0, \\ k, & x = 0, \\ \dfrac{1}{x} - \dfrac{1}{e^x - 1}, & x < 0, \end{cases}$ 当 k 为何值时, $f(x)$ 在点 $x = 0$ 处连续?

课堂练习 3-2

1. 求 $\lim\limits_{x\to 0}\dfrac{x - \ln(1 + x)}{x^2}$.

2. 求 $\lim\limits_{x\to 0}\left(\dfrac{1}{\ln(1 + x)} - \dfrac{1}{x}\right)$.

3. 求 $\lim\limits_{x\to \frac{\pi}{6}}\dfrac{1 - 2\sin x}{\cos 3x}$.

4. 求 $\lim\limits_{x\to 0+}x^{\tan x}$.

5. 求 $\lim\limits_{x\to 0}\dfrac{e^x - e^{\sin x}}{x - \sin x}$.

3.3　函数的单调性及曲线的凹凸性与拐点

我们已经会用初等数学的方法研究一些函数的单调性和某些简单函数的性质, 但这些方法使用范围狭小, 不具有一般性. 本节将以导数为工具, 介绍判断函数单调性和凹凸性的简便且具有一般性的方法. 研究这些性质有着广泛的用途.

3.3.1　函数的单调性

如图 3-3 所示, 函数在 $[a, b]$ 区间上单调增加, 若在 (a, b) 上任取一点, 可以看出曲线相应点处的切线斜率大于零.

如图 3-4 所示, 函数在 $[a, b]$ 上单调减少, 若在 (a, b) 上任取一点, 曲线上相应点处的切线斜率小于零. 因此, 函数的单调性与导数的符号有密切的关系, 下面给出用导数的符号判定函数单调性的方法.

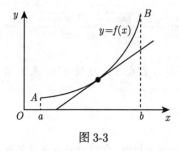

图 3-3

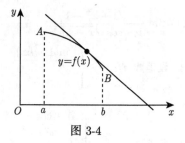

图 3-4

定理 3-3-1 (函数单调性判定定理)　设函数 $f(x)$ 在 $[a, b]$ 上连续, (a, b) 内可导,

(1) 如果在 (a, b) 内 $f'(x) > 0$, 则函数 $f(x)$ 在 $[a, b]$ 上单调增加;

(2) 如果在 (a, b) 内 $f'(x) < 0$, 则函数 $f(x)$ 在 $[a, b]$ 上单调减少.

证明　在 $[a, b]$ 上任取两点 x_1, x_2 且 $x_1 < x_2$, 则由拉格朗日中值定理有 $f'(\xi) = \dfrac{f(x_2) - f(x_1)}{x_2 - x_1}$, 其中 $\xi \in (x_1, x_2)$.

(1) 若 $f'(x) > 0$, 则 $f'(\xi) > 0$, 于是

$$\frac{f(x_2) - f(x_1)}{x_2 - x_1} > 0.$$

因为 $x_2 - x_1 > 0$, 所以 $f(x_2) - f(x_1) > 0$, 即当 $x_2 > x_1$ 时, 有

$$f(x_2) > f(x_1).$$

因此, $f(x)$ 在 $[a, b]$ 上单调增加.

(2) 对于 $f'(x) < 0$ 的情形, 其证法与 (1) 类似.

注 若把定理中的闭区间 $[a, b]$ 换成其他任一类型的区间, 结论也成立.

例 3-3-1 判定函数 $y = x - \sin x$ 在 $[0, 2\pi]$ 上的单调性.

解 因为在 $(0, 2\pi)$ 内 $y' = 1 - \cos x > 0$, 所以由判定定理可知, 函数 $y = x - \sin x$ 在 $[0, 2\pi]$ 上单调增加.

例 3-3-2 讨论函数 $f(x) = (x+1)^2(x-2)^3$ 的单调性.

解 $f'(x) = 2(x+1)(x-2)^3 + 3(x+1)^2(x-2)^2 = (x+1)(x-2)^2(5x-1)$.

$f(x)$ 在 $(-\infty, +\infty)$ 内连续, 当 $x < -1$ 时, $f'(x) > 0$, 所以 $f(x)$ 在 $(-\infty, -1]$ 上单调增加; 当 $-1 < x < \dfrac{1}{5}$ 时, $f'(x) < 0$, 所以 $f(x)$ 在 $\left[-1, \dfrac{1}{5}\right]$ 上单调减少; 当 $x > \dfrac{1}{5}$ 时, $f'(x) > 0$, 所以 $f(x)$ 在 $\left[\dfrac{1}{5}, +\infty\right)$ 上单调增加.

例 3-3-3 讨论函数 $y = \sqrt[3]{x^2}$ 的单调性 (图 3-5).

解 $f(x)$ 在 $(-\infty, +\infty)$ 上连续.

当 $x \neq 0$ 时, 有 $f'(x) = \dfrac{2}{3\sqrt[3]{x}}$. 当 $x = 0$ 时, 函数的导数不存在.

当 $x \in (-\infty, 0)$ 时, $f'(x) < 0$, 所以函数 $f(x)$ 在 $(-\infty, 0]$ 上单调减少.

当 $x \in (0, +\infty)$ 时, $f'(x) > 0$, 所以函数 $f(x)$ 在 $[0, +\infty)$ 上单调增加.

从以上两例我们注意到, 函数在其定义区间上不一定是单调的, 但用导数等于零的点 (驻点) 和导数不存在的点来划分定义区间以后, 就可以确定函数在各个部分区间上的单调性.

注 函数单调区间的分界点是函数的驻点和导数不存在的点, 但反之, 驻点和导数不存在的点不一定是单调区间的分界点.

例如, 函数 $f(x) = x^3$, $x = 0$ 是函数的驻点, 但在 $(-\infty, 0]$ 及 $[0, +\infty)$ 上均有 $f'(x) > 0$, 所以 $f(x) = x^3$ 在 $(-\infty, +\infty)$ 上是单调增加的, 如图 3-6.

利用函数的单调性还可证明不等式和讨论方程的根.

例 3-3-4 证明: 当 $x > 1$ 时 $2\sqrt{x} > 3 - \dfrac{1}{x}$.

证明 设 $f(x) = 2\sqrt{x} - \left(3 - \dfrac{1}{x}\right)$, 则

$$f'(x) = \frac{1}{\sqrt{x}} - \frac{1}{x^2} = \frac{1}{x^2}\left(x\sqrt{x} - 1\right).$$

$f(x)$ 在 $[1, +\infty)$ 上连续, 在 $[1, +\infty)$ 内 $f'(x) > 0$, 因此在 $[1, +\infty)$ 上 $f(x)$ 单调增加, 从而当 $x > 1$ 时, $f(x) > f(1)$. 由于 $f(1) = 0$, 故 $f(x) > f(1) = 0$, 即

$$2\sqrt{x} - \left(3 - \frac{1}{x}\right) > 0, \quad 2\sqrt{x} > 3 - \frac{1}{x} \quad (x > 1).$$

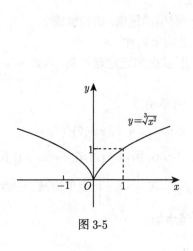

图 3-5

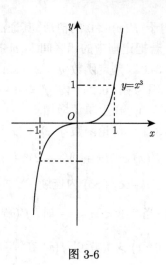

图 3-6

例 3-3-5　讨论方程 $x^3 + x^2 + 2x - 1 = 0$ 在 $(0,1)$ 内只有一个实根.

解　设 $f(x) = x^3 + x^2 + 2x - 1, f'(x) = 3x^2 + 2x + 2$.

当 $x \in [0,1]$ 时, $f(x)$ 连续, 且 $f(0) = -1, f(1) = 3$, 所以根据零点定理, $y = f(x)$ 在 $(0,1)$ 内的图形与 x 轴至少有一个交点, 又因为 $f'(x) > 0$, 所以 $f(x)$ 在 $[0,1]$ 上单调区间增加, 因此 $y = f(x)$ 在 $(0,1)$ 内的图形与 x 轴至多有一个交点, 所以原方程在 $(0,1)$ 内只有一个根.

例 3-3-6　证明方程 $\ln x = \dfrac{x}{e} - 1$ 在区间 $(0, +\infty)$ 内有两个实根.

证明　令 $f(x) = \ln x - \dfrac{x}{e} + 1$, 欲证题设结论等价于证 $f(x)$ 在 $(0, +\infty)$ 内有两个零点. 令 $f'(x) = \dfrac{1}{x} - \dfrac{1}{e} = 0 \Rightarrow x = e$. 因为 $f(e) = 1 > 0$,

(1) $\lim\limits_{x \to 0^+} f(x) = \lim\limits_{x \to 0^+} \left(\ln x - \dfrac{x}{e} + 1 \right) = -\infty$, 故 $f(x)$ 在 $(0, e)$ 内至少有一零点. 又因为在 $(0, e)$ 内 $f'(x) > 0$, 故 $f(x)$ 在 $(0, e)$ 内单调增加, 所以 $f(x)$ 在 $(0, e)$ 内有唯一零点.

(2) $\lim\limits_{x \to +\infty} f(x) = \lim\limits_{x \to +\infty} \left(\ln x - \dfrac{x}{e} + 1 \right) = \lim\limits_{x \to +\infty} x \left(\dfrac{\ln x}{x} - \dfrac{1}{e} + \dfrac{1}{x} \right) = -\infty$, 故 $f(x)$ 在 $(e, +\infty)$ 内至少有一零点.

又因为在 $(e, +\infty)$ 内 $f'(x) < 0$, 故 $f(x)$ 在 $(e, +\infty)$ 内单调减少, 所以 $f(x)$ 在 $(e, +\infty)$ 内有唯一零点.

故方程 $\ln x = \dfrac{x}{e} - 1$ 在区间 $(0, +\infty)$ 内有两个实根.

3.3.2　曲线的凹凸性与拐点

研究函数的增减性对描绘函数图形是很有帮助的, 但这还不能完全反映函数曲线变化规律. 例如, 函数 $y = x^2$ 与 $y = \sqrt{x}$ 在 $x \geqslant 0$ 时都是单调增加的, 但其图形有很大的差异 (图 3-7).

$y = x^2$ 位于它的每一条切线的上方, 其曲线是向上弯曲的; 而 $y = \sqrt{x}$ 位于它的每一条切线的下方, 其曲线是向下弯曲的. 对上述两种形式的曲线给出如下定义.

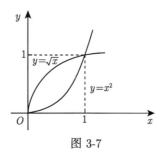

图 3-7

定义 3-3-1 设函数 $y = f(x)$在区间(a,b)内可导, 若曲线 $y = f(x)$在(a,b)内每一点的切线都位于该曲线的上 (下) 方, 则称曲线$y = f(x)$在区间(a,b) 内是凸 (凹) 的.

由定义知曲线 $y = x^2$ 在 $(0, +\infty)$ 内是凹的, $y = \sqrt{x}$ 在 $(0, +\infty)$ 内是凸的.

如果函数 $f(x)$ 在区间 I 内可导, 即曲线 $f(x)$ 在区间 I 内处处有切线, 则其凹凸性可以用另一种方式来描述, 并给出利用导数 $f'(x)$ 进行判别的方法.

观察图 3-7, 如果曲线是凹的, 如曲线 $y = x^2$, 则曲线的切线斜率即导数 $f'(x)$ 是单调增加的; 同样, 如果曲线是凸的, 如曲线 $y = \sqrt{x}$, 则曲线的切线斜率即导数 $f'(x)$ 是单调减少的.

由上面的结果知道, 导数 $f'(x)$ 的单调性, 可用它的导数即 $f(x)$ 的二阶导数 $f''(x)$ 的符号来判定.

假若函数 $f(x)$ 在区间内二阶可导, 则当 $f''(x) > 0$ $(x \in I)$ 时, $f'(x)$ 在 I 上单调增加; 当 $f''(x) < 0$ $(x \in I)$ 时, $f'(x)$ 在 I 上单调减少, 从而得到如下定理.

定理 3-3-2 (曲线凹凸性的判别定理) 设$f(x)$在$[a,b]$上连续, 在(a,b)内有二阶导数,

(1) 当$x \in (a,b)$时, $f''(x) > 0$, 则$f(x)$在$[a,b]$上的图形是凹的;

(2) 当$x \in (a,b)$时, $f''(x) < 0$, 则$f(x)$在$[a,b]$上的图形是凸的.

证明 略.

例 3-3-7 判定曲线 $f(x) = e^x$ 的凹凸性.

解 因为 $f'(x) = e^x, f''(x) = e^x > 0(-\infty < x < +\infty)$, 所以曲线在 $(-\infty, +\infty)$ 上是凹的.

例 3-3-8 讨论曲线 $f(x) = x^3$ 的凹凸区间.

解 因为 $f'(x) = 3x^2, f''(x) = 6x$, 所以在 $(0, +\infty)$ 上 $f''(x) > 0$, 曲线是凹的; 在 $(-\infty, 0)$ 上 $f''(x) < 0$, 曲线是凸的.

定义 3-3-2 设点$M(x_0, f(x_0))$为曲线$y = f(x)$上一点, 若曲线在点M两侧存在不同的凹凸性, 则称点 M为曲线$y = f(x)$的一个拐点.

定理 3-3-3 设 $f(x)$ 在 x_0 的某邻域$U(x_0)$内连续, 在去心邻域$\mathring{U}(x_0)$内:

(1) 若在x_0的两侧$f''(x)$异号, 则点$(x_0, f(x_0))$是曲线$y = f(x)$的一个拐点;

(2) 若在x_0的两侧$f''(x)$同号, 则点$(x_0, f(x_0))$不是曲线$y = f(x)$的拐点.

例 3-3-9　讨论曲线 $f(x) = \ln(1 + x^2)$ 的凹凸区间与拐点.

解　函数的定义式为 $(-\infty, +\infty)$,

$$f'(x) = \frac{2x}{x^2 + 1}, \quad f''(x) = \frac{2(1 - x^2)}{(1 + x^2)^2} = \frac{2(1 - x)(1 + x)}{(1 + x^2)^2},$$

令 $f''(x) = 0$, 得 $x_1 = -1, x_2 = 1$, 函数 $f(x)$ 没有二阶导数不存在点.

在 $(-\infty, -1)$ 和 $(1, +\infty)$ 内 $f''(x) < 0$, 曲线是凸的. 在 $(-1, 1)$ 内 $f''(x) > 0$, 曲线是凹的.

在 $x = \pm 1$ 的两侧 $f''(x)$ 异号, 所以点 $(-1, \ln 2)$ 和 $(1, \ln 2)$ 是曲线的拐点.

最后, 给出曲线凸、凹的另一种定义.

定义 3-3-3　设函数 $f(x)$ 在区间 I 上连续, 如果对 I 上任意两点 x_1 和 x_2, 总有

$$f\left(\frac{x_1 + x_2}{2}\right) < \frac{f(x_1) + f(x_2)}{2},$$

则称函数 $f(x)$ 的图像在 I 上是凹的; 如果总有

$$f\left(\frac{x_1 + x_2}{2}\right) > \frac{f(x_1) + f(x_2)}{2},$$

则称函数 $f(x)$ 的图像在 I 上是凸的, 如图 3-8.

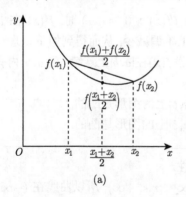 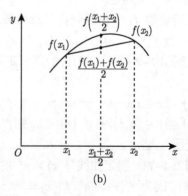

|　　(a)　　|　　(b)　　|

图 3-8

例 3-3-10　证明不等式 $\dfrac{e^x + e^y}{2} > e^{\frac{x+y}{2}}, x \neq y$.

证明　设 $f(t) = e^t$, 因为 $f'(t) = e^t, f''(t) = e^t > 0$, 当 $t \in (-\infty, +\infty)$ 时, $f(x)$ 为凹曲线, 因此, 对于任意地 x, y $(x \neq y)$, 有

$$\frac{e^x + e^y}{2} > e^{\frac{x+y}{2}}, \quad x \neq y.$$

习 题 3-3

1. 研究下列函数的单调性:

(1) $f(x) = \arctan x - x$;

(2) $f(x) = x + \cos x (0 \leqslant x \leqslant 2\pi)$.

2. 确定下列函数的单调区间:

(1) $y = 2x + \dfrac{8}{x}(x > 0)$;

(2) $y = \ln(x + \sqrt{1 + x^2})$;

(3) $y = 2\sin x + \cos 2x, 0 \leqslant x \leqslant 2\pi$;

(4) $y = xe^{-x}\,(x \geqslant 0)$;

(5) $y = \dfrac{\ln x}{x}$.

3. 证明下列不等式:

(1) $x > 0, e^x > 1 + x$;

(2) $x > 0, 1 + x\ln(x + \sqrt{1 + x^2}) > \sqrt{1 + x^2}$;

(3) $0 < x < \dfrac{\pi}{2}, \tan x > x + \dfrac{1}{3}x^3$;

(4) 若 $0 < x_1 < x_2 < 2$, 证明: $\dfrac{e^{x_1}}{x_1^2} > \dfrac{e^{x_2}}{x_2^2}$.

4. 讨论下列方程有几个实根:

(1) $x = \cos x$;

(2) $\ln x = ax, a > 0$.

5. 证明函数 $y = \sin x - x$ 单调减少.

课堂练习 3-3

1. 求函数 $y = 2x^3 + x^2 - 4x + 3$ 的单调区间.

2. 求函数 $y = x^3 - 3x^2 - 9x + 14$ 的单调区间.

3. 试证 $y = x\sin x$ 的拐点在曲线 $y^2 = \dfrac{4x^2}{4 + x^2}$ 上.

4. 若 $x > 0$, 证明 $e^x > 1 + x$.

5. 设 $x > 0$, 证明 $x - \dfrac{x^2}{2} < \ln(1 + x) < x$.

3.4 函数的极值与最值及函数图形的描绘

在讨论函数的单调性时, 曾遇到这样的情形, 函数先是单调增加 (减少), 到达某一点后又变为单调减少 (增加), 这一类点实际上就是使函数单调性发生变化的分界点. 如在图 3-9 中, 点 $x = x_1$ 和 $x = x_2$ 就是具有这样性质的点, 易见, 对 $x = x_1$ 的某个邻域内的任一点 $x(x \neq x_1)$, 恒有 $f(x) > f(x_1)$, 即曲线在点 $(x_1, f(x_1))$ 处达到 "谷底"; 同样, 对 $x = x_2$ 的某个邻域内的任一点 $x(x \neq x_2)$, 恒有 $f(x) < f(x_2)$, 即曲线在点 $(x_2, f(x_2))$ 处达到 "峰顶". 具有这种性质的点在实际应用中有着重要的意义. 由此我们要引入函数极值的概念.

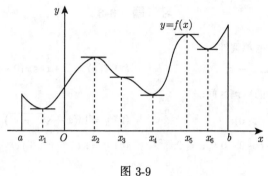

图 3-9

3.4.1 函数的极值

定义 3-4-1　设函数$f(x)$在x_0的邻域$U(x_0)$内有定义, 若对于该邻域内异于x_0的 x恒有

(1) $f(x_0) > f(x)$, 则称 $f(x_0)$ 为函数的极大值, x_0 称为 $f(x)$ 的极大值点;

(2) $f(x_0) < f(x)$, 则称$f(x_0)$为函数的极小值, x_0称为$f(x)$的极小值点.

函数的极大值、极小值统称为函数的极值, 极大值点、极小值点统称为极值点.

注　(1) 极值是函数在一个小范围内最大的值和最小的值, 是函数的局部特性, 而函数的最大值与最小值则是函数在指定区域内的最大值和最小值, 是函数的整体性态, 两者不可混淆.

(2) 一个函数可能有若干个极大值或极小值, 而且有的极小值可能比有的极大值还大, 如图 3-10 中, x_2, x_5 为 $f(x)$ 的极大值点, x_1, x_4, x_6 为极小值点.

下面讨论函数极值点应是怎样的点? 也就是极值点存在的必要条件是什么?

若点 x_0 是函数 $f(x)$ 的极值点, 则 x_0 可能是函数 $f(x)$ 的驻点或导数不存在的点.

定理 3-4-1　如果函数 $f(x)$在x_0可导, 且x_0是$f(x)$的极值点, 则$f'(x_0) = 0$.

证明　由 $f(x)$ 在 x_0 可导, 且 x_0 是函数 $f(x)$ 的极值点, 根据费马定理得$f'(x_0) = 0$, 定理得证.

必须指出：函数的极值点是它的驻点或导数不存在的点, 反之, 函数的驻点或导数不存在的点未必是它的极值点.

那么, 什么样的点一定是极值点呢? 也就是极值点存在的充分必要条件是什么? 下面给出判定极值点的两个充分条件.

定理 3-4-2(极值存在的第一充分条件)　设函数 $f(x)$ 在点 x_0 处连续且在 x_0 的某去心邻域内 $\overset{\circ}{U}(x_0, \delta)$ 内可导,

(1) 若$x \in (x_0 - \delta, x_0)$时$f'(x) < 0$, 而$x \in (x_0, x_0 + \delta)$时$f'(x) > 0$时, 则$f(x)$在点$x_0$ 取极小值;

(2) 若 $x \in (x_0 - \delta, x_0)$ 时 $f'(x) > 0$, 而 $x \in (x_0, x_0 + \delta)$ 时 $f'(x) < 0$ 时, 则 $f(x)$ 在点 x_0 取极大值;

(3) 若 $f'(x)$ 在 x_0 的左右两侧同号, 则 x_0 不是函数 $f(x)$ 的极值点.

证明 略.

根据上面两个定理, 讨论函数极值的一般步骤为

(1) 求函数 $f(x)$ 的定义域, 并求出 $f'(x)$;

(2) 由 $f'(x)$ 找出可能的极值点 (驻点和导数不存在的点);

(3) 考察在每个可能的极值点两边 $f'(x)$ 的符号, 判定其是否为极值点;

(4) 在极值点处计算出函数的极值.

例 3-4-1 求出函数 $f(x) = x^3 - 3x^2 - 9x + 5$ 的极值.

解 $f'(x) = 3x^2 - 6x - 9 = 3(x+1)(x-3)$, 令 $f'(x) = 0$, 得驻点 $x_1 = -1, x_2 = 3$.
列表讨论如下:

x	$(-\infty, -1)$	-1	$(-1, 3)$	3	$(3, +\infty)$
$f'(x)$	$+$	0	$-$	0	$+$
$f(x)$	$\uparrow$	极大值	$\downarrow$	极小值	$\uparrow$

所以, 极大值 $f(-1) = 10$, 极小值 $f(3) = -22$.

例 3-4-2 求函数 $y = \dfrac{(x-2)^3}{x}$ 的极值.

解 函数的定义域为 $(-\infty, 0)$ 及 $(0, +\infty)$, 当 $x \neq 0$ 时, $y' = \dfrac{2(x-2)^2(x+1)}{x^2}$, 令 $y' = 0$ 解得驻点, $x_1 = -1, x_2 = 2$.

当 $(-\infty, -1]$ 时, $y' < 0$, 当 $x \in (-1, 0) \bigcup (0, 2) \bigcup (2, +\infty)$ 时, $y' > 0$, 根据极值存在的第一充要条件, $x = -1$ 是函数的极小值点, 所以 $f(-1) = 27$ 是函数的极小值; $x = 2$ 不是函数的极值点.

例 3-4-3 求函数 $f(x) = \sqrt[3]{x(1-x)^2}$ 的极值.

解 函数的定义域为 $(-\infty, +\infty)$, $f'(x) = \dfrac{1 - 3x}{3\sqrt[3]{x^2(1-x)}}$.

令 $f'(x_0) = 0$ 得驻点 $x_1 = \dfrac{1}{3}$, 而 $x_2 = 0$ 及 $x_2 = 1$ 为函数不可导点.

当 $x \in (-\infty, 0) \bigcup \left(0, \dfrac{1}{3}\right) \bigcup (1, +\infty)$ 时, $f'(x) > 0$;

当 $x \in \left(\dfrac{1}{3}, 1\right)$ 时, $f'(x) < 0$.

由极值存在的第一充要条件, $x = \dfrac{1}{3}$ 是函数的极大值点, $f\left(\dfrac{1}{3}\right) = \dfrac{1}{3}\sqrt[3]{4}$ 为极大值, $x = 1$ 是函数的极小值点, $f(1) = 0$ 为极小值; $x = 0$ 不是极值点.

如果函数的二阶导数易于计算, 则可直接在函数的驻点处求得二阶导数进行判断, 一般无须考察函数在驻点左右一阶导数的符号.

定理 3-4-3 (极值存在的第二充分条件)　设函数$f(x)$在x_0处具有二阶导数, 且$f'(x_0) = 0$, $f''(x_0) \neq 0$, 则

(1) 当$f''(x_0) < 0$时, $f(x)$在x_0处取得极大值;

(2) 当$f''(x_0) > 0$时, $f(x)$在x_0处取得极小值.

证明　对 $f''(x) < 0$ 情形给出证明 ($f''(x) > 0$ 时证明类似).

由二阶导数定义, 有 $f''(x_0) = \lim\limits_{x \to x_0} \dfrac{f'(x) - f'(x_0)}{x - x_0} = \lim\limits_{x \to x_0} \dfrac{f'(x)}{x - x_0} < 0$.

根据极限的保号性, 存在 x_0 的去心邻域 $\mathring{U}(x_0, \delta)$, 当 $x \in \mathring{U}(x_0, \delta)$ 时, 有 $\dfrac{f'(x)}{x - x_0} < 0$, 因此, 当 $x \in (x_0 - \delta, x_0)$ 时, $f'(x) > 0$; 当 $x \in (x_0, x_0 + \delta)$ 时, $f'(x) < 0$, 由第一充分条件知, $f(x)$ 在点 x_0 取得极大值.

注　此定理对 $f''(x) = 0$ 的情形失效, 这时用极值存在的第一充分条件判断.

例 3-4-4　求出函数 $f(x) = x^3 + 3x^2 - 24x - 20$ 的极值.

解　$f'(x) = 3x^2 + 6x - 24 = 3(x + 4)(x - 2)$, 令 $f'(x) = 0$, 得驻点 $x_1 = -4, x_2 = 2$. 又 $f''(x) = 6x + 6$, 因为 $f''(-4) = -18 < 0$, 故极大值 $f(-4) = 60$; 因为 $f''(2) = 18 > 0$, 故极小值 $f(2) = -48$.

例 3-4-5　求函数 $f(x) = (x^2 - 1)^3 + 2$ 的极值.

解　函数的定义域为 $(-\infty, +\infty)$, $f'(x) = 6x(x^2 - 1)^2 = 6x(x - 1)^2(x + 1)^2$.

令 $f'(x) = 0$, 得驻点 $x_1 = -1, x_2 = 0, x_3 = 1$; $f''(x) = 6(x^2 - 1)(5x^2 - 1)$. 由于 $f''(0) = 6 > 0$, 故 $x = 0$ 为函数的极小值点, $f(0) = 1$ 为极小值; 而 $f''(-1) = f''(1) = 0$, 不能用第二充分条件判断, 又在 $x = -1$ 与 $x = 1$ 的左右区间内 $f'(x)$ 同号, 由第一充分条件知 $x = -1$ 与 $x = 1$ 不是极值点.

3.4.2　函数的最值

在许多生产活动和科技实践中, 常会遇到这样一类问题: 在一定条件下, 怎样才能使产量最多、用料最省、成本最低、利润最大、射程最远、承受强度最大等问题. 这类问题在数学上都可归结为求某个函数 (称为目标函数) 的最大值或最小值问题.

对于一般的函数, 不一定有最大值或最小值, 但如果 $f(x)$ 是 $[a, b]$ 上的连续函数, 由闭区间上连续的性质可知, $f(x)$ 在 $[a, b]$ 上一定有最大值和最小值. 如图 3-9 所示, 有界闭区间 $[a, b]$ 上连续的函数 $f(x)$ 的最大值和最小值点, 或者出现在区间的内部 (x_1 为最小值点), 或者出现在区间的端点 (b 为最大值点). 因此, 我们得到求这类函数的最值的步骤为: 求出 $[a, b]$ 内部全部驻点和不可导点, 将其函数值与端点的函数值进行比较, 其中最大的就是最大值, 最小的就是最小值.

例 3-4-6　求函数 $y = \sin 2x - x$ 在 $\left[-\dfrac{\pi}{2}, \dfrac{\pi}{2}\right]$ 上的最大值及最小值.

解 函数 $y = \sin 2x - x$ 在 $\left[-\dfrac{\pi}{2}, \dfrac{\pi}{2}\right]$ 上连续, $f'(x) = y' = 2\cos 2x - 1$, 令 $y' = 0$, 得 $x = \pm\dfrac{\pi}{6}$.

$$f\left(-\frac{\pi}{2}\right) = \frac{\pi}{2}, \quad f\left(\frac{\pi}{2}\right) = -\frac{\pi}{2}, \quad f\left(\frac{\pi}{6}\right) = \frac{\sqrt{3}}{2} - \frac{\pi}{6}, \quad f\left(-\frac{\pi}{6}\right) = -\frac{\sqrt{3}}{2} + \frac{\pi}{6}.$$

故 y 在 $\left[-\dfrac{\pi}{2}, \dfrac{\pi}{2}\right]$ 上最大值为 $\dfrac{\pi}{2}$, 最小值为 $-\dfrac{\pi}{2}$.

例 3-4-7 设工厂 C 到铁路线的垂直距离为 20km, 垂足为 A. 铁路线上距离 A 为 100km 处有一原料供应站 B, 如图 3-10. 现在要在铁路 AB 中间某处 D 修建一个原料中转车站, 再由车站 D 向工厂修一条公路. 如果已知每千米的铁路运费与公路运费之比为 $3:5$, 那么, D 应选在何处, 才能使原料供应站 C 运货到工厂 A 所需运费最省?

解 $AD = x, BD = 100 - x, CD = \sqrt{20^2 + x^2}$. 铁路每千米运费 $3k$, 公路每千米运费 $5k$, 记那里目标函数 (总运费)y 的函数关系式:

$$y = 5k \cdot CD + 3k \cdot BD,$$

即

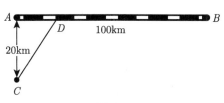

图 3-10

$$y = 5k \cdot \sqrt{400 + x^2} + 3k(100 - x) \quad (0 \leqslant x \leqslant 100).$$

问题归结为: x 取何值时目标函数 y 最小. 求导得 $y' = k\left(\dfrac{5x}{\sqrt{400 + x^2}} - 3\right)$, 令 $y' = 0$ 得

$$x = 15 (\text{km}).$$

由于 $y(0) = 400k, y(15) = 380k, y(100) = 100\sqrt{26}k$, 从而当 $AD = 15\text{km}$ 时, 总运费最省.

在实际问题中, 往往用到下述求函数最值的方法:

设函数 $f(x)$ 在区间 I(区间 I 可为开区间、闭区间或无限区间) 内可导, 且在 I 内部只有一个驻点 x_0, 则当 $f(x_0)$ 为极大值时, $f(x_0)$ 也就是该区间上的最大值, 当 $f(x_0)$ 为极小值时, $f(x_0)$ 也就是该区间上的最小值 (图 3-11).

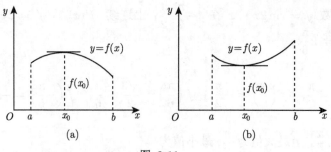

图 3-11

例 3-4-8　某房地产公司有 50 套公寓要出租, 当租金定为每月 180 元时, 公寓会全部租出去. 当租金每月增加 10 元时, 就有一套公寓租不出去, 而租出去的房子每月需花费 20 元的整修维护费. 试问房租定为多少可获得最大收入?

解　设房租为每月 x 元, 租出去的房子有 $50 - \left(\dfrac{x - 180}{10} \right)$ 套, 每月总收入为

$$R(x) = (x - 20)\left(50 - \frac{x - 180}{10}\right) = (x - 20)\left(68 - \frac{x}{10}\right).$$

又

$$R'(x) = \left(68 - \frac{x}{10}\right) + (x - 20)\left(-\frac{1}{10}\right) = 70 - \frac{x}{5},$$

解 $R'(x) = 0$, 得 $x = 350$(唯一驻点). 故每月每套租金为 350 元时收入最高. 最大收入为 $R(350) = 10890$ 元.

例 3-4-9　做一个圆柱形有盖容器, 其容器容积 V 一定, 问圆柱的底半径为何值时用料最省?

解　设圆柱的底半径为 r, 高为 h, 则

$$V = \pi r^2 h.$$

该容器的表面积为

$$S = 2\pi r^2 + 2\pi rh.$$

由于 $\pi rh = \dfrac{V}{r}$, 故

$$S = S(r) = 2\pi r^2 + 2\frac{V}{r} \quad (r > 0),$$

$$S'(r) = 4\pi r - 2\frac{V}{r^2} = \frac{2}{r^2}(2\pi r^3 - V),$$

$$S''(r) = 4\pi + 4\frac{V}{r^3} = 4\left(\pi + \frac{V}{r^3}\right).$$

令 $S'(r) = 0$, 得唯一驻点 $r_0 = \sqrt[3]{\dfrac{V}{2\pi}}$, 此时

$$h_0 = \frac{V}{\pi r^2} = \frac{V}{\pi}\left(\frac{2\pi}{V}\right)^{\frac{2}{3}} = \frac{2^{\frac{2}{3}}V^{\frac{1}{3}}}{\pi^{\frac{1}{3}}} = \frac{2V^{\frac{1}{3}}}{2^{\frac{1}{3}}\pi^{\frac{1}{3}}} = 2\sqrt[3]{\frac{V}{2\pi}} = 2r_0.$$

又因为 $S''(r_0) = S''\left(\sqrt[3]{\dfrac{V}{2\pi}}\right) > 0$, 所以 $S\left(\sqrt[3]{\dfrac{V}{2\pi}}\right)$ 为最小值, 因此唯一极小值也

就是最小值, 故当底半径为 $\sqrt[3]{\dfrac{V}{2\pi}}$, 高为 $2 \cdot \sqrt[3]{\dfrac{V}{2\pi}}$(即高等于底的直径) 时用料最省.

3.4.3 函数图形的描绘

随着计算机技术的发展, 利用数学软件可以很方便地画出各种函数图形, 但是如何指导计算机作图, 如何识别计算机作图的误差等, 仍要利用到导数作图的基本知识, 前一部分对函数性态的研究将指导我们抓住曲线上的关键点, 从而比较准确地描绘出反映函数基本特性的图形. 描绘函数图形的一般步骤为

(1) 确定函数的定义域, 考察函数的奇偶性、周期性;

(2) 计算 $f'(x)$ 和 $f''(x)$, 在定义域内求使 $f'(x), f''(x)$ 为零和不存在的点;

(3) 用步骤 (2) 得到的点, 按由小到大的顺序, 将定义域分成若干区间, 根据每个小区间内 $f'(x), f''(x)$ 的符号, 确定函数的单调区间、极值点、曲线的凹凸区间及拐点 (列表表示);

(4) 确定曲线的渐近线, 作曲线与坐标轴的交点等辅助点;

(5) 描点作图.

例 3-4-10 画出函数 $f(x) = \dfrac{1}{\sqrt{2\pi}}\mathrm{e}^{-\frac{x^2}{2}}$ 的图像.

解 (1) 函数的定义域为 $(-\infty, +\infty)$, $f(-x) = f(x)$, 是偶函数, 无周期性, 因此只要在 $[0, +\infty)$ 上作出该函数的图像, 利用对称性便可得到整个函数的图像.

(2) $f'(x) = -\dfrac{1}{\sqrt{2\pi}}x\mathrm{e}^{-\frac{x^2}{2}}$, $f''(x) = \dfrac{x^2-1}{\sqrt{2\pi}}\mathrm{e}^{-\frac{x^2}{2}}$, 在 $[0, +\infty)$ 上函数有二阶导数, $x_1 = 0$ 时 $f'(x) = 0$, $x_2 = 1$ 时 $f''(x) = 0$;

(3)

x	0	$(0, 1)$	1	$(1, +\infty)$
$f'(x)$	0	—	—	—
$f''(x)$	—	—	0	+
$y = f(x)$ 的图形	极大值	↘	拐点	↘

(4) $\displaystyle\lim_{x \to +\infty} f(x) = 0$, 所以 $y = 0$ 为函数的水平渐近线, 函数图像与 y 轴的交点为 $\left(0, \dfrac{1}{\sqrt{2\pi}}\right)$;

(5) 再找一些点: $f(1) = \dfrac{1}{\sqrt{2\pi e}}$, 点 $\left(1, \dfrac{1}{\sqrt{2\pi e}}\right)$; $f(2) = \dfrac{1}{\sqrt{2\pi e^2}}$, 点 $\left(2, \dfrac{1}{\sqrt{2\pi e^2}}\right)$.

结合以上表格, 描绘函数在 $[0, +\infty)$ 上的图像, 再作关于 y 轴的对称图形, 如图 3-12.

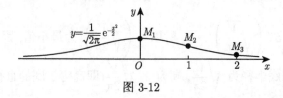

图 3-12

函数 $y = \dfrac{1}{\sqrt{2\pi}} e^{-\frac{x^2}{2}}$ 的图像是概率统计中的重要的标准正态分布的分布密度曲线.

习　题　3-4

1. 求下列函数的极值:

(1) $y = \dfrac{x}{1 + x^2}$;　　　　(2) $y = \sqrt{1 + x - x^2}$;　　　　(3) $y = (x+1)^{\frac{2}{3}}(x-5)^2$;

(4) $y = 1 - \sqrt[3]{(x-2)^2}$;　　(5) $y = (x-1)\sqrt[3]{x^2}$;　　　　(6) $y = \dfrac{x^3}{(x-1)^2}$.

2. 利用二阶导数, 判断下列函数的极值:

(1) $y = x^3 - 3x^2 - 9x - 5$;　　　　　　(2) $y = 2e^x + e^{-x}$.

3. 已知 $f(x) = \dfrac{ax^2 + bx + a + 1}{x^2 + 1}$ 在 $x = -\sqrt{3}$ 处取极小值 $f(-\sqrt{3}) = 0$, 求 a, b 的值.

4. 求下列函数在给定区间上的最大值与最小值:

(1) 函数 $y = \dfrac{x^2}{1 + x}$, 区间 $\left[-\dfrac{1}{2}, 1\right]$;　　　(2) 函数 $y = x + \sqrt{x}$, 区间 $[0, 4]$.

5. 已知函数 $y = ax^3 - 6ax^2 + b(a > 0)$ 在区间 $[-1, 2]$ 上的最大值为 3, 最小值为 -29, 求 a, b 的值.

6. 欲做一个底为正方形, 容积为 $108\mathrm{m}^3$ 的长方体开口容器, 怎样做法所用材料最省?

7. 欲用围墙围成面积为 $216\mathrm{m}^2$ 的一块矩形土地, 并在正中用一堵墙将其隔成两块, 问这块土地的长和宽选取多大的尺寸才能使所用建筑材料最省?

8. 欲做一个容积为 $200\mathrm{m}^3$ 的无盖圆柱形蓄水池, 已知池底单位造价为周围单位造价的两倍. 问蓄水池的尺寸应怎样设计才能使总造价最低?

课堂练习　3-4

1. 当 a 为何值时, $y = a\sin x + \dfrac{1}{3}\sin 3x$ 在 $x = \dfrac{\pi}{3}$ 处有极值? 求此极值, 并说明是极大值还是极小值.

2. 函数 $y = ax^3 + bx^2 + cx + d(a > 0)$ 的系数满足什么关系时, 这个函数没有极值.

3. 求函数 $y = x + 2\sqrt{x}$ 在 $[0, 4]$ 的最大值和最小值.

4. 求函数 $f(x) = x^3 - 3x$ 的极值.

3.5 泰 勒 公 式

对于一些比较复杂的函数, 为了便于研究, 往往希望用一些简单的函数来近似表达. 多项式函数是最为简单的一类函数, 它只要对自变量进行有限次的加、减、乘三种算术运算, 就能求出其函数值, 因此, 对于任意给定的函数 $f(x)$, 多项式经常被用于近似地表达函数 $f(x)$, 这种近似表达在数学上常称为逼近. 英国数学家泰勒 (Brook Taylor, 1685—1731) 在这方面作出了不朽的贡献. 其研究结果表明: 具有直到 $n + 1$ 阶导数的函数在一个点的邻域内的值可以用函数在该点的函数值及各阶导数值组成的 n 次多项式近似表达. 本节将介绍泰勒公式及其简单应用.

在前面的微分应用中已经看到, 如果 $f(x)$ 在 x_0 可微, 有 $\Delta y = f'(x_0)\Delta x + o(\Delta x)$, 因此, 当 $|\Delta x|$ 很小时, 有近似公式 $\Delta y \approx \mathrm{d}y = f'(x_0)\Delta x$, 而

$$\Delta y = f(x) - f(x_0), \quad \Delta x = x - x_0,$$

故

$$f(x) \approx f(x_0) + f'(x_0)(x - x_0). \tag{3-5-1}$$

上式右边为一个一次多项式, 因此, 该式为 $f(x)$ 的线性近似, 其产生的误差是 $x - x_0$ 的高阶无穷小, 未必能满足高精度要求的近似计算, 并且它没有给出误差公式, 所以, 我们希望用更高次的多项式来近似 $f(x)$, 且产生的误差是 $(x - x_0)^n$ 的高阶无穷小, 同时还能给出误差公式.

记 (3-5-1) 式右边为 $p_1(x) = f(x_0) + f'(x_0)(x - x_0)$, 显然 $p_1(x_0) = f(x_0)$, $p_1'(x_0) = f'(x_0)$, 考虑下列 n 次多项式

$$p_n(x) = a_0 + a_1(x - x_0) + a_2(x - x_0)^2 + \cdots + a_n(x - x_0)^n \tag{3-5-2}$$

来近似 $f(x)$, 为了使 $p_n(x)$ 与 $f(x)$ 近似得更好, 我们假定 $f(x)$ 在 x_0 处有直到 n 阶导, 且 $p_i^{(k)}(x_0) = f^{(k)}(x_0), k = 0, 1, 2, 3, \cdots, n$.

利用这一条件, 由 (3-5-2) 式易得

$$p_0(x_0) = f(x_0), \quad a_0 = f(x_0),$$
$$p_1'(x_0) = f'(x_0), \quad a_1 = f'(x_0),$$
$$p_2''(x_0) = f''(x_0), \quad 2!a_2 = f''(x_0),$$
$$\cdots\cdots$$
$$p_n^{(n)}(x_0) = f^{(n)}(x_0), \quad n!a_n = f^{(n)}(x_0).$$

进一步得 $a_0 = f(x_0), a_1 = f'(x_0), a_2 = \frac{1}{2!}f''(x_0), \cdots, a_n = \frac{1}{n!}f^{(n)}(x_0)$. 于是

$$p_n(x) = f(x_0) + f'(x_0)(x - x_0) + \frac{1}{2!}f''(x_0)(x - x_0)^2 + \cdots + \frac{1}{n!}f^{(n)}(x_0)(x - x_0)^n. \quad (3\text{-}5\text{-}3)$$

称 (3-5-3) 式为 $f(x)$ 在 x_0 关于 $x - x_0$ 的 n 阶泰勒多项式.

定理 3-5-1　设 $f(x)$ 在含有 x_0 的某个开区间 (a, b) 内有直到 $n + 1$ 阶的导数, 则对任意 $x \in (a, b)$, 有

$$\begin{aligned} f(x) = &f(x_0) + f'(x_0)(x - x_0) + \frac{1}{2!}f''(x_0)(x - x_0)^2 + \cdots \\ &+ \frac{1}{n!}f^{(n)}(x_0)(x - x_0)^n + o[(x - x_0)^n]. \end{aligned} \quad (3\text{-}5\text{-}4)$$

证明　$p_n(x)$((3-5-3) 式) 为 $f(x)$ 在 x_0 的 n 阶泰勒多项式, 由 $f(x)$ 在含有 x_0 的某个开区间 (a, b) 内有直到 $n + 1$ 阶的导数, 只要证明

$$\lim_{x \to x_0} \frac{f(x) - p_n(x)}{(x - x_0)^n} = 0.$$

(由 $p_0(x_0) = f(x_0), p_1'(x_0) = f'(x_0), p_2''(x_0) = f''(x_0), \cdots, p_n^{(n)}(x_0) = f^{(n)}(x_0)$) 上式左边使用 n 次洛必达法则, 得

$$\lim_{x \to x_0} \frac{f(x) - p_n(x)}{(x - x_0)^n} = \lim_{x \to x_0} \frac{f^{(n)}(x) - f^{(n)}(x_0)}{n!} = 0.$$

(3-5-4) 式可写为 $f(x) = p_n(x) + R_n(x)$, 其中 $p_n(x)$ 为 $f(x)$ 的泰勒多项式, $R_n(x) = o((x - x_0)^n)$ 称为佩亚诺型余项, (3-5-4) 式称为带佩亚诺型余项的 n 阶泰勒公式.

如果将 $f(x)$ 的泰勒多项式 $p_n(x)$ 作为 $f(x)$ 的近似表达式, 则当 $x \to x_0$ 时, 其误差 $R_n(x)$ 是 $(x - x_0)^n$ 的高阶无穷小, 但这只是对误差的定性描述, 它并没有给出定量的误差公式, 这仍然无法估计误差. 下面将给出 $f(x)$ 的带拉格朗日型余项的泰勒公式, 其中余项 $R_n(x)$ 将给出定量描述.

定理 3-5-2 (泰勒中值定理)　设 $f(x)$ 在含有 x_0 的某个开区间 (a, b) 内有直到 $n + 1$ 阶的导数, 则对任意 $x \in (a, b)$, 有

$$\begin{aligned} f(x) = &f(x_0) + f'(x_0)(x - x_0) + \frac{1}{2!}f''(x_0)(x - x_0)^2 + \cdots \\ &+ \frac{1}{n!}f^{(n)}(x_0)(x - x_0)^{(n)} + \frac{f^{(n+1)}(\xi)}{(n+1)!}(x - x_0)^{n+1} \\ = &p_n(x) + R_n(x), \end{aligned} \quad (3\text{-}5\text{-}5)$$

其中, $p_n(x)$ 称为 $f(x)$ 的泰勒多项式, $R_n(x) = \frac{f^{(n+1)}(\xi)}{(n+1)!}(x - x_0)^{n+1}$ 称为拉格朗日型余项, (3-5-5) 式称为带拉格朗日型余项的 n 阶泰勒公式.

证明 设 $R_n(x) = f(x) - p_n(x)$, 只要证明 $R_n(x) = \dfrac{f^{(n+1)}(\xi)}{(n+1)!}(x-x_0)^{n+1}$, ξ 在 x 和 x_0 之间. 由假设 $R_n(x) = f(x) - p_n(x)$ 可知, $R_n(x)$ 在 (a, b) 内具有 $n+1$ 阶导数, 且

$$R_n(x_0) = R_n'(x_0) = R_n''(x_0) = \cdots = R_n^{(n)}(x_0) = 0,$$

(由 $p_0(x_0) = f(x_0)$, $p_1'(x_0) = f'(x_0)$, $p_2''(x_0) = f''(x_0)$, $\cdots$, $p_n^{(n)}(x_0) = f^{(n)}(x_0)$) 对两个函数 $R_n(x)$ 及 $(x-x_0)^{n+1}$ 在以 x_0 及 x 为端点的区间上应用中值定理, 得

$$\frac{R_n(x)}{(x-x_0)^{n+1}} = \frac{R_n(x) - R_n(x_0)}{(x-x_0)^{n+1} - (x_0-x_0)^{n+1}} = \frac{R_n'(\xi_1)}{(n+1)(\xi_1-x_0)^n}, \quad \xi_1 在 x_0 与 x 之间.$$

再对两个函数 $R_n'(x)$ 与 $(n+1)(x-x_0)^n$ 在 x_0 与 ξ_1 为端点的区间上应用柯西中值定理, 得

$$\frac{R_n'(\xi_1)}{(n+1)(\xi_1-x_0)^n} = \frac{R_n'(\xi_1) - R_n'(x_0)}{(n+1)(\xi_1-x_0)^n - (n+1)(x_0-x_0)^n}$$
$$= \frac{R_n''(\xi_2)}{n(n+1)(\xi_2-x_0)^{n-1}},$$

ξ_2 在 x_0 与 ξ_1 之间, 依此类推, 经过 $n+1$ 次后, 得

$$\frac{R_n(x)}{(x-x_0)^{n+1}} = \frac{R_n^{(n+1)}(\xi)}{(n+1)!}, \quad \xi 在 x_0 与 \xi_n 之间.$$

注意到 $R_n^{(n+1)}(x) = f^{(n+1)}(x)(p_n^{(n+1)}(x) = 0)$, 则由上式可知,

$$R_n(x) = \frac{f^{(n+1)}(\xi)}{(n+1)!}(x-x_0)^{n+1}, \quad \xi 在 x 和 x_0 之间.$$

定理得证.

注意到 (3-5-5) 式中, 当 $n = 0$ 时, 泰勒公式就是拉格朗日中值公式:

$$f(x) = f(x_0) + f'(\xi)(x-x_0), \quad \xi 在 x 和 x_0 之间.$$

因此, 泰勒中值定理是拉格朗日中值定理的推广.

由于 ξ 介于 x 和 x_0 之间, 所以可将 ξ 表示成 $\xi = x_0 + \theta(x-x_0)$ $(0 < \theta < 1)$.

所以拉格朗日型余项常写成

$$R_n(x) = \frac{1}{(n+1)!}f^{(n+1)}(x_0 + \theta(x-x_0))(x-x_0)^{n+1} \quad (0 < \theta < 1).$$

特别地, 当 $x_0 = 0$ 时, (3-5-4) 式和 (3-5-5) 式分别变为

$$f(x) = f(0) + f'(0)x + \frac{1}{2!}f''(0)x^2 + \cdots + \frac{1}{n!}f^{(n)}(0)x^n + o(x^n), \tag{3-5-6}$$

$$f(x) = f(0) + f'(0)x + \frac{1}{2!}f''(0)x^2 + \cdots + \frac{1}{n!}f^{(n)}(0)x^n$$

$$+ \frac{1}{(n+1)!}f^{(n+1)}(\theta x)x^{n+1}, \quad 0 < \theta < 1. \tag{3-5-7}$$

(3-5-6) 式称为带佩亚诺型余项的 n 阶麦克劳林公式, (3-5-7) 式称为带拉格朗日型余项的 n 阶麦克劳林公式.

由麦克劳林公式, 有近似公式为

$$f(x) \approx f(0) + f'(0)x + \frac{1}{2!}f''(0)x^2 + \cdots + \frac{1}{n!}f^{(n)}(0)x^n,$$

误差为

$$R_n(x) = \frac{1}{(n+1)!}f^{(n+1)}(\theta x)x^{n+1} = o(x^n).$$

例 3-5-1　写出函数 $f(x) = x^3 \ln x$ 在 $x_0 = 1$ 处的四阶泰勒公式.

解

$$\begin{aligned}
f(x) &= x^3 \ln x, & f(1) &= 0, \\
f'(x) &= 3x^2 \ln x + x^2, & f'(1) &= 1, \\
f''(x) &= 6x \ln x + 5x, & f''(1) &= 5, \\
f'''(x) &= 6 \ln x + 11, & f'''(1) &= 11, \\
f^{(4)}(x) &= \frac{6}{x}, & f^{(4)}(1) &= 6, \\
f^{(5)}(x) &= -\frac{6}{x^2}, & f^{(5)}(\xi) &= -\frac{6}{\xi^2}.
\end{aligned}$$

于是 $x^3 \ln x = (x-1) + \frac{5}{2!}(x-1)^2 + \frac{11}{3!}(x-1)^3 + \frac{6}{4!}(x-1)^4 - \frac{6}{5!\xi^2}(x-1)^5$, ξ 在 1 与 x 之间.

例 3-5-2　写出函数 $f(x) = \mathrm{e}^x$ 的带拉格朗日型余项的 n 阶麦克劳林公式.

解　因为 $f(x) = f'(x) = f''(x) = \cdots = f^{(n)}(x) = \mathrm{e}^x$, 所以

$$f(0) = f'(0) = f''(0) = \cdots = f^{(n)}(0) = 1,$$

将这些值代入 (3-5-7) 式, 得

$$\mathrm{e}^x = 1 + x + \frac{x^2}{2!} + \cdots + \frac{x^n}{n!} + \frac{\mathrm{e}^{\theta x}}{(n+1)!}x^{n+1} \quad (0 < \theta < 1),$$

由这个公式可知, e^x 的 n 次近似多项式表示为

$$\mathrm{e}^x \approx 1 + x + \frac{x^2}{2!} + \cdots + \frac{x^n}{n!},$$

误差为 $|R_n(x)| = \left| \frac{\mathrm{e}^{\theta x}}{(n+1)!}x^{n+1} \right| < \frac{\mathrm{e}^{|x|}}{(n+1)!}|x|^{n+1}, 0 < \theta < 1.$

例 3-5-3 求 $f(x) = \sin x$ 的带拉格朗日型余项的 n 阶麦克劳林公式.

解 因为 $f'(x) = \cos x, f''(x) = -\sin x, f'''(x) = -\cos x, f^{(4)}(x) = \sin x, \cdots,$
$f^{(n)}(x) = \sin\left(x + \dfrac{n\pi}{2}\right)$, 所以 $f(0) = 0, f'(0) = 1, f''(0) = 0, f'''(0) = -1, f^{(4)}(0) = 0, \cdots$. 它们依次循环取 $0, 1, 0, -1$, 于是 $\sin x$ 的 n 阶麦克劳林公式为

$$\sin x = x - \frac{x^3}{3!} + \frac{x^5}{5!} + \cdots + \frac{x^{2m-1}}{(2m-1)!} + \frac{\sin\left(\theta x + (2m+1)\dfrac{\pi}{2}\right)}{(2m+1)!} x^{2m+1} \quad (0 < \theta < 1).$$

如果取 $m = 1$, 则得近似公式

$$\sin x \approx x,$$

此误差为 $|R_2| = \left| \dfrac{\sin\left(\theta x + \dfrac{3\pi}{2}\right)}{3!} x^3 \right| \leqslant \dfrac{|x|^3}{6} (0 < \theta < 1).$

如果 m 分别取 2 和 3, 则可得 $\sin x$ 的 3 次和 5 次近似多项式

$$\sin x \approx x - \frac{1}{3!} x^3 \quad \text{和} \quad \sin x \approx x - \frac{1}{3!} x^3 + \frac{1}{5!} x^5,$$

其误差依次不超过 $\dfrac{1}{5!} |x|^5$ 和 $\dfrac{1}{7!} |x|^7$, 如图 3-13.

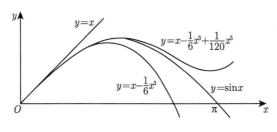

图 3-13

类似地, 可得到 $\cos x$ 的带拉格朗日型余项的 n 阶麦克劳林公式,

$$\cos x = 1 - \frac{x^2}{2!} + \frac{x^4}{4!} - \cdots + (-1)^m \frac{x^{2m}}{(2m)!} + \frac{\cos(\theta x + (m+1)\pi)}{(2m+2)!} x^{2m+2} \quad (0 < \theta < 1).$$

常用初等函数的麦克劳林公式:

$$e^x = 1 + x + \frac{x^2}{2!} + \cdots + \frac{x^n}{n!} + \frac{e^{\theta x}}{(n+1)!} x^{n+1};$$

$$\sin x = x - \frac{x^3}{3!} + \frac{x^5}{5!} - \cdots + (-1)^n \frac{x^{2n+1}}{(2n+1)!} + o(x^{2n+2});$$

$$\cos x = 1 - \frac{x^2}{2!} + \frac{x^4}{4!} - \frac{x^6}{6!} + \cdots + (-1)^n \frac{x^{2n}}{(2n)!} + o(x^{2n});$$

$$\ln(1+x) = x - \frac{x^2}{2} + \frac{x^3}{3} - \cdots + (-1)^n \frac{x^{n+1}}{n+1} + o(x^{n+1});$$

$$\frac{1}{1-x} = 1 + x + x^2 + \cdots + x^n + o(x^n);$$

$$(1+x)^m = 1 + mx + \frac{m(m-1)}{2!}x^2 + \cdots$$
$$+ \frac{m(m-1)(m-2)\cdots(m-n+1)}{n!}x^n + o(x^n).$$

例 3-5-4 求函数 $y = \dfrac{1}{3-x}$ 在 $x = 1$ 的泰勒展开式.

解 $y = \dfrac{1}{3-x} = \dfrac{1}{2-(x-1)} = \dfrac{1}{2} \cdot \dfrac{1}{1 - \dfrac{x-1}{2}}$

$$= \frac{1}{2} \cdot \left[1 + \frac{x-1}{2} + \left(\frac{x-1}{2}\right)^2 + \cdots + \left(\frac{x-1}{2}\right)^n + o\left(\frac{x-1}{2}\right)^n \right]$$

$$= \frac{1}{2} + \frac{x-1}{2^2} + \frac{(x-1)^2}{2^3} + \cdots + \frac{(x-1)^n}{2^{n+1}} + o[(x-1)^n].$$

例 3-5-5 求函数 $f(x) = xe^{-x}$ 的带佩亚诺型余项的 n 阶麦克劳林公式.

解 因为

$$e^{-x} = 1 + (-x) + \frac{(-x)^2}{2!} + \cdots + \frac{(-x)^{n-1}}{(n-1)!} + o(x^{n-1}),$$

所以

$$xe^{-x} = x - x^2 + \frac{x^3}{2!} - \cdots + \frac{(-1)^{n-1}x^n}{(n-1)!} + o(x^n).$$

例 3-5-6 计算 $\lim\limits_{x \to 0} \dfrac{e^{x^2} + 2\cos x - 3}{x^4}$.

分析 此极限为 $\dfrac{0}{0}$ 型未定式极限, 但用洛必达法则求会很麻烦, 利用带佩亚诺型余项的 n 阶麦克劳林展开式, 可以很方便地求出此极限, 因分母为 x^4, 需要将分子的 $\cos x$ 和 e^{x^2} 展开为 4 阶麦克劳林公式.

解 因为

$$e^{x^2} = 1 + x^2 + \frac{1}{2!}x^4 + o(x^4), \quad \cos x = 1 - \frac{x^2}{2!} + \frac{x^4}{4!} + o(x^4),$$

所以

$$e^{x^2} + 2\cos x - 3 = \left(\frac{1}{2!} + 2 \cdot \frac{1}{4!} \right) x^4 + o(x^4),$$

从而

$$\lim_{x \to 0} \frac{e^{x^2} + 2\cos x - 3}{x^4} = \lim_{x \to 0} \frac{\frac{7}{12}x^4 + o(x^4)}{x^4} = \frac{7}{12}.$$

习 题 3-5

1. 写出 $f(x) = \dfrac{1}{x}$ 在 $x_0 = -1$ 的带拉格朗日型余项的 n 阶泰勒公式.

2. 按 $x - 4$ 的幂展开多项式 $f(x) = 4 - 3x + x^2 - 5x^3 + x^4$.

3. 求 $f(x) = \sqrt{x}$ 在 $x_0 = 4$ 的带拉格朗日型三阶泰勒公式.

4. 写出 $f(x) = xe^x$ 的带佩亚诺型余项的 n 阶麦克劳林公式.

5. 求 $f(x) = \tan x$ 的带佩亚诺型余项的三阶麦克劳林公式.

6. 求下列极限:

(1) $\displaystyle\lim_{x \to 0} \frac{e^x - 1 - x}{x^2}$;

(2) $\displaystyle\lim_{x \to +\infty} (\sqrt[3]{x^3 + 3x} - \sqrt{x^2 - 2x})$;

(3) $\displaystyle\lim_{x \to 0} \frac{x \cos x - \sin x}{x^2 \sin x}$;

(4) $\displaystyle\lim_{x \to 0} \frac{\cos x \ln(1 + x) - x}{x^2}$;

(5) $\displaystyle\lim_{x \to 0} \frac{\cos x - e^{-\frac{x^2}{2}}}{x^4}$.

课堂练习 3-5

1. 设 $f(x)$ 在 $[0,1]$ 上具有二阶导数, 且 $f(0) = f(1) = 0$, $\min\limits_{0 < x < 1} f(x) = -1$, 证明: 存在一点 $\xi \in (0,1)$ 使 $f''(\xi) \geqslant 8$.

2. 若 $f(x)$ 在 $[a,b]$ 上有二阶导数 $f''(x)$, 且 $f'(a) = f'(b) = 0$, 试证在 (a,b) 内至少存在一点 ξ, 满足 $|f''(\xi)| \geqslant \dfrac{4}{(b-a)^2} |f(b) - f(a)|$.

3.6 曲线弧函数的微分、曲率

在工程技术与科学实验中, 经常要考虑平面曲线的弯曲程度, 如对桥梁弯曲程度的限制、铁路弯道用曲线衔接等. 曲率就是用于描述曲线弯曲程度的概念. 在讨论曲线的弯曲程度之前, 作为预备知识先给出曲线弧的微分的概念.

3.6.1 曲线弧函数的微分

设函数 $y = f(x)$ 在区间 (a,b) 内有连续导数, 即 $f'(x)$ 连续, 我们在方程为 $y = f(x)$ $(a < x < b)$ 的曲线上取定点 $M_0(x_0, y_0)$, 作为计算曲线弧长的起点, 点 $M(x,y)$ 是其上任意一点, 并规定

(1) 以 x 增大的方向作为曲线的正方向, 即该曲线的任一弧段 $\overset{\frown}{M_0M}$ 是有正方向的, 简称曲线 $y = f(x)$ 为有向曲线, $\overset{\frown}{M_0M}$ 为有向弧段.

(2) 记有向弧段 $\overset{\frown}{M_0M}$ 的长度为 s, 当 $\overset{\frown}{M_0M}$ 的方向与曲线的正方向一致时, s 取正号; 当 $\overset{\frown}{M_0M}$ 的方向与曲线的正方向相反时, s 取负号. 显然, 对于任意一个 $x \in (a, b)$, 在曲线上相应地有一个点 $M(x, y)$, 那么 s 就有一个确定的值与之相应, 因此弧长 s 为 x 的函数 $s = s(x)$. 且由规定 (2) 可知, 它是一个单调递增的函数.

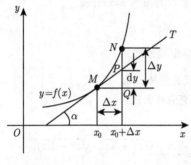

图 3-14

下面我们来介绍函数 $s(x)$ 的微分, 简称为弧微分.

当 x 由 x_0 增大到 $x_0 + \Delta x$ 时, 函数 $s = s(x)$ 对应的增量为 Δs, $\Delta s = \overset{\frown}{MN}$ (图 3-14), 而点 M 处的切线 MT 在对应点 $x_0 + \Delta x$ 的纵坐标增量为 $\mathrm{d}y$, 设线段 MP 长为 l, 则由 $\Delta x = \mathrm{d}x$ 有

$$l = \sqrt{(\mathrm{d}x)^2 + (\mathrm{d}y)^2} = \sqrt{1 + (y')^2}\mathrm{d}x,$$

可以证明 Δs 与 l 之差是 Δx 的高阶无穷小量 $\left(\text{略证:} \dfrac{\mathrm{d}s}{\mathrm{d}x} = \lim\limits_{\Delta x \to 0} \dfrac{\Delta s}{\Delta x} = \right.$

$\left. \lim\limits_{\Delta x \to 0} \dfrac{\sqrt{(\Delta x)^2 + (\Delta y)^2}}{\Delta x} = \sqrt{1 + (y')^2} = \dfrac{l}{\mathrm{d}x} = \dfrac{l}{\Delta x}, \Delta s = l + o(\Delta x) \right)$, 我们把线段 MP 长 l 叫作函数曲线 $s = s(x)$ 在点 x_0 处的弧的微分, 记作 $\mathrm{d}s$, 即

$$\mathrm{d}s = \sqrt{1 + (y')^2}\mathrm{d}x \quad \text{或} \quad \mathrm{d}s = \sqrt{(\mathrm{d}x)^2 + (\mathrm{d}y)^2}, \tag{3-6-1}$$

上式称为弧微分公式.

若曲线由参数方程表示: $\begin{cases} x = x(t), \\ y = y(t), \end{cases}$ 则弧长微分公式为

$$\mathrm{d}s = \sqrt{(x'(t))^2 + (y'(t))^2} \cdot \mathrm{d}t. \tag{3-6-2}$$

例 3-6-1　求曲线 $y = x^2$ 的弧微分.

解　因为 $y' = 2x$, 所以 $\mathrm{d}s = \sqrt{1 + (y')^2}\mathrm{d}x = \sqrt{1 + 4x^2}\mathrm{d}x$.

3.6.2　曲率

曲率描述曲线弯曲程度的一个数量指标. 那么, 曲线的弯曲程度与什么因素有关呢?

首先, 曲线的弯曲程度与曲线切线的转角密切相关, 从图 3-15(a) 可以看到, 曲线上弧段 $\overset{\frown}{M_1M_2}$ 弯曲得不厉害, 切线转过的角度 φ_1 不大, 而弧段 $\overset{\frown}{M_2M_3}$ 弯曲得厉

害, 对应切线转过的角度 φ_2 也就较大.

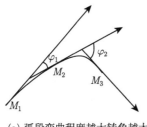
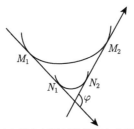

(a) 弧段弯曲程度越大转角越大　　　　　　(b) 转角相同弧段越短变曲程度越大

图 3-15

其次, 曲线的弯曲程度与曲线的长度有关. 从图 3-15(b) 可以看到, 弧 $\widehat{N_1 N_2}$ 和 $\widehat{M_1 M_2}$ 的切线转角都是 $\Delta\alpha$, 但是显然弧长较短的弧 $\widehat{N_1 N_2}$ 比较长的弧 $\widehat{M_1 M_2}$ 弯曲得厉害.

于是, 我们想到应当以单位弧长上曲线转角的值来衡量曲线的弯曲程度.

定义 3-6-1　设 M, M' 是光滑曲线 C 上的两个点 (图 3-16), 弧段 $\widehat{MM'}$ 的切线转角 $\Delta\alpha$ 与弧段 $\widehat{MM'}$ 的弧长 Δs 之比的绝对值称为弧段 $\widehat{MM'}$ 的平均曲率, 记为 $\overline{K}$, 即 $\overline{K} = \left| \dfrac{\Delta\alpha}{\Delta s} \right|$.

然而平均曲率仅表示了曲线上某一段弧的弯曲程度的平均值, 要精确地描绘曲线上某点的弯曲程度还需要引入曲线在一点处的曲率的概念.

定义 3-6-2　设 M, M' 是光滑曲线 C 上两点 (图 3-16), 当 $\Delta s \to 0$ 时 (即 $M' \to M$ 时), 如果弧段 $\widehat{MM'}$ 的平均曲率的极限存在, 则称此极限为曲线 C 在点 M 处的曲率, 记作 K, 即 $K = \lim\limits_{\Delta s \to 0} \left| \dfrac{\Delta\alpha}{\Delta s} \right|$, 当导数 $\dfrac{d\alpha}{ds}$ 存在时, 则 $K = \left| \dfrac{d\alpha}{ds} \right|$.

从曲率的定义可知, 直线上各点的切线与直线重合, $\Delta\alpha = 0$, 从而直线上各点的曲率处为零, 即直线处处不弯曲.

例 3-6-2　求半径为 a 的圆的曲率.

解　由图 3-17 可见, 圆周上任意两点 M, M' 处圆的切线转角 $|\Delta\alpha|$ 等于圆心角. $\angle MOM' = |\Delta\alpha|$, 所以

$$\left| \frac{\Delta\alpha}{\Delta s} \right| = \left| \frac{\Delta\alpha}{a\Delta\alpha} \right| = \frac{1}{a}, \ 即 \ k = \lim_{\Delta s \to 0} \left| \frac{\Delta\alpha}{\Delta s} \right| = \frac{1}{a},$$

即圆周上各点处的曲率等于该圆周半径的倒数, 从而圆的半径越小, 曲率越大, 圆弯曲得越厉害.

现在我们开始讨论曲线 $y = f(x)$ 的曲率计算问题.

设函数 $y = f(x)$ 有二阶导数, 下面推导 y', y'' 表示曲率公式.

由于 $y' = \tan\alpha$, 因此 $y'' = \sec^2\alpha \dfrac{\mathrm{d}\alpha}{\mathrm{d}x} = (1 + y'^2)\dfrac{\mathrm{d}\alpha}{\mathrm{d}x}$, 于是

$$\mathrm{d}\alpha = \frac{y''}{1 + y'^2}\mathrm{d}x, \quad \mathrm{d}s = \sqrt{1 + y'^2}\,\mathrm{d}x,$$

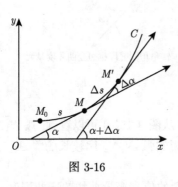

图 3-16

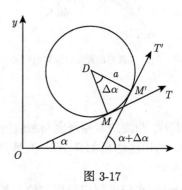

图 3-17

由曲率公式有

$$K = \left|\frac{\mathrm{d}\alpha}{\mathrm{d}s}\right| = \frac{|y''|}{(1 + y'^2)^{\frac{3}{2}}}. \tag{3-6-3}$$

上式称为曲率的计算公式.

例 3-6-3　计算曲线 $y = x^3$ 在点 $(0,0)$ 与 $(-1,-1)$ 处的曲率.

解　因为 $y' = 3x^2, y'' = 6x$, 所以曲线在任意点的曲率为

$$k(x) = \frac{|6x|}{(1 + 9x^4)^{\frac{3}{2}}},$$

将 $x = 0$ 代入上式, 即得 $M(0,0)$ 处的曲率 $k = 0$, 考虑 $y'' = 6x$, 显然点 $(0,0)$ 为该曲线的拐点. 实际上, 只要函数 $y = f(x)$ 二阶可导, 则曲线 $y = f(x)$ 在拐点处的曲率一定为零.

将 $x = 1$ 代入上式, 即得点 $M(-1,-1)$ 处的曲率为

$$k = \frac{|6 \times (-1)|}{(1 + 9)^{\frac{3}{2}}} = \frac{3}{5\sqrt{10}}.$$

例 3-6-4　求星形线 $a = a\cos^3 t, y = a\sin^3 t\ (a > 0)$ 上对应 $t = \dfrac{\pi}{4}$ 的点处的曲率.

解 因为

$$\frac{\mathrm{d}y}{\mathrm{d}x} = \frac{\dfrac{\mathrm{d}y}{\mathrm{d}t}}{\dfrac{\mathrm{d}x}{\mathrm{d}t}} = \frac{3a\sin^2 t\cos t}{-3a\cos^2 t\sin t} = -\tan t,$$

$$\frac{\mathrm{d}^2 y}{\mathrm{d}x^2} = \frac{\mathrm{d}\left(\dfrac{\mathrm{d}y}{\mathrm{d}x}\right)}{\mathrm{d}x} = \frac{(-\tan t)'}{(a\cos^3 t)} = \frac{-\sec^2 t}{-3a\cos^2 t\sin t} = \frac{1}{3a\sin t\cos^4 t},$$

所以 $k\Big|_{t=\frac{\pi}{4}} = \dfrac{1}{(1+\tan^2 t)^{\frac{3}{2}}} \times \left|\dfrac{1}{3a\sin t\cos^4 t}\right|\Big|_{t=\frac{\pi}{4}} = \dfrac{2}{3a}.$

3.6.3 曲率半径和曲率圆

在许多力学和工程技术问题中往往涉及曲率半径、曲率中心和曲率圆的讨论, 下面将对三个概念给予简要地介绍.

定义 3-6-3 设 M 为光滑曲线 $y = f(x)$ 上一点, 若曲线点 M 处的曲率 $K > 0$, 则称 $R = \dfrac{1}{K}$ 为曲线 $y = f(x)$ 在点 M 处的曲率半径; 在点 M 处, 在曲线 $y = f(x)$ 的凹向的法线上取点 D, 使 $|MD| = R$, 称点 D 为曲线 $y = f(x)$ 在点 M 处的曲率中心; 以 D 为圆心, $R = \dfrac{1}{K}$ 为半径的圆称为曲线 $y = f(x)$ 在点 M 处的曲率圆 (又称为密切圆), 如图 3-18 所示.

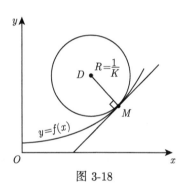

图 3-18

习 题 3-6

1. 求下列曲线在指定点处的曲率及曲率半径:

(1) $y = x^2 - 4x + 3$ 在 $(2, -1)$ 处.

(2) $\begin{cases} a = a\cos^3 t, \\ y = a\sin^3 t \end{cases}$ 在 $t = t_0$ 处.

(3) $x^2 + xy + y^2 = 3$ 在点 $(1, 1)$ 处.

2. 曲线 $y = \sin x (0 < x < \pi)$ 上哪一点处的曲率半径最小? 求出该点的曲率半径.

3. 求抛物线 $y = x^2 - 4x + 3$ 在其顶点处的曲率及曲率半径.

4. 抛物线 $y = ax^2 + bx + c$ 上哪一点的曲率最大?

5. 求曲线 $y = \tan x$ 在点 $\left(\dfrac{\pi}{4}, 1\right)$ 处的曲率与曲率半径.

6. 求椭圆 $\begin{cases} x = a\cos t, \\ y = b\sin t \end{cases}$ 在 $(0, b)$ 点处的曲率及曲率半径.

课堂练习   3-6

1. 求由 y 轴上的一个给定点 $(0, b)$ 到抛物线 $x^2 = 4y$ 上的点的最短距离.

2. 求 $y = x^2$ 在 $\left(\dfrac{2}{3}, \dfrac{4}{9}\right)$ 处的曲率.

3. 求双曲线 $xy = a^2 (a > 0)$ 在点 (a, a) 处的曲率.

3.7   导数在经济学中的应用

经济活动中的要素有成本、收入和利润, 而经营决策及经营效益取决于成本、收入以及二者关于产量的变化率. 本节讨论导数概念在经济学中的两个应用 —— 边际分析和弹性分析.

3.7.1   成本函数、收入函数、利润函数

成本函数 $C(x)$ 是生产数量为 x 的某种产品的总成本, 它是固定成本与变动成本之和, 显然成本函数 $C(x)$ 为单调增函数.

收入函数 $R(x)$ 表示售出数量为 x 的某种商品所获得的总收入 (收入 = 价格 × 数量), 即 $R(x) = P \cdot x$, 其中 P 为产品的价格.

生产经营的决策者十分重视利润, 利润 = 收入 − 成本, 即

$$L(x) = R(x) - C(x).$$

3.7.2   边际分析

经济学中的边际概念, 通常指经济变化的变化率, 即指某一函数中的因变量随着某一自变量的单位变化而产生的变化. 经济学中通常称某一函数 $f(x)$ 的导函数 $f'(x)$ 为边际函数, $f'(x)$ 在 x_0 的值称为边际值.

1. 边际成本

设某企业生产某种产品的总成本函数为 $C = C(x)$, 其中 x 为单位时间内的产量, 当产量由 x 增加到 $x + h$ 时, 总成本的增长量为 $\Delta C = C(x + h) - C(x)$, 则总成本的平均增长量为 $\dfrac{\Delta C}{h} = \dfrac{C(x + h) - C(x)}{h}$.

若 $\lim\limits_{h \to 0} \dfrac{C(x + h) - C(x)}{h}$ 存在, 则称此极限为产量 x 的边际成本, 即 $C'(x)$ 为边

际成本函数, 记作 MC. 由于 h 的最小变化单位只能为 1, 所以令

$$\frac{C(x+h) - C(x)}{h} \approx C'(x)$$

中的 $h = 1$, 得 $C(x+1) - C(x) \approx C'(x)$.

从上式看到, 在经济意义上, 边际成本表示在一定产量 x 的基础上, 再增加生产 1 个单位产品所增加的总成本.

由边际成本的意义, 得出下述两个结论:

(1) 边际成本仅与变动成本有关, 与固定成本无关.

(2) 设某产品的价格为 P, 若 $C'(x) < P$, 则可继续增加产量; 若 $C'(x) > P$, 则应停止生产, 而在改进质量、提高价格或降低成本上下功夫.

2. 边际收入

边际收入定义为多销售一个单位产品时总收入的增量. 类似边际成本定义, 边际收入为总收入关于产品销售量 x 的变化率, 设收入函数为 $R = R(x)$, 则边际收入为

$$\mathrm{MR} = R'(x) = \lim_{\Delta x \to 0} \frac{R(x + \Delta x) - R(x)}{\Delta x}.$$

边际收入的经济意义是每多销售一个单位产品所增加的收入.

3. 边际利润

设某产品销售量为 x 时的总利润为 $L(x)$, 当 $L(x)$ 可导时称 $L'(x)$ 是销售量为 x 时的边际利润, 它近似等于销售量为 x 时再多销售 1 个单位产品所增加的利润. 根据 $L(x) = R(x) - C(x)$ 得边际利润为

$$\mathrm{ML} = L'(x) = R'(x) - C'(x).$$

4. 最大利润

已知总收入 $R(x)$ 和总成本 $C(x)$ 可得利润函数 $L(x) = R(x) - C(x)$, 欲求最大利润, 即要求 $L(x)$ 的最大值. 根据

$$L'(x) = R'(x) - C'(x),$$

令 $L'(x) = 0$, 得 $R'(x) = C'(x)$.

这样, 使 $L'(x) = 0$ 的驻点正是边际收入等于边际成本的产量值 x. 若最大利润在区间内取得, 则可得出, 利润在使边际成本等于边际收入时的生产水平上达到最大值, 经济学推断, $L(x)$ 要满足一定的条件才是利润函数, 其条件之一就是 $L(x)$ 在最大生产能力范围有唯一的极大值, 即存在某一水平的产量 x_0, 使得

$$L'(x_0) = 0, 即 R'(x_0) = C'(x_0),$$

$$L''(x_0) < 0, 即 R''(x_0) < C''(x_0).$$

不难看出, 在此状态下, 在产量 x_0 水平上再增加产量, 企业的利润反而减少.

3.7.3　弹性的概念

在经济问题中, 需要定量地描述一个经济变量对另一个经济变量变化的反应程度, 这就要引入弹性的概念.

定义 3-7-1　设函数 $y = f(x)$ 在 x_0 的邻域内有定义, 且 $f'(x_0)$ 存在. 函数的相对变量 $\dfrac{\Delta y}{y_0} = \dfrac{f(x_0 + \Delta x) - f(x_0)}{f(x_0)}$ 与自变量的相对变量 $\dfrac{\Delta x}{x_0}$ 之比 $\dfrac{\Delta y/y_0}{\Delta x/x_0}$, 称为函数 $f(x)$ 从 x_0 到 $x_0 + \Delta x$ 间的相对变化率或两点间的弹性.

如果 $\dfrac{\Delta y/y_0}{\Delta x/x_0} = \lim\limits_{\Delta x \to 0} \dfrac{[f(x_0 + \Delta x) - f(x_0)]/f(x_0)}{\Delta x/x_0}$ 存在, 则称此极限的值为函数 $y = f(x)$ 在 x_0 处的点弹性, 记作 $\left.\dfrac{Ey}{Ex}\right|_{x=x_0}$. 由定义得弹性计算公式为

$$\left.\frac{Ey}{Ex}\right|_{x=x_0} = \frac{x_0}{f(x_0)} f'(x_0) = \frac{x_0}{f(x_0)} \left.\frac{\mathrm{d}y}{\mathrm{d}x}\right|_{x=x_0}.$$

下面讨论需求弹性.

对于经济中的需求关系, 价格是影响需求的主要因素, 我们关心的是, 当商品价格下降 (或提高) 一个百分点时, 其需求量将可能增减多少个百分点, 这就是需求量对价格变动的敏感性问题.

注　函数 $f(x)$ 在点 x 的弹性 $\dfrac{Ey}{Ex}$ 反映随 x 的变化 $f(x)$ 变化幅度的大小, 即 $f(x)$ 对 x 变化反应的强烈程度或灵敏度. 数值上, $\dfrac{E}{Ex} f(x)$ 表示 $f(x)$ 在点 x 处, 当 x 产生 1% 的改变时, 函数 $f(x)$ 近似地改变 $\dfrac{E}{Ex} f(x)\%$, 在应用问题中解释弹性的具体意义时, 通常略去 "近似" 二字.

设某商品的需求量 Q 是价格 P 的函数 $Q = f(P)$, $\dfrac{\Delta P}{P}$ 和 $\dfrac{\Delta Q}{Q}$ 分别表示价格和需求量的增减率, 若 $\lim\limits_{\Delta P \to 0} \dfrac{\Delta Q/Q}{\Delta P/P} = \lim\limits_{\Delta P \to 0} \dfrac{\Delta Q}{\Delta P} \dfrac{P}{Q} = P \cdot \dfrac{f'(P)}{f(P)}$ 存在, 则称此极限为需求量对价格的弹性, 在经济学中称为需求弹性. 它表示在单价为 P 元时, 单价每变动 1%, 需求量变化的百分数, 也称之为需求量对价格的弹性函数.

设价格为 P 时的需求弹性如下:

$$\eta = \eta(P) = \lim_{\Delta P \to 0} \frac{\Delta Q/Q}{\Delta P/P} = \lim_{\Delta P \to 0} \frac{\Delta Q}{\Delta P} \cdot \frac{P}{Q} = P \cdot \frac{f'(P)}{f(P)}.$$

当 ΔP 很小时, 有

$$\eta = P \cdot \frac{f'(P)}{f(P)} \approx \frac{P}{f(P)} \cdot \frac{\Delta Q}{\Delta P},$$

故需求弹性 η 近似地表示在价格为 P 时, 价格变动 1%, 需求量将变化 $\eta\%$, 通常也略去 "近似" 二字.

注 一般地, 需求函数是单调减少函数, 需求量随价格的提高而减少 (当 $\Delta P > 0$ 时, $\Delta Q < 0$), 故需求弹性一般是负值, 它反映产品需求量对价格变动反应的强烈程度 (灵敏度).

用需求弹性分析总收益的变化: 总收益 R 是商品价格 P 与销售量 Q 的乘积, 即

$$R = P \cdot Q = P \cdot f(P),$$

由

$$R' = f(P) + Pf'(P) = f(P)\left(1 + f'(P)\frac{P}{f(P)}\right) = f(P)(1 + \eta)$$

知:

(1) 若 $|\eta| < 1$, 需求变动的幅度小于价格变动的幅度. $R' > 0$, R 递增. 即价格上涨, 总收益增加; 价格下跌, 总收益减少.

(2) 若 $|\eta| > 1$, 需求变动的幅度大于价格变动的幅度. $R' < 0$, R 递减. 即价格上涨, 总收益减少; 价格下跌, 总收益增加.

(3) 若 $|\eta| = 1$, 需求变动的幅度等于价格变动的幅度. $R' = 0$, R 取得最大值.

综上所述, 总收益的变化受需求弹性的制约, 随商品需求弹性的变化而变化.

例 3-7-1 设每月产量为 x 吨时, 总成本函数 (单位: 元) 为

$$C(x) = \frac{1}{4}x^2 + 8x + 4900,$$

求最低平均成本和相应产量的边际成本.

解 $\bar{C}(x) = \dfrac{C(x)}{x}$, $\bar{C}'(x) = \dfrac{1}{4} - \dfrac{4900}{x^2}$, 又 $\bar{C}''(140) = \dfrac{9800}{x^3} > 0$, 故 $x = 140$ 是 $\bar{C}(x)$ 的极小值点, 也是最低平均成本

$$\bar{C}(140) = \frac{1}{4} \times 140 + 8 + \frac{4900}{140} = 78(\text{元}).$$

边际成本函数为 $C'(x) = \dfrac{1}{2}x + 8$. 故当产量为 140 吨时, 边际成本为

$$C'(140) = 78(\text{元}).$$

例 3-7-2 设某种产品的需求函数为 $x = 1000 - 100P$, 求当需求量 $x = 300$ 时的总收入、平均收入和边际收入.

解 销售 x 件价格为 P 的产品收入为 $R(x) = P \cdot x$, 由需求函数

$$x = 1000 - 100P \quad \Rightarrow \quad P = 10 - 0.01x,$$

代入得总收入函数

$$R(x) = (10 - 0.01x) \cdot x = 10x - 0.01x^2.$$

平均收入函数为

$$\bar{R}(x) = \frac{R(x)}{x} = 10 - 0.01x.$$

边际收入函数为

$$R'(x) = (10x - 0.01x^2)' = 10 - 0.02x.$$

当 $x = 300$ 时的总收入为

$$R(300) = 10 \times 300 - 0.01 \times 300^2 = 2100,$$

平均收入为

$$\bar{R}(300) = 10 - 0.01 \times 300 = 7,$$

边际收入为

$$R'(300) = 10 - 0.02 \times 300 = 4.$$

例 3-7-3　设某产品的需求函数为 $P = 80 - 0.1x$(P 是价格, x 是需求量), 成本函数 (单元: 元) 为 $C = 5000 + 20x$.

(1) 试求边际利润函数 $L'(x)$, 并分别求 $x = 150$ 和 $x = 400$ 时的边际利润.

(2) 求需求量 x 为多少时, 其利润最大?

解　(1) 已知 $P(x) = 80 - 0.1x, C(x) = 5000 + 20x$, 则有

$$R(x) = P \cdot x = (80 - 0.1x)x = 80x - 0.1x^2,$$
$$L(x) = R(x) - C(x) = (80x - 0.1x^2) - (5000 + 20x).$$

边际利润函数为

$$L'(x) = (-0.1x^2 + 60x - 5000)' = -0.2x + 60,$$

当 $x = 150$ 时的边际利润为

$$L'(150) = -0.2 \times 150 + 60 = 30.$$

当 $x = 400$ 时的边际利润为

$$L'(400) = -0.2 \times 400 + 60 = -20.$$

可见销售第 151 个产品, 利润会增加 30 元, 而销售第 401 个产品后利润将减少 20 元.

(2) 令 $L'(x) = 0$, 得 $x = 300$,

$$L''(300) = -0.2 < 0,$$

故 $x = 300$ 时, $L(x)$ 取得极大值也是最大值

$$L(300) = 4000(元).$$

例 3-7-4 设某厂在一个计算期内产品的产量 x 与其成本 (单位: 元)C 的关系为

$$C = C(x) = 1000 + 6x - 0.003x^2 + 0.000001x^3,$$

根据市场调研得知, 每单位该种产品的价格为 6 元, 且全部能够销售出, 试求使利润最大的产量.

解 总收入函数为 $R(x) = 6x$, 总利润函数为

$$L(x) = R(x) - C(x) = 6x - (1000 + 6x - 0.003x^2 + 0.000001x^3)$$
$$= -1000 + 0.003x^2 - 0.000001x^3 \quad (x > 0),$$
$$L'(x) = 0.006x - 0.000003x^2, \quad L''(x) = 0.006 - 0.000006x,$$

令 $L'(x) = 0 \Rightarrow x = 2000$. 又 $L''(2000) = -0.006 < 0$, 所以 $x = 2000$ 为 $L(x)$ 的极大值点, 也是最大值点.

因此, 产量为 2000 单位时获取利润最大, 最大利润为 $L(2000) = 3000$ 元.

注 $x = 0$(不生产) 无利可谈, 而 $x < 0$ 没有实际意义.

例 3-7-5 设某种商品的需求量 x 与价格 P 的关系为

$$Q(P) = 1600 \left(\frac{1}{4} \right)^P.$$

(1) 求需求弹性 $\eta(P)$;

(2) 当商品的价格 $P = 10$ 元时, 再增加 1%, 求该商品需求量变化情况.

解 (1) 需求弹性为

$$\eta(P) = P \frac{Q'(P)}{Q(P)} = P \frac{\left[1600 \left(\frac{1}{4} \right)^P \right]'}{1600 \left(\frac{1}{4} \right)^P} = P \cdot \frac{1600 \left(\frac{1}{4} \right)^P \ln \frac{1}{4}}{1600 \left(\frac{1}{4} \right)^P}$$

$$= P \cdot \ln \frac{1}{4} = (-2 \ln 2)P \approx -1.39P.$$

需求弹性为负, 说明商品价格 P 上涨 1% 时, 商品需求量 Q 将减少 1.39%.

(2) 当商品价格 $P = 10$ 元时, $\eta(10) \approx -1.39 \times 10 = -13.9$, 这表示价格 $P = 10$ 元时, 价格上涨 1%, 商品的需求量将减少 13.9%. 若价格降低 1%, 商品的需求量将增加 13.9%.

例 3-7-6　某商品的需求函数为 $Q = 75 - P^2$(Q 为需求量, P 为价格).

(1) 求 $P = 4$ 时的边际需求, 并说明其经济意义.

(2) 求 $P = 4$ 时的需求弹性, 并说明其经济意义.

(3) 当 $P = 4$ 时, 若价格 P 上涨 1%, 总收益将变化百分之几? 增加还是减少?

(4) 当 $P = 6$ 时, 若价格 P 上涨 1%, 总收益将变化百分之几? 增加还是减少?

解　设 $Q = f(P) = 75 - P^2$, 需求弹性 $(P = P_0)$

$$\eta|_{P=P_0} = f'(P_0) \cdot \frac{P_0}{f(P_0)}.$$

它刻画了当商品价格变动时需求变动的强弱.

(1) 当 $P = 4$ 时的边际需求

$$f'(4) = -2P|_{P=4} = -8.$$

它说明当价格 P 为 4 个单位时, 上涨 1 个单位的价格, 则需求量下降 8 个单位.

(2) 当 $P = 4$ 时的需求弹性

$$\eta(4) = f'(4) \cdot \frac{4}{75 - 4^2} = (-8) \times \frac{4}{75 - 4^2} \approx -0.54.$$

它说明当 $P = 4$ 时, 价格上涨 1%, 需求减少 0.54%.

(3) 下面求总收益 R 增长的百分比, 即求 R 的弹性. 总收益 R 是商品价格 P 与销售量 Q 的乘积, 即

$$R = P \cdot Q = P \cdot f(P),$$

于是

$$R' = f(P) + Pf'(P) = f(P) \cdot \left[1 + f'(P) \cdot \frac{P}{f(P)}\right] = f(P) \cdot (1 + \eta),$$

$$R'(4) = f(4) \cdot \left(1 - \frac{32}{59}\right) = 27.$$

由 $R = PQ = 75P - P^3, R(4) = 236$, 得

$$\frac{ER}{EP}\bigg|_{P=4} = R'(4) \cdot \frac{4}{R(4)} \approx 0.46,$$

所以当 $P = 4$ 时, 价格上涨 1%, 总收益增加 0.46%.

(4) $\dfrac{ER}{EP}\Big|_{P=6} = R'(6) \cdot \dfrac{6}{R(6)} \approx 0.85,$

所以当 $P = 6$ 时, 价格上涨 1%, 总收益将减少 0.85%.

例 3-7-7 糖果厂每周的销售量为 Q 千袋, 每袋价格为 2 元, 总成本函数 (单位: 元) 为 $C(Q) = 100Q^2 + 1300Q + 1000$, 试求:

(1) 不盈不亏时的销售量;

(2) 可取得利润的销售量;

(3) 取得最大利润的销售量和最大利润;

(4) 平均成本最小时的产量.

解 利润函数为

$$L(Q) = 2000Q - C(Q) - -100Q^2 + 700Q - 1000 = -100(Q-2)(Q-5).$$

于是

(1) 不盈不亏时的销售量为使得 $L(Q) = 0$, 得 $Q = 2, Q = 5$.

(2) 取得利润时的销售量为使得 $L(Q) > 0$, 得 $2 < Q < 5$.

(3) 令 $L'(Q) = -200Q + 700 = 0$, 得 $Q = \dfrac{7}{2}$, 又 $L''(Q) = -200 < 0$, 所以 $Q = 3.5$ 时取得最大利润. 最大利润为 $L(3.5) = \dfrac{900}{4} = 225$ 元.

(4) 令

$$g(Q) = \dfrac{C(Q)}{Q} = 100Q + 1300 + \dfrac{1000}{Q},$$

则 $g'(Q) = 100 - \dfrac{1000}{Q^2}$, 令 $g'(Q) = 0$, 解得 $Q = \sqrt{10} \approx 3.16$, 即平均成本最小时的产量约为 3.16 千袋.

例 3-7-8 一玩具经销商以下列成本及收益函数销售某种产品:

$$C(x) = 2.4x - 0.0002x^2, \quad 0 \leqslant x \leqslant 6000,$$
$$R(x) = 7.2x - 0.001x^2, \quad 0 \leqslant x \leqslant 6000,$$

试问何时利润随产量增加 (即增加产量可使利润增加)?

解 此题实际上是求利润 $L = R - C$ 的递增区间. 因为

$$L(x) = R(x) - C(x) = (7.2x - 0.001x^2) - (2.4x - 0.0002x^2)$$
$$= 4.8x - 0.0008x^2,$$

则

$$L'(x) = 4.8 - 0.0016x.$$

令 $L'(x) = 0$, 可得

$$x = \frac{4.8}{0.0016} = 3000.$$

在区间 $(0, 3000)$ 时, $L'(x) > 0$; 在区间 $(3000, 6000)$ 时, $L'(x) < 0$.

故当产量在 $(0, 3000)$ 内时, 利润随产量增加. 当产量达到 3000 时, 利润最大. 当产量超过 3000 时, 再增加产量就会使利润减少.

例 3-7-9　某企业生产产品的成本函数为 $C = 0.5x + 5000$, 其中 C 的单位为元, 而 x 为生产产品的数量. 试求 $x = 1000, 10000$ 及 100000 时的单位平均成本, 当 x 趋近于无穷大时单位平均成本的极限为何?

解　平均成本 $\bar{C} = \frac{C}{x} = 0.5 + \frac{5000}{x}$.

当 $x = 1000$ 时, $\bar{C} = 0.5 + \frac{5000}{1000} = 5.5$;

当 $x = 10000$ 时, $\bar{C} = 0.5 + \frac{5000}{10000} = 1$;

当 $x = 100000$ 时, $\bar{C} = 0.5 + \frac{5000}{100000} = 0.55$.

当 x 趋于无穷大时, 单位平均成本的极限为

$$\lim_{x \to \infty} \bar{C} = \lim_{x \to \infty} \left(0.5 + \frac{5000}{x} \right) = 0.5.$$

本例指出了一般小型企业的主要问题. 也就是说, 当生产技术水平很低时 (即 x 的系数大时), 产品不易达到具有竞争性的低价. $\bar{C} = 0.5$ 是曲线 $\bar{C} = 0.5 + \frac{5000}{x}$ 的水平渐近线, 曲线不会越过这条直线.

习　题　3-7

1. 设某产品的成本函数和价格函数分别为

$$C(x) = 3800 + 5x - \frac{x^2}{1000}, \quad P(x) = 50 - \frac{x}{100},$$

确定产品的生产量 x, 以使利润达到最大.

2. 某化工厂日产能力最高为 1000 吨, 其中每日产品的总成本 (单位: 元)C 是日产量 (单位: 吨)x 的函数, 即 $C = C(x) = 1000 + 8x + 40\sqrt{x}$, $x \in [0, 1000]$. 求:

(1) 当日产量为 100 吨时的边际成本,

(2) 当日产量为 100 吨时的平均单位成本.

3. 某产品生产 x 单位的总成本 C 为 x 的函数 $C = C(x) = 1100 + \frac{1}{900}x^2$. 求:

(1) 生产 900 单位时的总成本和平均单位成本;

(2) 生产 900 到 1000 单位时总成本的平均变化率;

(3) 生产 900 单位和 1000 单位时的边际成本.

4. 设某产品生产 x 单位的总收益 R 为 x 的函数 $R = R(x) = 200x - 0.01x^2$, 求生产 50 单位产品时的总收益及平均单位产品的收益和边际收益.

5. 生产某种商品 x 单位的利润是 $L(x) = 5000 + x - 0.00001x^2$, 问生产多少单位时获得的利润最大?

6. 某商品的价格 P 与需求量 Q 的关系为 $P = 8 - \dfrac{Q}{4}$.

(1) 求需求量为 10 及 30 时的总收益 R、平均收益 $\bar{R}$ 及边际收益 R;

(2) Q 为多少时总收益最大?

7. 某工厂生产某产品日总成本为 C 元, 其中固定成本为 200 元, 每多生产一单位产品, 成本增加 10 元, 该商品的需求函数为 $Q = 50 - 2P$, 求 Q 为多少时工厂日总利润 L 最大?

8. 设某商品需求量 Q 对价格 P 的函数关系为 $Q = f(p) = 1600 \left(\dfrac{1}{4} \right)$, 求需求 Q 对价格 P 的弹性函数.

9. 设某商品需求函数为 $Q = \mathrm{e}^{-\frac{P}{4}}$, 求需求弹性函数及 $P = 3, P = 4, P = 5$ 时的需求弹性.

10. 设某商品的供给函数 $Q = 2 + 3P$, 求供给弹性函数及 $P = 3$ 时的供给弹性.

单元自测题 3

1. 函数 $y = x^2 - 1$ 在 $[-1, 1]$ 上满足罗尔定理条件的 $\xi =$ _____.

2. 若 $f(x) = x^3$ 在 $[1, 2]$ 上满足拉格朗日中值定理, 则在 $(1, 2)$ 内存在的 $\xi =$ _____.

3. 函数 $y = \ln(x + 1)$ 在区间 $[0, 1]$ 上满足拉格朗日中值定理的 $\xi =$ _____.

4. 验证罗尔定理对函数 $y = \ln \sin x$ 在区间 $\left[\dfrac{\pi}{6}, \dfrac{5\pi}{6} \right]$ 上的正确性.

5. 验证拉格朗日中值定理对函数 $y = 4x^3 - 5x^2 + x - 2$ 在区间 $[0, 1]$ 上的正确性.

6. 对函数 $f(x) = \sin x$ 及 $F(x) = x + \cos x$ 在区间 $\left[0, \dfrac{\pi}{2} \right]$ 上验证柯西中值定理的正确性.

7. 证明下列不得等式:

(1) $|\arctan x - \arctan y| \leqslant |x - y|$;　　　　(2) 当 $x > 1$ 时, $\mathrm{e}^x > \mathrm{e} \cdot x$;

(3) 当 $a > b > 0$ 时, $\dfrac{a - b}{a} < \ln \dfrac{a}{b} < \dfrac{a - b}{b}$.

8. 用洛必达法则求下列极限:

(1) $\lim\limits_{x \to 0} \dfrac{\ln(1 + x)}{x}$;　　　　(2) $\lim\limits_{x \to 0} \dfrac{\mathrm{e}^x - \mathrm{e}^{-x}}{\sin x}$;

(3) $\lim\limits_{x \to a} \dfrac{\sin x - \sin a}{x - a}$;

(4) $\lim\limits_{x \to +\infty} \dfrac{\ln\left(1 + \dfrac{1}{x}\right)}{\arctan \dfrac{1}{x}}$;

(5) $\lim\limits_{x \to 1} x^{\frac{1}{1-x}}$;

(6) $\lim\limits_{x \to 0} \left(\cot x - \dfrac{1}{x}\right)$;

(7) $\lim\limits_{x \to 0} (\cos x)^{\frac{1}{x}}$;

(8) $\lim\limits_{x \to 0} \dfrac{\sin x - x \cos x}{x^2 \sin x}$;

(9) $\lim\limits_{x \to 0} \left(\dfrac{1}{x} - \dfrac{2}{\mathrm{e}^{2x} - 1}\right)$;

(10) $\lim\limits_{x \to 1} (1 - x) \tan\left(\dfrac{\pi x}{2}\right)$;

(11) $\lim\limits_{x \to 0^+} \left(\dfrac{1}{x}\right)^{\tan x}$;

(12) $\lim\limits_{x \to \infty} \left(\dfrac{a_1^{\frac{1}{x}} + a_2^{\frac{1}{x}} + \cdots + a_n^{\frac{1}{x}}}{n}\right)^{nx}$ $(a_1, a_2, \cdots, a_n > 0)$.

9. 确定下列函数的单调区间:

(1) $y = 2x^3 - 6x^2 - 18x - 7$;

(2) $y = 2x + \dfrac{8}{x}$ $(x > 0)$;

(3) $y = \dfrac{10}{4x^3 - 9x^2 + 6x}$;

(4) $y = \ln\left(x + \sqrt{1 + x^2}\right)$.

10. 求下列函数图形的拐点及凹凸区间:

(1) $y = x^3 - 5x^2 + 3x + 5$;

(2) $y = x\mathrm{e}^{-x}$;

(3) $y = (x + 1)^4 + \mathrm{e}^x$;

(4) $y = \ln\left(x^2 + 1\right)$.

11. 利用函数的单调性证明下列不等式:

(1) 当 $x > 0$ 时, $1 + \dfrac{1}{2}x > \sqrt{1 + x}$;

(2) 当 $x > 0$ 时, $1 + x\ln\left(x + \sqrt{1 + x^2}\right) > \sqrt{1 + x^2}$;

(3) 当 $0 < x < \dfrac{\pi}{2}$ 时, $\tan x > x + \dfrac{1}{3}x^3$.

12. 求 a, b 为何值时, 点 $(1, 3)$ 为曲线 $y = ax^3 + bx^2$ 的拐点?

13. 求下列函数的极值:

(1) $y = x - \ln(1 + x)$;

(2) $y = x + \sqrt{1 - x}$;

(3) $y = x^{\frac{1}{x}}$;

(4) $y = x + \tan x$.

14. 求下列函数的最大值、最小值:

(1) $y = 2x^3 - 3x^2$, $-1 \leqslant x \leqslant 4$;

(2) $y = x^4 - 8x^2 + 2$, $-1 \leqslant x \leqslant 3$;

(3) $y = x + \sqrt{1 - x}$, $-5 \leqslant x \leqslant 1$.

15. 证明方程 $x^5 + x - 1 = 0$ 只有一个正根.

16. 要用薄铁皮造一圆柱体汽油桶, 体积为 V, 问底半径 r 和高 h 等于多少时, 才能使表面积最小? 这时底直径与高的比是多少?

17. 某地区防空洞的截面拟建成矩形加半圆, 截面的面积为 $5m^2$, 问底宽 x 为多少时才能使截面的周长最小.

18. 一炮艇停泊在距海岸 9km 处, 派人送信给设在海岸线上距该艇 $3\sqrt{34}$km 的司令部, 若派人步行速率为 5km/h, 划船速率为 4km/h, 问他在何处上岸到达司令部的时间最短.

19. 将长为 L 的铁丝分成两段, 一段绕成一个圆形, 另一段绕成一个正方形, 要使两者面积之和最小, 应如何分法.

20. 用围墙围成面积为 $216m^2$ 的一块矩形土地, 并在长向正中用一堵墙将其隔成两块, 问这块地的长和宽选取多大尺寸, 才能使所用建材最省?

21. 求抛物线 $y = x^2 - 4x + 3$ 在其顶点处的曲率及曲率半径.

第 4 章 不定积分

第 2 章给出了函数导数和微分的定义, 并详细讨论了不同情况下函数的求导问题. 以此为基础, 第 3 章利用导数和微分的方法研究了很多理论和实际应用问题. 从本章开始, 我们学习一元函数积分学的内容, 即第 4 章的不定积分、第 5 章的定积分和第 6 章的定积分的应用.

本章将要讨论的问题是求导和微分的反问题, 即寻找一个可导函数, 使其导函数恰好为已知函数, 此类问题不但是学习一元函数积分学的基础, 而且也是学习多元函数积分学的基础.

4.1 不定积分的概念和性质

4.1.1 原函数与不定积分

定义 4-1-1 如果在区间 I 上, 可导函数 $F(x)$ 的导函数是 $f(x)$, 即 $\forall x \in I$, 有

$$F'(x) = f(x) \quad \text{或} \quad \mathrm{d}F(x) = f(x)\mathrm{d}x,$$

则称函数 $F(x)$ 为 $f(x)$ 在区间 I 上的原函数.

例 4-1-1 求 $f(x) = 2x$ 的原函数.

解 因为

$$(x^2)' = 2x,$$

所以 x^2 是 $2x$ 的一个原函数. 而且

$$(x^2 + C)' = 2x,$$

所以 $x^2 + C$ 也是 $2x$ 的原函数, 其中 C 是任意常数.

例 4-1-1 说明, 如果 $F(x)$ 为 $f(x)$ 的原函数, 那么 $F(x) + C$ 也是 $f(x)$ 的原函数. 由于 C 是任意常数, 所以 $f(x)$ 如果有一个原函数, 那么 $f(x)$ 就有无限多个原函数.

定义 4-1-2 若 $F(x)$ 为 $f(x)$ 的一个原函数, 则称 $F(x) + C$ 是 $f(x)$ 的原函数族.

现在考虑 $f(x)$ 不同的原函数之间的关系. 设 $F(x)$, $G(x)$ 是 $f(x)$ 的两个不同的原函数, 由定义 4-1-1, 有

$$[F(x) - G(x)]' = F'(x) - G'(x) = f(x) - f(x) = 0.$$

根据拉格朗日中值定理的推论, 有

$$F(x) - G(x) = C_0 \quad (C_0 \text{ 是某个常数}).$$

上述分析过程说明, $f(x)$ 的不同原函数之间只是相差了一个常数. 那么, 函数 $f(x)$ 的原函数族中包括了 $f(x)$ 的所有原函数. 由此, 我们引入不定积分的定义.

定义 4-1-3 在区间 I 上, 称 $f(x)$ 的原函数族 $F(x) + C$ 为 $f(x)$ 的不定积分, 记为

$$\int f(x)\mathrm{d}x,$$

其中记号 $\int$ 是积分号, $f(x)$ 称为被积函数, $f(x)\mathrm{d}x$ 称为被积表达式, x 称为积分变量.

上述定义说明函数的不定积分是否存在实质上就是它的原函数是否存在, 这一问题将在第 5 章中加以讨论, 考虑到内容的完整性, 这里先介绍一个相关结论.

定理 4-1-1 若函数 $f(x)$ 在区间 I 上连续, 那么在区间 I 上一定存在可导函数 $F(x)$, 使得 $\forall x \in I$, 都有

$$F'(x) = f(x),$$

即连续函数一定存在原函数.

此外, 从定义 4-1-3 中, 我们还可以得出如下关于导数、微分和不定积分的关系:

$$\left[\int f(x)\mathrm{d}x\right]' = [F(x) + C]' = f(x);$$

$$\mathrm{d}\left[\int f(x)\mathrm{d}x\right] = f(x)\mathrm{d}x;$$

$$\int F'(x)\mathrm{d}x = \int f(x)\mathrm{d}x = F(x) + C;$$

$$\int \mathrm{d}F(x) = F(x) + C.$$

由此可见, 微分运算和不定积分运算是互逆的.

4.1.2 基本积分表

考虑到积分运算和微分运算的互逆性质, 我们根据第 2 章的求导公式很容易得到对应的积分公式. 下面举一个例子对此过程加以说明.

例 4-1-2 求 $\sin x$ 的不定积分.

解 因为

$$(-\cos x)' = \sin x,$$

所以

$$\int \sin x \mathrm{d}x = -\cos x + C.$$

类似地, 可以得到其他的积分公式, 把这些基本积分公式列成一个表, 即基本积分公式表.

1. $\displaystyle\int k\mathrm{d}x = kx + C$ (k 为常数);

2. $\displaystyle\int x^{\mu}\mathrm{d}x = \frac{x^{\mu+1}}{\mu+1} + C$ ($\mu \neq -1$);

3. $\displaystyle\int \frac{\mathrm{d}x}{x} = \ln|x| + C$;

4. $\displaystyle\int \frac{\mathrm{d}x}{1+x^2} = \arctan x + C$;

5. $\displaystyle\int \frac{\mathrm{d}x}{\sqrt{1-x^2}} = \arcsin x + C$;

6. $\displaystyle\int \cos x \mathrm{d}x = \sin x + C$;

7. $\displaystyle\int \sin x \mathrm{d}x = -\cos x + C$;

8. $\displaystyle\int \frac{\mathrm{d}x}{\cos^2 x} = \int \sec^2 x \mathrm{d}x = \tan x + C$;

9. $\displaystyle\int \frac{\mathrm{d}x}{\sin^2 x} = \int \csc^2 x \mathrm{d}x = -\cot x + C$;

10. $\displaystyle\int \sec x \tan x \mathrm{d}x = \sec x + C$;

11. $\displaystyle\int \csc x \cot x \mathrm{d}x = -\csc x + C$;

12. $\displaystyle\int \mathrm{e}^x \mathrm{d}x = \mathrm{e}^x + C$;

13. $\displaystyle\int a^x \mathrm{d}x = \frac{a^x}{\ln a} + C$ ($a > 0$ 且 $a \neq 1$);

14. $\displaystyle\int \sec x\,\mathrm{d}x = \ln|\sec x + \tan x| + C;$

15. $\displaystyle\int \csc x\,\mathrm{d}x = \ln|\csc x - \cot x| + C;$

16. $\displaystyle\int \tan x\,\mathrm{d}x = -\ln|\cos x| + C;$

17. $\displaystyle\int \cot x\,\mathrm{d}x = \ln|\sin x| + C;$

18. $\displaystyle\int \frac{1}{x^2 - a^2}\mathrm{d}x = \frac{1}{2a}\ln\left|\frac{x-a}{x+a}\right| + C;$

19. $\displaystyle\int \frac{\mathrm{d}x}{a^2 + x^2} = \frac{1}{a}\arctan\frac{x}{a} + C;$

20. $\displaystyle\int \frac{\mathrm{d}x}{\sqrt{a^2 - x^2}} = \arcsin\frac{x}{a} + C;$

21. $\displaystyle\int \frac{\mathrm{d}x}{\sqrt{a^2 + x^2}} = \ln\left(x + \sqrt{a^2 + x^2}\right) + C;$

22. $\displaystyle\int \frac{\mathrm{d}x}{\sqrt{x^2 - a^2}} = \ln\left|x + \sqrt{x^2 - a^2}\right| + C.$

4.1.3 不定积分的性质

根据不定积分定义, 显然具有如下两条性质.

性质 4-1-1 设函数 $f(x)$, $g(x)$ 的原函数存在, 则

$$\int [f(x) \pm g(x)]\mathrm{d}x = \int f(x)\mathrm{d}x \pm \int g(x)\mathrm{d}x.$$

性质 4-1-2 设函数 $f(x)$ 的原函数存在, k 为非零常数, 则

$$\int kf(x)\mathrm{d}x = k\int f(x)\mathrm{d}x.$$

利用上述性质, 结合基本积分公式表, 下面举一些简单函数求不定积分的例子.

例 4-1-3 求 $\displaystyle\int \sqrt{x}(x-3)\mathrm{d}x$.

解 $\displaystyle\int \sqrt{x}(x-3)\mathrm{d}x = \int \left(x^{\frac{3}{2}} - 3x^{\frac{1}{2}}\right)\mathrm{d}x$

$$= \frac{2}{5}x^{\frac{5}{2}} + 3 \times \frac{2}{3}x^{\frac{3}{2}} + C$$

$$= \frac{2}{5}x^{\frac{5}{2}} + 2x^{\frac{3}{2}} + C.$$

例 4-1-4   求 $\displaystyle\int \frac{(x-1)^3}{x^2}\mathrm{d}x$.

解 $\displaystyle\int \frac{(x-1)^3}{x^2}\mathrm{d}x = \int \frac{x^3 - 3x^2 + 3x - 1}{x^2}\mathrm{d}x$

$$= \int \left(x - 3 + \frac{3}{x} - \frac{1}{x^2}\right)\mathrm{d}x$$

$$= \frac{x^2}{2} - 3x + 3\ln|x| + \frac{1}{x} + C.$$

例 4-1-5   求 $\displaystyle\int \frac{x^4}{1+x^2}\mathrm{d}x$.

解 $\displaystyle\int \frac{x^4}{1+x^2}\mathrm{d}x = \int \frac{(x^4 + x^2) - (x^2 + 1) + 1}{1+x^2}\mathrm{d}x$

$$= \int \left[(x^2 - 1) + \frac{1}{1+x^2}\right]\mathrm{d}x$$

$$= \frac{1}{3}x^3 - x + \arctan x + C.$$

例 4-1-6   求 $\displaystyle\int \tan^2 x\mathrm{d}x$.

解 $\displaystyle\int \tan^2 x\mathrm{d}x = \int (\sec^2 x - 1)\mathrm{d}x = \tan x - x + C$.

例 4-1-7   求 $\displaystyle\int \cos^2 \frac{x}{2}\mathrm{d}x$.

解 $\displaystyle\int \cos^2 \frac{x}{2}\mathrm{d}x = \int \frac{1 + \cos x}{2}\mathrm{d}x$

$$= \frac{1}{2}\int \mathrm{d}x + \frac{1}{2}\int \cos x\mathrm{d}x$$

$$= \frac{1}{2}x + \frac{1}{2}\sin x + C.$$

例 4-1-8 $\displaystyle\int 2^x(\mathrm{e}^x - 1)\mathrm{d}x$.

解 $\displaystyle\int 2^x(\mathrm{e}^x - 1)\mathrm{d}x = \int 2^x\mathrm{e}^x\mathrm{d}x - \int 2^x\mathrm{d}x$

$$= \int (2\mathrm{e})^x\mathrm{d}x - \int 2^x\mathrm{d}x$$

$$= \frac{(2\mathrm{e})^x}{\ln 2\mathrm{e}} - \frac{2^x}{\ln 2} + C = \frac{2^x\mathrm{e}^x}{1 + \ln 2} - \frac{2^x}{\ln 2} + C.$$

例 4-1-9 设生产某产品 x 单位的总成本 (单位: 元)C 是 x 的函数 $C(x)$, 固定成本 (即 $C(0)$) 为 20 元, 边际成本函数为 $C'(x) = 2x + 10$, 求总成本函数 $C(x)$.

解 总成本函数 $C(x)$ 是边际成本函数为 $C'(x) = 2x + 10$ 的原函数, 所以有

$$C(x) = \int (2x + 10)\mathrm{d}x = x^2 + 10x + C.$$

注意到固定成本为 20 元, 即 $C(0) = 20$, 因此有 $C = 20$.

所以总成本函数为 $C(x) = x^2 + 10x + 20$.

例 4-1-10 已知速度函数为 $v(t) = 2t$, 且路程函数 $s(t)$ 满足 $s(0) = 0$, 求 $s(t)$.

解 因为 $s'(t) = v(t) = 2t$, 即 $s(t)$ 是 $v(t) = 2t$ 的一个原函数. 又因为

$$\int 2t\mathrm{d}t = t^2 + C,$$

所以, 必存在某个常数 C, 使得 $s(t) = t^2 + C$.

由已知 $s(0) = 0$, 得 $C = 0$, 所以 $s(t) = t^2$.

4.1.4 不定积分的几何意义

从几何观点来看, 求原函数的问题就是: 给定曲线在每一点的切线斜率 $f(x)$, 求该曲线. 如果曲线 $y = F(x)$ 满足要求, 那么将曲线 $y = F(x)$ 向上或向下平移一距离 C 后, 显然横坐标相同的点, 两曲线的切线的斜率相同, 即曲线 $y = F(x) + C$ 也符合要求 (图 4-1). 因此, 每点具有给定斜率的曲线不止一条, 而有无穷多条. 当常数 C 变动时, 就得到一族曲线, 但是, 在实际问题中, C 不是任意的, 而是由具体条件确定的.

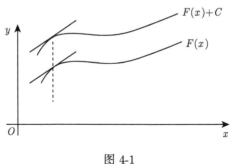

图 4-1

习 题 4-1

1. 求不定积分:

(1) $\int (1 - 4x^3)\,\mathrm{d}x$;

(2) $\int (3^x + x^3)\,\mathrm{d}x$;

(3) $\displaystyle\int \left(\sqrt[3]{x} - \frac{1}{\sqrt{x}} \right)\, \mathrm{d}x$;

(4) $\displaystyle\int \left(\frac{x}{2} - \frac{1}{x} + \frac{3}{x^3} - \frac{4}{x^4} \right)\, \mathrm{d}x$;

(5) $\displaystyle\int \sqrt[3]{x}(x-3)\, \mathrm{d}x$;

(6) $\displaystyle\int \frac{(t+1)^3}{t^2}\, \mathrm{d}t$;

(7) $\displaystyle\int \frac{x^2 + \sqrt{x^3} + 3}{\sqrt{x}}\, \mathrm{d}x$;

(8) $\displaystyle\int \frac{x^2}{x^2+1}\, \mathrm{d}x$;

(9) $\displaystyle\int \sin^2 \frac{u}{2}\, \mathrm{d}u$;

(10) $\displaystyle\int \cot^2 x\, \mathrm{d}x$;

(11) $\displaystyle\int \frac{\cos 2x}{\cos x + \sin x}\, \mathrm{d}x$;

(12) $\displaystyle\int \sqrt{\sqrt{x\sqrt{x\sqrt{x}}}}\, \mathrm{d}x$;

(13) $\displaystyle\int \frac{\mathrm{e}^{2t} - 1}{\mathrm{e}^t - 1}\, \mathrm{d}t$;

(14) $\displaystyle\int \frac{\mathrm{d}x}{x^2(1+x^2)}$;

(15) $\displaystyle\int \frac{2 \cdot 3^x - 5 \cdot 2^x}{3^x}\, \mathrm{d}x$;

(16) $\displaystyle\int \frac{\cos 2x}{\cos^2 x \sin^2 x}\, \mathrm{d}x$.

2. 一曲线通过点 $(\mathrm{e}^2,\ 3)$, 且在任意点处的切线斜率等于该点横坐标的倒数, 求该曲线的方程.

课堂练习　4-1

1. 若函数 $f(x)$ 的导数是 a^x, 则 $\displaystyle\int f(x)\mathrm{d}x = $ _____.

2. 设一个三次函数的导数为 $x^2 - 2x - 8$, 则该函数的极大值与极小值之差是 _____.

3. 若已知 $f'(x) = \dfrac{1}{\sqrt{1-x^2}}$, 且 $f(0) = \dfrac{\pi}{2}$, 则 $f(x) = $ _____.

4. 若 $\displaystyle\int f(x)\mathrm{d}x = \cos(\ln x) + C$, 则 $f(x) = $ _____.

5. 设 $F(x)$ 是 e^{-x^2} 的一个原函数, 则 $\dfrac{\mathrm{d}F(\sqrt{x})}{\mathrm{d}x}$ 等于 (　　).

A. $\dfrac{1}{\sqrt{x}}\mathrm{e}^{-x}$　　B. $\dfrac{1}{2\sqrt{x}}\mathrm{e}^{-x}$　　C. $\dfrac{1}{\sqrt{x}}\mathrm{e}^{-x^2}$　　D. $\dfrac{1}{2\sqrt{x}}\mathrm{e}^{-x^2}$

4.2　换元积分法

考虑到利用基本公式和性质能够求解的不定积分十分有限, 所以本节把第 2 章中的复合函数微分法反过来用于求解不定积分. 具体地说, 利用对中间变量的代换, 得到被积函数为复合函数的不定积分, 称此方法为换元积分法.

4.2.1 第一类换元法

定理 4-2-1 设 $f(u)$ 的原函数为 $F(u)$, $u = \varphi(x)$ 可导, 则有换元公式

$$\int f[\varphi(x)]\varphi'(x)\mathrm{d}x = F[\varphi(x)] + C. \tag{4-2-1}$$

证明
$$\int f[\varphi(x)]\varphi'(x)\mathrm{d}x = \int f[\varphi(x)]\mathrm{d}\varphi(x) = \int f(u)\mathrm{d}u$$
$$= F(u) + C = F[\varphi(x)] + C.$$

从上述证明过程中我们可以看到, 第一类换元积分法恰好是复合函数微分法的反过程. 也就是说, 把被积表达式中的 $\varphi'(x)$ 放到微分符号 "d" 中去, 如果 $\int f(u)\mathrm{d}u$ 容易求出, 则原积分就求出来了. 在此过程中, 需要 "凑" 出 $\mathrm{d}\varphi(x)$ 来, 故形象地称为 "凑微分" 法. 下面我们通过一些具体例子来熟悉第一类换元积分方法和 "凑微分" 的技巧.

例 4-2-1 求 $\int 2\cos 2x\mathrm{d}x$.

解 令 $u = 2x$, 则 $\mathrm{d}u = 2\mathrm{d}x$, 所以
$$\int 2\cos 2x\mathrm{d}x = \int \cos u\mathrm{d}u = \sin u + C = \sin 2x + C.$$

例 4-2-2 求 $\int \dfrac{1}{3x+1}\mathrm{d}x$.

解 令 $u = 3x + 1$, 则 $\mathrm{d}u = 3\mathrm{d}x$, 所以
$$\int \frac{1}{3x+1}\mathrm{d}x = \int \frac{1}{u} \times \frac{1}{3}\mathrm{d}u$$
$$= \frac{1}{3}\ln|u| + C$$
$$= \frac{1}{3}\ln|3x+1| + C.$$

当计算过程熟练以后, 中间变量 $u = \varphi(x)$ 可以不写出来, 直接计算就可以了.

例 4-2-3 求 $\int x\mathrm{e}^{x^2}\mathrm{d}x$.

解 $\int x\mathrm{e}^{x^2}\mathrm{d}x = \int \mathrm{e}^{x^2}\mathrm{d}\left(\dfrac{1}{2}x^2\right) = \dfrac{1}{2}\mathrm{e}^{x^2} + C.$

例 4-2-4 求 $\int \tan x \mathrm{d}x$.

解 $\int \tan x \mathrm{d}x = \int \dfrac{\sin x}{\cos x} \mathrm{d}x$

$$= -\int \frac{\mathrm{d}\cos x}{\cos x}$$

$$= -\ln|\cos x| + C.$$

类似可求: $\int \cot x \mathrm{d}x = \ln|\sin x| + C.$

例 4-2-5 求 $\int \dfrac{1}{a^2 - x^2} \mathrm{d}x$, 其中 $a > 0$.

解 $\int \dfrac{1}{a^2 - x^2} \mathrm{d}x = \int \dfrac{1}{(a-x)(a+x)} \mathrm{d}x$

$$= \frac{1}{2a} \int \left(\frac{1}{a+x} + \frac{1}{a-x} \right) \mathrm{d}x$$

$$= \frac{1}{2a} \ln|a+x| - \frac{1}{2a} \ln|a-x| + C$$

$$= \frac{1}{2a} \ln \left| \frac{a+x}{a-x} \right| + C.$$

例 4-2-6 求 $\int \csc x \mathrm{d}x$.

解 $\int \csc x \mathrm{d}x = \int \dfrac{1}{\sin x} \mathrm{d}x$

$$= \int \frac{1}{2\sin\dfrac{x}{2}\cos\dfrac{x}{2}} \mathrm{d}x$$

$$= \int \frac{1}{\tan\dfrac{x}{2}\cos^2 x} \mathrm{d}\frac{x}{2}$$

$$= \int \frac{1}{\tan\dfrac{x}{2}} \, \mathrm{d}\tan\frac{x}{2}$$

$$= \ln\left|\tan\frac{x}{2}\right| + C$$

$$= \ln|\csc x - \cot x| + C.$$

因为 $\cos x = \sin\left(x + \dfrac{\pi}{2}\right)$, 利用上式, 可得

$$\int \sec x \mathrm{d}x = \ln|\sec x + \tan x| + C.$$

常出现的凑微分的情形:

$$\int f(ax+b)\mathrm{d}x = \frac{1}{a}\int f(ax+b)\mathrm{d}(ax+b)(a \neq 0);$$

$$\int f(\mathrm{e}^x)\mathrm{e}^x\mathrm{d}x = \int f(\mathrm{e}^x)\mathrm{d}\mathrm{e}^x;$$

$$\int f(x^\alpha)x^{\alpha-1}\mathrm{d}x = \frac{1}{\alpha}\int f(x^\alpha)\mathrm{d}x^\alpha(\alpha \neq 0);$$

$$\int f(\ln x)\frac{1}{x}\mathrm{d}x = \int f(\ln x)\mathrm{d}\ln x;$$

$$\int f(\sin x)\cos x\mathrm{d}x = \int f(\sin x)\mathrm{d}\sin x;$$

$$\int f(\cos x)\sin x\mathrm{d}x = -\int f(\cos x)\mathrm{d}\cos x;$$

$$\int f(\tan x)\sec^2 x\mathrm{d}x = \int f(\tan x)\mathrm{d}\tan x;$$

$$\int f(\cot x)\csc^2 x\mathrm{d}x = -\int f(\cot x)\mathrm{d}\cot x;$$

$$\int f(\arcsin x)\frac{1}{\sqrt{1-x^2}}\mathrm{d}x = \int f(\arcsin x)\mathrm{d}\arcsin x;$$

$$\int f(\arctan x)\frac{1}{1+x^2}\mathrm{d}x = \int f(\arctan x)\mathrm{d}\arctan x.$$

例 4-2-7 求 $\displaystyle\int \frac{x\ln(1+x^2)}{1+x^2}\mathrm{d}x.$

解 $\displaystyle\int \frac{x\ln(1+x^2)}{1+x^2}\mathrm{d}x = \frac{1}{2}\int \frac{\ln(1+x^2)}{1+x^2}2x\mathrm{d}x = \frac{1}{2}\int \frac{\ln(1+x^2)}{1+x^2}\mathrm{d}(1+x^2)$

$$= \frac{1}{2}\int \ln(1+x^2)\mathrm{d}\ln(1+x^2) = \frac{1}{4}(\ln(1+x^2))^2 + C.$$

例 4-2-8 求 $\displaystyle\int \cos^2 x\mathrm{d}x.$

解 $\displaystyle\int \cos^2 x\mathrm{d}x = \int \frac{1+\cos 2x}{2}\mathrm{d}x = \frac{1}{2}\left(\int \mathrm{d}x + \int \cos 2x\mathrm{d}x\right)$

$$= \frac{1}{2}\int \mathrm{d}x + \frac{1}{4}\int \cos 2x\mathrm{d}(2x)$$

$$= \frac{x}{2} + \frac{\sin 2x}{4} + C.$$

例 4-2-9 求 $\displaystyle\int \sin^3 x \mathrm{d}x$.

解 $\displaystyle\int \sin^3 x \mathrm{d}x = \int \sin^2 x \sin x \mathrm{d}x = -\int (1 - \cos^2 x) \mathrm{d}(\cos x)$

$$= -\int \mathrm{d}(\cos x) + \int \cos^2 x \mathrm{d}(\cos x)$$

$$= -\cos x + \frac{1}{3} \cos^3 x + C.$$

例 4-2-10 求 $\displaystyle\int (2x - 1)^9 \mathrm{d}x$.

解 $\displaystyle\int (2x - 1)^9 \mathrm{d}x = \frac{1}{2} \int (2x - 1)^9 \mathrm{d}(2x - 1) = \frac{1}{20} (2x - 1)^{10} + C.$

4.2.2 第二类换元法

在计算问题中经常会遇到有些不定积分 $\displaystyle\int f(x) \mathrm{d}x$ 难以用凑微分来求解, 但若作适当的变换 $x = \varphi(t)$ 后, 积分 $\displaystyle\int f(\varphi(t)) \varphi'(t) \mathrm{d}t$ 却可以计算, 这提示我们可以通过此方法去求解一些不定积分.

定理 4-2-2 设 $x = \varphi(t)$ 是单调的、可导的函数, 并且 $\varphi'(t) \neq 0$, 又设 $F'(t) = f(t)$, 则有

$$\int f(x) \mathrm{d}x = \int f(\varphi(t)) \varphi'(t) \mathrm{d}t = F(\varphi^{-1}(x)) + C.$$

证明 记 $\Phi(x) = F(\varphi^{-1}(x))$, 利用复合函数及反函数的求导法则, 得到

$$\Phi'(x) = \frac{\mathrm{d}F}{\mathrm{d}t} \frac{\mathrm{d}t}{\mathrm{d}x} = f(\varphi(t)) \varphi'(t) \cdot \frac{1}{\varphi'(t)} = f(\varphi(t)) = f(x),$$

即 $\Phi(x)$ 是 $f(x)$ 的原函数. 所以有

$$\int f(x) \mathrm{d}x = \Phi(x) + C = F[\Phi^{-1}(x)] + C. \tag{4-2-2}$$

公式 (4-2-2) 称为第二类换元积分公式.

例 4-2-11 求 $\displaystyle\int \sqrt{a^2 - x^2}\, \mathrm{d}x\ (a > 0)$.

解 令 $x = a \sin t, -\dfrac{\pi}{2} \leqslant t \leqslant \dfrac{\pi}{2}$, 则

$$\sqrt{a^2 - x^2} = a \cos t, \quad \mathrm{d}x = a \cos t \mathrm{d}t,$$

因此有

$$\int \sqrt{a^2 - x^2}\mathrm{d}x = \int a\cos t\, a\cos t\mathrm{d}t$$

$$= a^2 \int \cos^2 t\mathrm{d}t$$

$$= a^2 \int \frac{1 + \cos 2t}{2}\mathrm{d}t$$

$$= \frac{a^2}{2}t + \frac{a^2}{4}\sin 2t + C$$

$$= \frac{a^2}{2}t + \frac{a^2}{2}\sin t\cos t + C$$

$$= \frac{a^2}{2}\arcsin\frac{x}{a} + \frac{a^2}{2}\frac{x}{a}\frac{\sqrt{a^2 - x^2}}{a} + C$$

$$= \frac{a^2}{2}\arcsin\frac{x}{a} + \frac{1}{2}x\sqrt{a^2 - x^2} + C.$$

例 4-2-12 求 $\displaystyle\int \frac{\mathrm{d}x}{\sqrt{a^2 + x^2}}$ $(a > 0)$.

解 令 $x = a\tan t$, $-\dfrac{\pi}{2} < t < \dfrac{\pi}{2}$, 则

$$\sqrt{a^2 + x^2} = a\sec t, \quad \mathrm{d}x = a\sec^2 t\mathrm{d}t,$$

因此有

$$\int \frac{\mathrm{d}x}{\sqrt{a^2 + x^2}} = \int \frac{1}{a\sec t}a\sec^2 t\mathrm{d}t$$

$$= \int \sec t\mathrm{d}t$$

$$= \ln|\sec t + \tan t| + C$$

$$= \ln\left|\frac{\sqrt{a^2 + x^2}}{a} + \frac{x}{a}\right| + C$$

$$= \ln|x + \sqrt{x^2 + a^2}| + C_1,$$

其中 $C_1 = C - \ln a$. 用类似方法可得

$$\int \frac{\mathrm{d}x}{\sqrt{x^2 - a^2}} = \ln|x + \sqrt{x^2 - a^2}| + C.$$

例 4-2-13 求 $\displaystyle\int \frac{\sqrt{x}}{1+x}\mathrm{d}x$.

解 设 $t = \sqrt{x}$, 则 $x = t^2$, $\mathrm{d}x = 2t\mathrm{d}t$, $1 + x = 1 + t^2$,

$$\int \frac{\sqrt{x}}{1+x}\mathrm{d}x = \int \frac{t}{1+t^2}2t\mathrm{d}t = 2\int \frac{t^2+1-1}{1+t^2}\mathrm{d}t$$

$$= 2\int \left(1 - \frac{1}{1+t^2}\right)\mathrm{d}t$$

$$= 2(t - \arctan t) + C$$

$$= 2(\sqrt{x} - \arctan\sqrt{x}) + C.$$

例 4-2-14 求 $\displaystyle\int \frac{1}{1+\sqrt{2x-1}}\mathrm{d}x$.

解 设 $t = \sqrt{2x-1}$, 则 $x = \dfrac{t^2+1}{2}$, $\mathrm{d}x = t\mathrm{d}t$,

$$\int \frac{1}{1+\sqrt{2x-1}}\mathrm{d}x = \int \frac{1}{1+t}t\mathrm{d}t = \int \frac{t+1-1}{1+t}\mathrm{d}t$$

$$= \int \left(1 - \frac{1}{1+t}\right)\mathrm{d}t$$

$$= t - \ln|1+t| + C$$

$$= \sqrt{2x-1} - \ln(1+\sqrt{2x-1}) + C.$$

例 4-2-15 求 $\displaystyle\int \frac{x^5}{\sqrt{1+x^2}}\mathrm{d}x$.

解一 令 $x = \tan t$, $\mathrm{d}x = \sec^2 t\mathrm{d}t$, $-\dfrac{\pi}{2} < t < \dfrac{\pi}{2}$, 于是

$$\int \frac{x^5}{\sqrt{1+x^2}}\mathrm{d}x = \int \frac{\tan^5 t}{\sec t}\cdot\sec^2 t\mathrm{d}t = \int \tan^4 t\cdot\tan t\cdot\sec t\mathrm{d}t$$

$$= \int (\sec^2 t - 1)^2\,\mathrm{d}\sec t$$

$$= \frac{1}{5}\sec^5 t - \frac{2}{3}\sec^3 t + \sec t + C$$

$$= \frac{1}{15}(8 - 4x^2 + 3x^4)\sqrt{1+x^2} + C.$$

解二 令 $\sqrt{1+x^2} = t$, $x^2 = t^2 - 1$, $x\mathrm{d}x = t\mathrm{d}t$, 于是

$$\int \frac{x^5}{\sqrt{1+x^2}}\mathrm{d}x = \int \frac{(t^2-1)^2 t}{t}\mathrm{d}t = \int (t^2-1)^2\mathrm{d}t$$

$$= \frac{1}{5}t^5 - \frac{2}{3}t^3 + t + C$$

$$= \frac{1}{15}(8 - 4x^2 + 3x^4)\sqrt{1 + x^2} + C.$$

习 题 4-2

1. 求下列不定积分:

(1) $\displaystyle\int (1 + 3x)^{\frac{1}{2}} \mathrm{d}x$;

(2) $\displaystyle\int \frac{\mathrm{d}x}{(2x + 3)^2}$;

(3) $\displaystyle\int \frac{2x}{1 + x^2} \mathrm{d}x$;

(4) $\displaystyle\int \mathrm{e}^{3x+2} \mathrm{d}x$;

(5) $\displaystyle\int \frac{\ln^2 x}{x} \mathrm{d}x$;

(6) $\displaystyle\int a^{-x} \mathrm{d}x$;

(7) $\displaystyle\int \frac{\mathrm{e}^{\frac{1}{x}}}{x^2} \mathrm{d}x$;

(8) $\displaystyle\int x\sqrt{x^2 + 1} \mathrm{d}x$;

(9) $\displaystyle\int \frac{1}{\sqrt{1 - 2v}}$;

(10) $\displaystyle\int \frac{x^2}{\sqrt[3]{(x^3 - 5)^2}} \mathrm{d}x$;

(11) $\displaystyle\int \frac{2x - 1}{x^2 - x + 3} \mathrm{d}x$;

(12) $\displaystyle\int \frac{\mathrm{d}t}{t \ln t}$;

(13) $\displaystyle\int \frac{\mathrm{e}^x}{\mathrm{e}^x + 1} \mathrm{d}x$;

(14) $\displaystyle\int \frac{x - 1}{x^2 + 1} \mathrm{d}x$;

(15) $\displaystyle\int \frac{\mathrm{d}x}{4 + 9x^2}$;

(16) $\displaystyle\int \frac{\mathrm{d}x}{4x^2 + 4x + 5}$;

(17) $\displaystyle\int \frac{\mathrm{d}x}{\sqrt{4 - 9x^2}}$;

(18) $\displaystyle\int \frac{\mathrm{d}x}{\sqrt{4 - 2x - x^2}}$;

(19) $\displaystyle\int \frac{\mathrm{d}x}{4 - x^2}$;

(20) $\displaystyle\int \frac{\mathrm{d}x}{4 - 9x^2}$;

(21) $\displaystyle\int \sin 3x \mathrm{d}x$;

(22) $\displaystyle\int \cos \frac{2}{3}x \mathrm{d}x$;

(23) $\displaystyle\int \sin^2 3x \mathrm{d}x$;

(24) $\displaystyle\int \mathrm{e}^{\sin x} \cos x \mathrm{d}x$;

(25) $\displaystyle\int \mathrm{e}^x \cos \mathrm{e}^x \mathrm{d}x$;

(26) $\displaystyle\int \sin^3 x \mathrm{d}x$;

(27) $\displaystyle\int \cos^5 x \mathrm{d}x$;

(28) $\displaystyle\int \sin^2 x \cos^5 x \mathrm{d}x$;

(29) $\displaystyle\int \tan^4 x \mathrm{d}x$;

(30) $\displaystyle\int \frac{\mathrm{d}x}{\sin^4 x}$;

(31) $\displaystyle\int \tan^3 x \mathrm{d}x$;

(32) $\displaystyle\int \frac{\mathrm{d}t}{\mathrm{e}^t + \mathrm{e}^{-t}}$;

(33) $\displaystyle\int \frac{\mathrm{d}x}{\mathrm{e}^x - 1}$;

(34) $\displaystyle\int \frac{\mathrm{d}x}{\sqrt{\mathrm{e}^{2x} - 1}}$;

(35) $\displaystyle\int \frac{\mathrm{d}x}{x\sqrt{1 + \ln x}}$;

(36) $\displaystyle\int \frac{x + \ln x^2}{x} \mathrm{d}x$;

(37) $\displaystyle\int \frac{\mathrm{d}x}{x(1 + x^6)}$;

(38) $\displaystyle\int \frac{(\arctan x)^2}{1 + x^2} \mathrm{d}x$;

(39) $\displaystyle\int \frac{\mathrm{e}^x \mathrm{d}x}{\arcsin \mathrm{e}^x \cdot \sqrt{1 - \mathrm{e}^{2x}}}$.

2. 求下列不定积分:

(1) $\displaystyle\int x\sqrt{x+a^2}\mathrm{d}x$;

(2) $\displaystyle\int \frac{\mathrm{d}x}{\sqrt{2x+5}+1}$;

(3) $\displaystyle\int \frac{x}{\sqrt[4]{3x+1}}\mathrm{d}x$;

(4) $\displaystyle\int \frac{1}{\sqrt{x}+\sqrt[3]{x}}\mathrm{d}x$;

(5) $\displaystyle\int \frac{\mathrm{e}^{2x}}{\sqrt[4]{1+\mathrm{e}^x}}\mathrm{d}x$;

(6) $\displaystyle\int x\cdot\sqrt[4]{2x+3}\mathrm{d}x$;

(7) $\displaystyle\int \frac{1}{1+\sqrt{x}}\mathrm{d}x$;

(8) $\displaystyle\int \sqrt{\frac{x}{1-x\sqrt{x}}}\mathrm{d}x$;

(9) $\displaystyle\int \frac{1}{\sqrt[3]{x+1}+1}\mathrm{d}x$;

(10) $\displaystyle\int \frac{1+\sqrt[3]{1+x}}{\sqrt{1+x}}\mathrm{d}x$;

(11) $\displaystyle\int (1-x^2)^{-\frac{3}{2}}\mathrm{d}x$;

(12) $\displaystyle\int \frac{\mathrm{d}x}{(1+x^2)^2}$;

(13) $\displaystyle\int \frac{\mathrm{d}x}{(a^2+x^2)^{\frac{3}{2}}}$;

(14) $\displaystyle\int \frac{\mathrm{d}x}{x\sqrt{x^2-1}}$;

(15) $\displaystyle\int \frac{x^2}{\sqrt{1-x^2}}\mathrm{d}x$;

(16) $\displaystyle\int \frac{\mathrm{d}x}{\sqrt{9x^2-4}}$;

(17) $\displaystyle\int \frac{\mathrm{d}x}{\sqrt{9x^2-6x+7}}$;

(18) $\displaystyle\int \frac{1}{\mathrm{e}^x-1}\mathrm{d}x$;

(19) $\displaystyle\int \frac{1-\ln x}{(x-\ln x)^2}\mathrm{d}x$.

课堂练习 4-2

1. 若 $F'(x)=f(x)$, 则 $\displaystyle\int \frac{f(-\sqrt{x})}{\sqrt{x}}\mathrm{d}x=$ _____.

2. $\mathrm{d}\,(ax+b)^n=$ _____; $\displaystyle\int (ax+b)^{n-1}\mathrm{d}x=$ _____;

   $\mathrm{d}\,(\mathrm{e}^{3x-2})=$ _____; $\displaystyle\int \mathrm{e}^{3x-2}\mathrm{d}x=$ _____.

3. 若 $\displaystyle\int f(x)\mathrm{d}x=F(x)+C$ 且 $x=at+b$, 则 $\displaystyle\int f(t)\mathrm{d}t=$ _____.

4. 设 $\displaystyle\int f(x)\mathrm{d}x=x^2+C$, 则 $\displaystyle\int xf(1-x^2)\mathrm{d}x=$ _____.

5. $\displaystyle\int \mathrm{e}^{f(x)}f'(x)\,\mathrm{d}x=$ _____.

6. 计算 $\displaystyle\int \frac{1}{\sqrt{x}(1+x)}\,\mathrm{d}x$.

7. 计算 $\displaystyle\int \frac{\mathrm{e}^{2x}}{4-\mathrm{e}^{4x}}\,\mathrm{d}x$.

8. 计算 $\displaystyle\int \frac{\sin x\cos x}{1+\sin^4 x}\,\mathrm{d}x$.

9. 计算 $\displaystyle\int \frac{1}{x\sqrt{x^2-1}}\,\mathrm{d}x$.

10. 计算 $\displaystyle\int \frac{1}{\sqrt{(1+x^2)^3}}\,\mathrm{d}x$.

11. 计算 $\displaystyle\int \frac{1}{x^2\sqrt{4+x^2}}\,\mathrm{d}x$.

12. 计算 $\displaystyle\int \frac{\sqrt{x^2-9}}{x}\,\mathrm{d}x$.

4.3 分部积分法

4.3.1 分部积分公式

设 $u = u(x)$, $v = v(x)$, 则有

$$(uv)' = u'v + uv' \quad \text{或} \quad \mathrm{d}(uv) = v\,\mathrm{d}u + u\,\mathrm{d}v,$$

两端求不定积分, 得

$$\int (uv)'\mathrm{d}x = \int v\,u'\mathrm{d}x + \int u\,v'\mathrm{d}x \quad \text{或} \quad \int \mathrm{d}(uv) = \int v\,\mathrm{d}u + \int u\,\mathrm{d}v,$$

即

$$\int u\,\mathrm{d}v = uv - \int v\,\mathrm{d}u \tag{4-3-1}$$

或

$$\int u\,v'\mathrm{d}x = uv - \int v\,u'\mathrm{d}x. \tag{4-3-2}$$

公式 (4-3-1) 或 (4-3-2) 称为不定积分的分部积分公式.

分部积分公式表明, 当右边的积分比左边的积分更简单、更容易计算时, 可以把待求较难积分 $\displaystyle\int uv'\mathrm{d}x$ 转化为较易积分 $\displaystyle\int vu'\mathrm{d}x$, 其中的关键是选取合适的 u 与 v. 下面通过例子来说明此问题, 并由此熟练掌握这种方法.

4.3.2 分部积分举例

例 4-3-1 求 $\displaystyle\int x\mathrm{e}^x\mathrm{d}x$.

解 设 $u = x, \mathrm{e}^x\mathrm{d}x = \mathrm{d}v$, 则 $v = \mathrm{e}^x$,

$$\int x\mathrm{e}^x\mathrm{d}x = \int x\mathrm{d}\mathrm{e}^x = x\mathrm{e}^x - \int \mathrm{e}^x\mathrm{d}x = x\mathrm{e}^x - \mathrm{e}^x + C.$$

此题若令 $u = \mathrm{e}^x, x\mathrm{d}x = \mathrm{d}v$, 则 $v = \dfrac{x^2}{2}$, 于是

$$\int x\mathrm{e}^x\mathrm{d}x = \int \mathrm{e}^x\mathrm{d}\frac{x^2}{2} = \frac{x^2}{2}\mathrm{e}^x - \int \frac{x^2}{2}\mathrm{d}\mathrm{e}^x = \frac{x^2}{2}\mathrm{e}^x - \frac{1}{2}\int x^2\mathrm{e}^x\mathrm{d}x.$$

上式显然并没有使原积分变得简单, 反而更麻烦. 由上例可见, 如果 u 和 v 选取不当, 就积不出来. 一般来讲, 选取 u 和 v 要考虑下面两点:

(1) v 要容易求得, u' 应比 u 更简单;

(2) $\displaystyle\int v\mathrm{d}u$ 要比 $\displaystyle\int u\mathrm{d}v$ 容易积出.

例 4-3-2　求 $\displaystyle\int x\cos x\mathrm{d}x$.

解　$\displaystyle\int x\cos x\mathrm{d}x = \int x\mathrm{d}\sin x$

$$= x\sin x - \int \sin x\mathrm{d}x$$

$$= x\sin x + \cos x + C.$$

例 4-3-3　求 $\displaystyle\int x^2\mathrm{e}^x\mathrm{d}x$.

解　$\displaystyle\int x^2\mathrm{e}^x\mathrm{d}x = \int x^2\mathrm{d}\mathrm{e}^x$

$$= x^2\mathrm{e}^x - \int \mathrm{e}^x\mathrm{d}x^2$$

$$= x^2\mathrm{e}^x - 2\int x\mathrm{e}^x\mathrm{d}x$$

$$= x^2\mathrm{e}^x - 2\left(x\mathrm{e}^x - \int \mathrm{e}^x\mathrm{d}x\right)$$

$$= x^2\mathrm{e}^x - 2x\mathrm{e}^x + 2\mathrm{e}^x + C.$$

从上述几个例子中可以看出, 当被积函数是幂函数与正弦 (余弦) 乘积或是幂函数与指数函数乘积, 做分部积分时, 取幂函数为 u, 其余部分取为 $\mathrm{d}v$.

例 4-3-4　求 $\displaystyle\int x\ln x\mathrm{d}x$.

解　$\displaystyle\int x\ln x\mathrm{d}x = \frac{1}{2}\int \ln x\mathrm{d}x^2$

$$= \frac{1}{2}\left(x^2\ln x - \int x^2\mathrm{d}\ln x\right)$$

$$= \frac{1}{2}\left(x^2\ln x - \int x\mathrm{d}x\right)$$

$$= \frac{1}{2}\left(x^2\ln x - \frac{1}{2}x^2\right) + C$$

$$= \frac{1}{2}x^2 \ln x - \frac{1}{4}x^2 + C.$$

例 4-3-5 求 $\int x \arctan x \mathrm{d}x$.

解 $\int x \arctan x \mathrm{d}x = \frac{1}{2} \int \arctan x \mathrm{d}x^2$

$$= \frac{1}{2}\left(x^2 \arctan x - \int x^2 \mathrm{d}\arctan x\right)$$

$$= \frac{1}{2}\left(x^2 \arctan x - \int \frac{x^2}{1+x^2}\mathrm{d}x\right)$$

$$= \frac{1}{2}\left[x^2 \arctan x - \int \left(1 - \frac{1}{1+x^2}\right)\mathrm{d}x\right]$$

$$= \frac{1}{2}\left(x^2 \arctan x - x + \arctan x\right) + C.$$

例 4-3-6 求 $\int \arcsin x \mathrm{d}x$.

解 令 $u = \arcsin x, \mathrm{d}x = \mathrm{d}v$, 则 $v = x$,

$$\int \arcsin x \mathrm{d}x = x \arcsin x - \int \frac{x\mathrm{d}x}{\sqrt{1-x^2}}$$

$$= x \arcsin x + \frac{1}{2} \int \frac{1}{\sqrt{1-x^2}}\mathrm{d}(1-x^2)$$

$$= x \arcsin x + \sqrt{1-x^2} + C.$$

从上述几个例子中可以看出, 当被积函数是幂函数与对数函数乘积或是幂函数与反三角函数乘积, 做分部积分时, 取对数函数或反三角函数为 u, 其余部分取为 $\mathrm{d}v$.

例 4-3-7 求 $\int \mathrm{e}^x \sin x \mathrm{d}x$.

解 $\int \mathrm{e}^x \sin x \mathrm{d}x = \int \sin x \mathrm{d}\mathrm{e}^x$

$$= \mathrm{e}^x \sin x - \int \mathrm{e}^x \mathrm{d}\sin x$$

$$= \mathrm{e}^x \sin x - \int \mathrm{e}^x \cos x \mathrm{d}x$$

$$= \mathrm{e}^x \sin x - \int \cos x \mathrm{d}\mathrm{e}^x$$

$$= e^x \sin x - \left(e^x \cos x - \int e^x d\cos x \right)$$

$$= e^x \sin x - e^x \cos x - \int e^x \sin x dx,$$

因此得

$$2 \int e^x \sin x dx = e^x (\sin x - \cos x),$$

即

$$\int e^x \sin x dx = \frac{1}{2} e^x (\sin x - \cos x) + C.$$

在积分过程中, 换元积分法和分部积分法往往会同时使用, 例如下面两个问题.

例 4-3-8   求 $\int e^{\sqrt{x}} dx$.

解   令 $\sqrt{x} = t$, 则 $x = t^2$, $dx = 2tdt$, 因此

$$\int e^{\sqrt{x}} dx = \int e^t 2t dt$$

$$= 2 \int t e^t dt$$

$$= 2 \left(t e^t - e^t \right) + C$$

$$= 2 e^{\sqrt{x}} (\sqrt{x} - 1) + C.$$

例 4-3-9   求 $\int \dfrac{x e^x}{\sqrt{e^x - 3}} dx$.

解   令 $\sqrt{e^x - 3} = t$, 则 $x = \ln(t^2 + 3)$, $dx = \dfrac{2t}{t^2 + 3} dt$, 于是

$$\int \frac{x e^x}{\sqrt{e^x - 3}} dx = 2 \int \ln(t^2 + 3) dt = 2t \ln(t^2 + 3) - \int \frac{4t^2}{t^2 + 3} dt$$

$$= 2t \ln(t^2 + 3) - 4t + 4\sqrt{3} \arctan \frac{t}{\sqrt{3}} + C$$

$$= 2(x - 2)\sqrt{e^x - 3} + 4\sqrt{3} \arctan \sqrt{\frac{e^x}{3} - 1} + C.$$

例 4-3-10   求 $\int \cos(\ln x) dx$.

解 $\int \cos(\ln x) dx = x \cos(\ln x) + \int x [\sin(\ln x)] \dfrac{1}{x} dx$

$$= x\cos(\ln x) + \int \sin(\ln x)\mathrm{d}x$$

$$= x\cos(\ln x) + x\sin(\ln x) - \int x\mathrm{d}[\sin(\ln x)]$$

$$= x\cos(\ln x) + x\sin(\ln x) - \int \cos(\ln x)\mathrm{d}x,$$

即

$$\int \cos(\ln x)\mathrm{d}x = \frac{1}{2}x[\cos(\ln x) + \sin(\ln x)] + C.$$

习 题 4-3

1. 求下列不定积分:

(1) $\int xe^{2x}\mathrm{d}x$;

(2) $\int x\sin x\mathrm{d}x$;

(3) $\int \arctan x\mathrm{d}x$;

(4) $\int \ln(x^2+1)\mathrm{d}x$;

(5) $\int \dfrac{\ln x}{x^2}\mathrm{d}x$;

(6) $\int x^n\ln x\mathrm{d}x$;

(7) $\int x^2e^{-x}\mathrm{d}x$;

(8) $\int x^3(\ln x)^2\mathrm{d}x$;

(9) $\int \sec^3 x\mathrm{d}x$;

(10) $\int e^{\sqrt{x}}\mathrm{d}x$;

(11) $\int \dfrac{\ln\ln x}{x}\mathrm{d}x$.

2、求不定积分:

(1) $\int \ln\left(x+\sqrt{1+x^2}\right)\mathrm{d}x$;

(2) $\int xf''(x)\mathrm{d}x$;

(3) $\int x\tan x\sec^2 x\mathrm{d}x$;

(4) $\int \dfrac{\ln\cos x}{\cos^2 x}\mathrm{d}x$.

课堂练习 4-3

1. 已知 $\int f(x)\mathrm{d}x = xf(x) - \int \dfrac{x}{\sqrt{1+x^2}}\,\mathrm{d}x$, 则 $f(x) = $_____.

2. 已知 $f(x)$ 的一个原函数为 $\dfrac{\sin x}{x}$, 则 $\int xf'(2x)\mathrm{d}x = $_____.

3. 用分部积分法求 $\int x\cos^2 x\mathrm{d}x$.

4. 求不定积分 $\int \sin\sqrt[3]{x}\mathrm{d}x$.

5. 求不定积分 $\int x^2\arctan x\mathrm{d}x$.

6. 求不定积分 $\int x\tan x\sec^4 x\mathrm{d}x$.

7. 求 $\displaystyle\int x^2 \mathrm{e}^{4x} \mathrm{d}x$.

8. 求 $\displaystyle\int x \sin x \cos x \mathrm{d}x$.

9. 设 $f(x) = \dfrac{1}{x}\mathrm{e}^x$, 求积分 $\displaystyle\int x f''(x) \mathrm{d}x$.

4.4　有理函数的积分

前面我们已经介绍了求不定积分的两个基本方法 —— 换元积分法和分部积分法. 下面介绍有理函数的积分和可化为有理函数的积分.

4.4.1　有理函数的积分

形如

$$\frac{P(x)}{Q(x)} = \frac{a_0 x^n + a_1 x^{n-1} + \cdots + a_{n-1} x + a_n}{b_0 x^m + b_1 x^{m-1} + \cdots + b_{m-1} x + a_m} \tag{4-4-1}$$

的函数称为有理函数, 其中 $a_0, a_1, a_2, \cdots, a_n$ 及 $b_0, b_1, b_2, \cdots, b_m$ 为常数, 且 $a_0 \neq 0, b_0 \neq 0$. 并且假定分子、分母已经没有公因式 (即为既约分式). 当分子的次数低于分母的次数时, 称此有理分式为真分式, 否则称为假分式, 任何假分式都可用多项式除法化为一个多项式与一个真分式之和, 例如

$$\frac{x^3 + 1}{x^2 + x + 1} = x - 1 + \frac{2}{x^2 + x + 1};$$

$$\frac{2x^2 + x + 1}{x^2 + 1} = 2 + \frac{x - 1}{x^2 + 1}.$$

由于多项式的原函数仍是多项式, 因此只需研究真分式的积分方法.

根据多项式理论, 任一多项式 $Q(x)$ 在实数范围内能分解为一次因式和二次质因式的乘积, 即

$$Q(x) = b_0 (x - a)^\alpha \cdots (x - b)^\beta (x^2 + px + q)^\lambda \cdots (x^2 + rx + s)^\mu, \tag{4-4-2}$$

其中 $p^2 - 4q < 0, \cdots, r^2 - 4s < 0$.

如果 (4-4-1) 式的分母多项式分解为 (4-4-2) 式, 则 (4-4-1) 式可分解为

$$\frac{P(x)}{Q(x)} = \frac{A_1}{(x-a)^\alpha} + \frac{A_2}{(x-a)^{\alpha-1}} + \cdots + \frac{A_\alpha}{x-a} + \cdots$$

$$+ \frac{B_1}{(x-b)^\beta} + \frac{B_2}{(x-b)^{\beta-1}} + \cdots + \frac{B_\beta}{x-b}$$

$$+ \frac{M_1 x + N_1}{(x^2 + px + q)^\lambda} + \frac{M_2 x + N_2}{(x^2 + px + q)^{\lambda-1}} + \cdots + \frac{M_\lambda x + N_\lambda}{x^2 + px + q} + \cdots$$

$$+ \frac{R_1 x + N S_1}{(x^2 + rx + s)^\mu} + \frac{R_2 x + S_2}{(x^2 + rx + s)^{\mu-1}} + \cdots + \frac{R_\mu x + S_\mu}{x^2 + rx + s}. \qquad (4\text{-}4\text{-}3)$$

如何求分解式中的常数呢? 下面通过一个简单例子来介绍确定它们的方法. 例如, 真分式 $\dfrac{x+1}{x^2 - 3x + 2} = \dfrac{x+1}{(x-1)(x-2)}$ 可分解成 $\dfrac{x+1}{(x-1)(x-2)} = \dfrac{A}{x-1} + \dfrac{B}{x-2}$, 其中 A 与 B 为待定常数, 可用对上式右端通分后比较左右两端分子的同次项的系数, 即

$$x + 1 \equiv A(x-2) + B(x-1) \quad \text{或} \quad x + 1 \equiv (A+B)x - (2A+B),$$

所以 $\begin{cases} A + B = 1, \\ -(2A+B) = 1, \end{cases}$ 从中解得 $A = -2, B = 3$.

上面这种求 A, B 的方法称为待定系数法.

例 4-4-1 求 $\displaystyle\int \frac{x+3}{x^2 - 5x + 6} \mathrm{d}x$.

解 因为 $\dfrac{x+3}{x^2 - 5x + 6} = \dfrac{x+3}{(x-2)(x-3)} = \dfrac{-5}{x-2} + \dfrac{6}{x-3}$, 得

$$\int \frac{x+3}{x^2 - 5x + 6} \mathrm{d}x = \int \left(\frac{-5}{x-2} + \frac{6}{x-3} \right) \mathrm{d}x$$

$$= -5 \int \frac{1}{x-2} \mathrm{d}x + 6 \int \frac{1}{x-3} \mathrm{d}x$$

$$= -5 \ln|x-2| + 6 \ln|x-3| + C.$$

例 4-4-2 求 $\displaystyle\int \frac{x-2}{x^2 + 2x + 3} \mathrm{d}x$.

解 由于分母已为二次质因式, 分子可写为 $x - 2 = \dfrac{1}{2}(2x+2) - 3$, 得

$$\int \frac{x-2}{x^2 + 2x + 3} \mathrm{d}x = \int \frac{\frac{1}{2}(2x+2) - 3}{x^2 + 2x + 3} \mathrm{d}x$$

$$= \frac{1}{2} \int \frac{2x+2}{x^2 + 2x + 3} \mathrm{d}x - 3 \int \frac{\mathrm{d}x}{x^2 + 2x + 3}$$

$$= \frac{1}{2} \int \frac{\mathrm{d}(x^2 + 2x + 3)}{x^2 + 2x + 3} - 3 \int \frac{\mathrm{d}(x+1)}{(x+1)^2 + (\sqrt{2})^2}$$

$$= \frac{1}{2} \ln(x^2 + 2x + 3) - \frac{3}{\sqrt{2}} \arctan \frac{x+1}{\sqrt{2}} + C.$$

例 4-4-3　求 $\int \dfrac{2x}{(x+1)(x^2+1)^2}\mathrm{d}x$.

解　因为 $\dfrac{2x}{(x+1)(x^2+1)^2} = -\dfrac{1}{2} \cdot \dfrac{1}{x+1} + \dfrac{1}{2} \cdot \dfrac{x-1}{x^2+1} + \dfrac{x+1}{(x^2+1)^2}$, 所以

$$\int \frac{2x}{(x+1)(x^2+1)^2}\,\mathrm{d}x = -\frac{1}{2}\int \frac{\mathrm{d}x}{x+1} + \frac{1}{2}\int \frac{x-1}{x^2+1}\mathrm{d}x + \int \frac{x+1}{(x^2+1)^2}\mathrm{d}x,$$

分别解得

$$-\frac{1}{2}\int \frac{\mathrm{d}x}{x+1} = -\frac{1}{2}\ln|x+1| + C,$$

$$\frac{1}{2}\int \frac{x-1}{x^2+1}\mathrm{d}x = \frac{1}{4}\ln(1+x^2) - \frac{1}{2}\mathrm{arctan}x + C,$$

$$\int \frac{x+1}{(x^2+1)^2}\mathrm{d}x = \frac{x-1}{2(x^2+1)} + \frac{1}{2}\mathrm{arctan}x + C,$$

因此

$$\int \frac{2x}{(x+1)(x^2+1)^2}\mathrm{d}x = \frac{1}{4}\ln\frac{1+x^2}{(1+x)^2} + \frac{x-1}{2(1+x^2)} + C.$$

4.4.2　三角函数有理式的积分

如果 $R(u,\,v)$ 为关于 $u,\,v$ 的有理式, 则 $R(\sin x,\,\cos x)$ 称为三角函数有理式. 求解此类不定积分可以通过换元 $\tan\dfrac{x}{2} = u$ 来实现, 因为三角有理函数都可以经过此代换化为有理函数, 理论上讲都可以积出. 即令 $\tan\dfrac{x}{2} = u$, 则

$$\sin x = 2\sin\frac{x}{2}\cos\frac{x}{2} = \frac{2\tan\dfrac{x}{2}}{\sec^2\dfrac{x}{2}} = \frac{2\tan\dfrac{x}{2}}{1+\tan^2\dfrac{x}{2}} = \frac{2u}{1+u^2},$$

$$\cos x = \cos^2\frac{x}{2} - \sin^2\frac{x}{2} = \frac{1-\tan^2\dfrac{x}{2}}{\sec^2\dfrac{x}{2}} = \frac{1-\tan^2\dfrac{x}{2}}{1+\tan^2\dfrac{x}{2}} = \frac{1-u^2}{1+u^2},$$

$$x = 2\mathrm{arctan}\,u, \quad \mathrm{d}x = \frac{2}{1+u^2}\mathrm{d}u.$$

例 4-4-4　求 $\int \dfrac{1+\sin x}{\sin x(1+\cos x)}\mathrm{d}x$.

解　如果作变量代换 $u = \tan\dfrac{x}{2}$, 可得

$$\sin x = \frac{2u}{1+u^2}, \quad \cos x = \frac{1-u^2}{1+u^2}, \quad \mathrm{d}x = \frac{2}{1+u^2}\mathrm{d}u,$$

因此得

$$\int \frac{1+\sin x}{\sin x(1+\cos x)}\mathrm{d}x = \int \frac{\left(1+\dfrac{2u}{1+u^2}\right)}{\dfrac{2u}{1+u^2}\left(1+\dfrac{1-u^2}{1+u^2}\right)}\frac{2}{1+u^2}\mathrm{d}u$$

$$= \frac{1}{2}\int\left(u+2+\frac{1}{u}\right)\mathrm{d}u$$

$$= \frac{1}{2}\left(\frac{u^2}{2}+2u+\ln|u|\right)+C$$

$$= \frac{1}{4}\tan^2\frac{x}{2}+\tan\frac{x}{2}+\frac{1}{2}\ln\left|\tan\frac{x}{2}\right|+C.$$

4.4.3 简单无理式的积分

无理函数积分的困难在于被积函数中带有根号, 因此求这种函数积分的基本思想就是通过适当的变量替换, 将被积函数中的根号去掉, 化无理函数积分为有理函数积分.

例 4-4-5 求 $\displaystyle\int \frac{\mathrm{d}x}{1+\sqrt[3]{x+2}}$.

解 令 $\sqrt[3]{x+2}=u$, 得 $x=u^3-2$, $\mathrm{d}x=3u^2\mathrm{d}u$, 代入得

$$\int \frac{\mathrm{d}x}{1+\sqrt[3]{x+2}} = \int \frac{3u^2}{1+u}\mathrm{d}u$$

$$= 3\int \frac{u^2-1+1}{1+u}\mathrm{d}u$$

$$= 3\int\left(u-1+\frac{1}{1+u}\right)\mathrm{d}u$$

$$= 3\left(\frac{u^2}{2}-u+\ln|1+u|\right)+C$$

$$= \frac{3}{2}\sqrt[3]{(x+2)^2}-3\sqrt[3]{x+2}+3\ln|1+\sqrt[3]{x+2}|+C.$$

例 4-4-6 求 $\displaystyle\int \frac{\mathrm{d}x}{(1+\sqrt[3]{x})\sqrt{x}}$.

解 令 $x=u^6$, 得 $\mathrm{d}x=6u^5\mathrm{d}u$, 代入得

$$\int \frac{\mathrm{d}x}{(1+\sqrt[3]{x})\sqrt{x}} = \int \frac{6u^5\mathrm{d}u}{(1+u^2)u^3}$$

$$= 6\int \frac{u^2}{1+u^2}\mathrm{d}u$$

$$= 6 \int \left(1 - \frac{1}{1 + u^2} \right) \mathrm{d}u$$

$$= 6(u - \arctan u) + C$$

$$= 6(\sqrt[6]{x} - \arctan \sqrt[6]{x}) + C.$$

习 题 4-4

1. 求下列有理函数的积分:

(1) $\int \dfrac{\mathrm{d}x}{1 + \sin x}$;   (2) $\int \dfrac{x\mathrm{e}^x}{\sqrt{\mathrm{e}^x - 1}}\mathrm{d}x$;   (3) $\int \dfrac{\mathrm{d}x}{1 + \tan x}$;

(4) $\int \dfrac{\mathrm{d}x}{x^3 + 1}$;   (5) $\int \dfrac{x}{(x^2 + 1)(x^2 + 3)}\mathrm{d}x$;   (6) $\int \dfrac{\mathrm{d}x}{\sqrt{x - x^2}}$;

(7) $\int \sqrt{\dfrac{a + x}{a - x}}\mathrm{d}x$;   (8) $\int \dfrac{\mathrm{d}x}{x^4 - 1}$;   (9) $\int \dfrac{x^2\mathrm{e}^x}{(2 + x)^2}\mathrm{d}x$;

(10) $\int \dfrac{\sqrt{x(x + 1)}}{\sqrt{x} + \sqrt{x + 1}}\mathrm{d}x$;   (11) $\int \dfrac{x^3}{x + 3}\mathrm{d}x$;   (12) $\int \dfrac{x^2 + 3x + 4}{x - 1}\mathrm{d}x$;

(13) $\int \dfrac{2x + 3}{x^2 + 3x - 10}\mathrm{d}x$.

2. 求下列三角有理函数的积分:

(1) $\int \dfrac{\mathrm{d}x}{\sin^2 x + 3}$;   (2) $\int \dfrac{\mathrm{d}x}{2 + \sin x}$.

3. 求下列无理函数的积分:

(1) $\int \dfrac{\mathrm{d}x}{1 + \sqrt[4]{x + 2}}$;   (2) $\int \dfrac{(\sqrt{x})^3 + 8}{\sqrt{x} + 2}\mathrm{d}x$.

课堂练习 4-4

1. 求 $\int \dfrac{2x^5 + 6x^3 + 1}{x^4 + 3x^2}\,\mathrm{d}x$.

2. 求 $\int \dfrac{1 + \cos^2 x}{1 + \cos 2x}\,\mathrm{d}x$.

3. 求 $\int \dfrac{1}{x^4 - x^2}\,\mathrm{d}x$.

4. 求 $\int \dfrac{4x + 6}{x(x - 2)(x - 3)}\,\mathrm{d}x$.

5. 求 $\int \dfrac{x}{(x + 1)(x^2 + 1)}\,\mathrm{d}x$.

单元自测题 4

一、单项选择题 (在每个小题四个备选答案中选出一个正确答案, 填在题末的括号中).

1. $\int (2x-3)^{10}\mathrm{d}x =($).

A. $10(2x-3)^9+C$

B. $20(2x-3)^9+C$

C. $\dfrac{1}{22}(2x-3)^{11}+C$

D. $\dfrac{1}{11}(2x-3)^{11}+C$

2. $\int a^{bx}\mathrm{d}x =($).

A. $\dfrac{1}{b}\cdot\dfrac{a^{bx}}{\ln a}+C$

B. $\dfrac{1}{b}\cdot\ln a\cdot a^{bx}+C$

C. $\dfrac{1}{\ln a}a^{bx}+C$

D. $\dfrac{1}{b}a^{bx}+C$

3. $\int \dfrac{x\mathrm{d}x}{a+bx^2} =($).

A. $\dfrac{1}{2}\ln|a+bx^2|+C$

B. $\dfrac{b}{2}\ln|a+bx^2|+C$

C. $\dfrac{1}{b}\ln|a+bx^2|+C$

D. $\dfrac{1}{2b}\ln|a+bx^2|+C$

4. $\int \dfrac{1}{x^4}\mathrm{d}x =($).

A. $-4x^{-5}+C$

B. $-\dfrac{1}{3x^3}+C$

C. $-\dfrac{1}{3}x^3+C$

D. $\dfrac{1}{3}x^{-3}+C$

5. $\int \sin x\cos x\mathrm{d}x =($).

A. $-\dfrac{1}{2}\sin^2 x+C$ B. $\dfrac{1}{2}\cos^2 x+C$ C. $\dfrac{1}{4}\cos 2x+C$ D. $-\dfrac{1}{4}\cos 2x+C$

6. $\int \ln x\mathrm{d}x =($).

A. $\dfrac{1}{x}+C$ B. $x\ln x+C$ C. $x\ln x-x+C$ D. $\dfrac{1}{2}(\ln x)^2+C$

7. $\int \dfrac{a+x}{\sqrt{a^2-x^2}}\mathrm{d}x =($).

A. $a\arcsin\dfrac{x}{a}+\sqrt{a^2-x^2}+C$ B. $a\arcsin\dfrac{x}{a}-\sqrt{a^2-x^2}+C$

C. $a\arcsin\dfrac{x}{a}-x\sqrt{a^2-x^2}+C$ D. $\arcsin\dfrac{x}{a}-\sqrt{a^2-x^2}+C$

8. $\displaystyle\int \arctan x \mathrm{d}x =($ 　　 $)$.

A. $x\arctan x - \ln\sqrt{x^2+1} + C$ 　　 B. $x\arctan x - \ln\left|x^2+1\right| + C$

C. $x\arctan x + \dfrac{1}{2}(x^2+1) + C$ 　　 D. $\dfrac{1}{1+x^2} + C$

9. $f(x) = \dfrac{1}{1-x^2}$, 则它的一个原函数是 (　　).

A. $\arcsin x$ 　　 B. $\arctan x$ 　　 C. $\dfrac{1}{2}\ln\left|\dfrac{1-x}{1+x}\right|$ 　　 D. $\dfrac{1}{2}\ln\left|\dfrac{1+x}{1-x}\right|$

10. $\displaystyle\int \dfrac{\mathrm{d}x}{\mathrm{e}^x + \mathrm{e}^{-x}} =($ 　　 $)$.

A. $\mathrm{e}^x - \mathrm{e}^{-x} + C$ 　　 B. $\arctan \mathrm{e}^x + C$ 　　 C. $\arctan \mathrm{e}^{-x} + C$ 　　 D. $\mathrm{e}^x + \mathrm{e}^{-x} + C$

二、填空题.

1. $\displaystyle\int \dfrac{1}{3-2x}\mathrm{d}x =$ _____.

2. $\displaystyle\int x\mathrm{e}^{-\frac{x^2}{2}}\,\mathrm{d}x =$ _____.

3. $\displaystyle\int \dfrac{\ln x}{x}\mathrm{d}x =$ _____.

4. $\displaystyle\int x\sqrt{1+x^2}\mathrm{d}x =$ _____.

5. $\displaystyle\int \sin^3 x\mathrm{d}x =$ _____.

6. $\displaystyle\int x\mathrm{e}^{-x}\mathrm{d}x =$ _____.

7. $\displaystyle\int \dfrac{1}{\mathrm{e}^x + 1}\mathrm{d}x =$ _____.

8. $\displaystyle\int \dfrac{x^3}{1+x^2}\mathrm{d}x =$ _____.

9. $\displaystyle\int x\sin x\mathrm{d}x =$ _____.

10. $\displaystyle\int \ln x\mathrm{d}x =$ _____.

11. $\displaystyle\int \dfrac{1}{x^2+2}\mathrm{d}x =$ _____.

12. $\displaystyle\int \dfrac{1}{x^2+4x+13}\mathrm{d}x =$ _____.

三、解答下列各题.

1. $\displaystyle\int (1+x^{\frac{3}{2}})\sqrt{x}\mathrm{d}x$.

2. $\displaystyle\int \cot^2 x\mathrm{d}x$.

3. $\displaystyle\int \dfrac{\cos\sqrt{x}}{\sqrt{x}}\mathrm{d}x$.

4. $\displaystyle\int \dfrac{4\sin^3 x - 1}{\sin^2 x}\mathrm{d}x$.

5. $\displaystyle\int \dfrac{x^3 - 27}{x - 3}\mathrm{d}x$.

6. $\displaystyle\int \dfrac{\sin x}{1 + \cos x}\mathrm{d}x$.

7. $\displaystyle\int f(x)\mathrm{d}x = \mathrm{e}^{-x^2} + C$, 求 $f'(x)$.

8. 求 $\displaystyle\int a^x \mathrm{e}^x \mathrm{d}x$ (常数 $a > 0$).

9. 已知一个函数的导数为 $f(x) = \dfrac{1}{\sqrt{1-x^2}}$, 并当 $x=1$ 时, 这个函数的函数值为 $\dfrac{2\pi}{3}$, 求该函数.

10. $f(x) = x + \sqrt{x}\,(x > 0)$, 试求 $\displaystyle\int f'(x^2)\mathrm{d}x$.

11. $\displaystyle\int \dfrac{\mathrm{d}x}{x\sqrt{x^2 - a^2}}$, a 为非零常数.

12. $\displaystyle\int \dfrac{\mathrm{d}x}{x^2 \cdot \sqrt{a^2 - x^2}}$, 其中常数 $a > 0$.

13. $\displaystyle\int \dfrac{\mathrm{d}x}{(x^2 + a^2)^{\frac{3}{2}}}$, 其中常数 $a > 0$.

14. $\displaystyle\int \dfrac{\mathrm{e}^x}{\mathrm{e}^{2x} - \mathrm{e}^x}\mathrm{d}x$.

15. $\displaystyle\int \dfrac{\mathrm{d}x}{\sqrt{x^6 - x^4}}$.

16. $\displaystyle\int x \arctan x\,\mathrm{d}x$.

17. $\displaystyle\int x \sin x \cos x\,\mathrm{d}x$.

18. $\displaystyle\int x^2 \mathrm{e}^{4x}\mathrm{d}x$.

19. $\displaystyle\int \ln^2 x\,\mathrm{d}x$.

20. $\displaystyle\int \dfrac{x \arcsin x}{\sqrt{1 - x^2}}\mathrm{d}x$.

21. $\displaystyle\int \dfrac{\ln \cos x}{\cos^2 x}\mathrm{d}x$.

22. $\displaystyle\int \arcsin x\,\mathrm{d}x$.

23. $\displaystyle\int \ln(x + \sqrt{1 + x^2})\mathrm{d}x$.

24. $\displaystyle\int 2 \cdot \sin^2 \dfrac{x}{2}\mathrm{d}x$.

25. $\displaystyle\int \dfrac{x^7}{1 + x^4}\mathrm{d}x$.

26. $\displaystyle\int x^3 \mathrm{e}^{-\frac{x^2}{2}}\,\mathrm{d}x$.

27. $\displaystyle\int \dfrac{x\mathrm{e}^x}{(1 + x)^2}\mathrm{d}x$.

第5章 定 积 分

5.1 定积分的概念与性质

5.1.1 引例

定义 5-1-1 设 $y = f(x)$ 在 $[a, b]$ 上非负、连续, 由直线 $x = a$, $x = b$, $y = 0$ 及曲线 $y = f(x)$ 所围成的图形, 称为曲边梯形.

例 5-1-1 求曲边梯形面积.

解 如图 5-1, 在区间 $[a, b]$ 中任意插入若干个分点 $a = x_0 < x_1 < x_2 < \cdots < x_{n-1} < x_n = b$, 把 $[a, b]$ 分成 n 个小区间 $[x_0, x_1]$, $[x_1, x_2]$, $\cdots [x_{n-1}, x_n]$, 它们的长度依次为

$$\Delta x_1 = x_1 - x_0, \Delta x_2 = x_2 - x_1, \cdots, \Delta x_n = x_n - x_{n-1}.$$

经过每一个分点作平行于 y 轴的直线段, 把曲边梯形分成 n 个窄曲边梯形, 在每个小区间 $[x_{i-1}, x_i]$ 上任取一点 ξ_i, 以 $[x_{i-1}, x_i]$ 为底, $f(\xi_i)$ 为高的窄边矩形近似替代第 i 个窄边梯形 $(i = 1, 2, \cdots, n)$, 把这样得到的 n 个窄矩形面积之和作为所求曲边梯形面积 A 的近似值, 即

$$A \approx f(\xi_i)\Delta x_1 + f(\xi_2)\Delta x_2 + \cdots + f(\xi_n)\Delta x_n = \sum_{i=1}^{n} f(\xi_i)\Delta x_i.$$

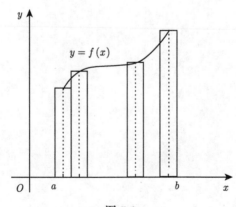

图 5-1

设 $\lambda = \max\{\Delta x_1, \Delta x_2, \cdots \Delta x_n\}$, 当 $\lambda \to 0$ 时, 可得曲边梯形的面积

$$A = \lim_{\lambda \to 0} \sum_{i=1}^{n} f(\xi_i)\Delta x_i.$$

例 5-1-2 变速直线运动的路程.

设某物体做直线运动, 已知速度 $v = v(t)$ 是时间间隔 $[T_1, T_2]$ 上 t 的连续函数, 且 $v(t) \geqslant 0$, 计算在这段时间内物体所经过的路程 S.

解 在 $[T_1, T_2]$ 内任意插入若干个分点 $T_1 = t_0 < t_1 < t_2 < \cdots < t_{n-1} < t_n = T_2$, 把 $[T_1, T_2]$ 分成 n 个小段 $[t_0, t_1], [t_1, t_2], \cdots, [t_{n-1}, t_n]$. 各小段时间长依次为

$$\Delta t_1 = t_1 - t_0, \ \Delta t_2 = t_2 - t_1, \cdots, \Delta t_n = t_n - t_{n-1},$$

相应各段的路程为 $\Delta S_1, \Delta S_2, \cdots, \Delta S_n$. 在 $[t_{i-1}, t_i]$ 上任取一个时刻 $T_i(t_{i-1} \leqslant T_i \leqslant t_i)$, 以 T_i 时的速度 $v(T_i)$ 来代替 $[t_{i-1}, t_i]$ 上各个时刻的速度, 则得

$$\Delta S_i \approx v(T_i)\Delta t_i \quad (i = 1, 2, \cdots, n).$$

进一步得到

$$S \approx v(T_1)\Delta t_1 + v(T_2)\Delta t_2 + \cdots + v(T_n)\Delta t_n = \sum_{i=1}^{n} v(T_i)\Delta t_i.$$

设 $\lambda = \max\{\Delta t_1, \Delta t_2, \cdots, \Delta t_n\}$, 当 $\lambda \to 0$ 时, 得 $S = \lim_{\lambda \to 0} \sum_{i=1}^{n} v(T_i)\Delta t_i$.

5.1.2 定积分的定义

首先由上述两例可见, 虽然所计算的量不同, 但它们都决定于一个函数及其自变量的变化区间, 其次它们的计算方法与步骤都相同, 即归纳为一种和式极限, 即面积 $A = \lim\limits_{\lambda \to 0} \sum\limits_{i=1}^{n} f(\xi_i)\Delta x_i$, 路程 $S = \lim\limits_{\lambda \to 0} \sum\limits_{i=1}^{n} v(T_i)\Delta t_i$. 将这种方法加以精确叙述得到定积分的定义.

定义 5-1-2 设函数 $f(x)$ 在 $[a, b]$ 上有界, 在 $[a, b]$ 中任意插入若干个分点 $a = x_0 < x_1 < x_2 < \cdots < x_{n-1} < x_n = b$, 把区间 $[a, b]$ 分成 n 个小区间 $[x_0, x_1]$, $[x_1, x_2], \cdots, [x_{n-1}, x_n]$, 各个小区间的长度依次为

$$\Delta x_1 = x_1 - x_0, \Delta x_2 = x_2 - x_1, \cdots, \Delta x_n = x_n - x_{n-1}.$$

在每个小区间 $[x_{i-1}, x_i]$ 上任取一点 $\varepsilon_i(x_{i-1} \leqslant \varepsilon_i \leqslant x_i)$, 作函数值 $f(\varepsilon_i)$ 与小区

间长度 Δx_i 的乘积 $f(\varepsilon_i)\Delta x_i (i = 1, 2, \cdots, n)$, 并作出和 $S = \sum\limits_{i=1}^{n} f(\varepsilon_i)\Delta x_i$.

记 $\lambda = \max\{\Delta x_1, \Delta x_2, \cdots, \Delta x_n\}$, 如果不论对 $[a, b]$ 怎样分法, 也不论在小区间 $[x_{i-1}, x_i]$ 上点 ε_i 怎样取法, 只要当 $\lambda \to 0$ 时, 和 S 总趋于确定的极限 I, 这时我们称这个极限 I 为函数 $f(x)$ 在区间 $[a, b]$ 上的定积分 (简称积分), 记作 $\int_a^b f(x)\mathrm{d}x$, 即

$$\int_a^b f(x)\mathrm{d}x = I = \lim_{\lambda \to 0} \sum_{i=1}^{n} f(\varepsilon_i)\Delta x_i,$$

其中 $f(x)$ 叫作被积函数, $f(x)\mathrm{d}x$ 叫作被积表达式, x 叫作积分变量, a 叫作积分下限, b 叫作积分上限, $[a, b]$ 叫作积分区间. 注意积分与积分变量无关, 即

$$\int_a^b f(x)\mathrm{d}x = \int_a^b f(t)\mathrm{d}t = \int_a^b f(u)\mathrm{d}u.$$

定理 5-1-1 设 $f(x)$ 在 $[a, b]$ 上连续, 则 $f(x)$ 在 $[a, b]$ 上可积.

定理 5-1-2 设 $f(x)$ 在 $[a, b]$ 上有界, 且只有有限个间断点, 则 $f(x)$ 在 $[a, b]$ 上可积.

5.1.3 定积分的几何意义

当 $f(x) \geqslant 0$ 时, 我们已经知道, 定积分 $\int_a^b f(x)\mathrm{d}x$ 在几何上表示曲线 $y = f(x)$, 两条直线 $x = a, x = b$ 与 x 轴所围成曲边梯形的面积, 且此时曲边梯形位于 x 轴的上方; 当 $f(x) < 0$ 时, 定积分 $\int_a^b f(x)\mathrm{d}x$ 在几何上表示曲线 $y = f(x)$, 两条直线 $x = a, x = b$ 与 x 轴所围成曲边梯形的面积的负值, 且此时曲边梯形位于 x 轴的下方; 在 $[a, b]$ 上 $f(x)$ 既取得正值又取得负值时, 函数 $f(x)$ 的图形某些部分在 x 轴上方, 而其他部分在 x 轴下方 (图 5-2), 此时定积分 $\int_a^b f(x)\mathrm{d}x$ 表示 x 轴上方图形面积减去 x 轴下方图形面积所得之差.

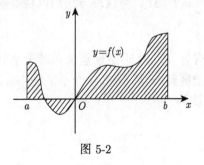

图 5-2

例 5-1-3 利用定积分定义计算 $\int_0^1 x^2\mathrm{d}x$.

解 在 $[0,1]$ 上 $f(x) = x^2$ 是连续函数, 故可积, 因此为方便计算, 我们可以对 $[0,1]$ 进行 n 等分, 分点 $x_i = \dfrac{i}{n}, i = 1, 2, \cdots, n - 1; \xi_i$ 取相应小区间的右端点, 故

$$\sum_{i=1}^{n} f(\xi_i)\Delta x_i = \sum_{i=1}^{n} \xi_i^2 \Delta x_i = \sum_{i=1}^{n} x_i^2 \Delta x_i$$

$$= \sum_{i=1}^{n} \left(\frac{i}{n}\right)^2 \frac{1}{n} = \frac{1}{n^3} \sum_{i=1}^{n} i^2$$

$$= \frac{1}{n^3} \frac{1}{6} n(n+1)(2n+1)$$

$$= \frac{1}{6} \left(1 + \frac{1}{n}\right) \left(2 + \frac{1}{n}\right).$$

当 $\lambda \to 0$(即 $n \to \infty$) 时, 由定积分的定义得

$$\int_0^1 x^2 \mathrm{d}x = \frac{1}{3}.$$

5.1.4 定积分的性质

规定: 当 $a = b$ 时, $\int_a^b f(x)\mathrm{d}x = 0$; 当 $a > b$ 时, $\int_a^b f(x)\mathrm{d}x = -\int_b^a f(x)\mathrm{d}x$.

性质 5-1-1 函数和 (差) 的定积分等于它们的定积分的和 (差), 即

$$\int_a^b [f(x) \pm g(x)]\mathrm{d}x = \int_a^b f(x)\mathrm{d}x \pm \int_a^b g(x)\mathrm{d}x.$$

证明 $\int_a^b [f(x) \pm g(x)]\mathrm{d}x = \lim_{\lambda \to 0} \sum_{i=1}^{n} [f(\xi_i) \pm g(\xi_i)] \Delta x_i$

$$= \lim_{\lambda \to 0} \sum_{i=1}^{n} f(\xi_i)\Delta x_i \pm \lim_{\lambda \to 0} \sum_{i=1}^{n} g(\xi_i)\Delta x_i$$

$$= \int_a^b f(x)\mathrm{d}x \pm \int_a^b g(x)\mathrm{d}x.$$

性质 5-1-2 被积函数的常数因子可以提到积分号外面, 即

$$\int_a^b kf(x)\mathrm{d}x = k \int_a^b f(x)\mathrm{d}x \quad (k是常数).$$

证明与性质 5-1-1 类似.

性质 5-1-3 如果将积分区间分成两部分, 则在整个区间上的定积分等于这两个区间上定积分之和, 即设 $a < c < b$, 则

$$\int_a^b f(x)\mathrm{d}x = \int_a^c f(x)\mathrm{d}x + \int_c^b f(x)\mathrm{d}x.$$

事实上, 无论 a, b, c 的相对位置如何, 总有上述等式成立.

性质 5-1-4　如果在区间 $[a, b]$ 上, $f(x) \equiv 1$, 则 $\int_a^b f(x)\mathrm{d}x = \int_a^b \mathrm{d}x = b - a$.

性质 5-1-5　如果在区间 $[a, b]$ 上, $f(x) \geqslant 0$, 则

$$\int_a^b f(x)\mathrm{d}x \geqslant 0 \quad (a < b).$$

证明　因 $f(x) \geqslant 0$, 故 $f(\xi_i) \geqslant 0 (i = 1, 2, 3, \cdots, n)$, 又因为

$$\Delta x_i \geqslant 0 \quad (i = 1, 2, \cdots, n),$$

故

$$\sum_{i=1}^n f(\xi_i) \Delta x_i \geqslant 0.$$

令 $\lambda = \max\{\Delta x_1, \Delta x_2, \cdots, \Delta x_n\}$, 当 $\lambda \to 0$ 时, 便得欲证的不等式.

推论 5-1-1　如果在 $[a, b]$ 上, $f(x) \leqslant g(x)$, 则

$$\int_a^b f(x)\mathrm{d}x \leqslant \int_a^b g(x)\mathrm{d}x \quad (a < b).$$

推论 5-1-2　$\left| \int_a^b f(x)\mathrm{d}x \right| \leqslant \int_a^b |f(x)|\,\mathrm{d}x$

性质 5-1-6　设 M 与 m 分别是函数 $f(x)$ 在 $[a, b]$ 上的最大值及最小值, 则

$$m(b - a) \leqslant \int_a^b f(x)\mathrm{d}x \leqslant M(b - a) \quad (a < b).$$

证明　因为 $\int_a^b \mathrm{d}x = \lim_{\lambda \to 0} \sum_{i=1}^n \Delta x_i = b - a$, 又 $m \leqslant f(x) \leqslant M$, 由性质 5-1-5, 使得

$$\int_a^b m\mathrm{d}x \leqslant \int_a^b f(x)\,\mathrm{d}x \leqslant \int_a^b M\mathrm{d}x,$$

$$\int_a^b m\mathrm{d}x = m \int_a^b \mathrm{d}x = m(b - a),$$

$$\int_a^b M\mathrm{d}x = M(b - a),$$

所以有 $m(b-a) \leqslant \displaystyle\int_a^b f(x)\mathrm{d}x \leqslant M(b-a).$

性质 5-1-7 如果函数 $f(x)$ 在闭区间 $[a,b]$ 上连续, 则在积分区间 $[a,b]$ 上至少存在一点 ξ, 使下式成立: $\displaystyle\int_a^b f(x)\mathrm{d}x = f(\xi)(b-a)(a \leqslant \xi \leqslant b).$

上述性质称为定积分中值定理.

证明 利用性质 5-1-6, $m \leqslant \dfrac{1}{b-a}\displaystyle\int_a^b f(x)\mathrm{d}x \leqslant M$; 再由闭区间上连续函数的介值定理, 知在 $[a,b]$ 上至少存在一点 ξ, 使 $f(\xi) = \dfrac{1}{a-b}\displaystyle\int_a^b f(x)\mathrm{d}x$, 故得此性质.

显然无论 $a > b$, 还是 $a < b$, 上述等式恒成立.

积分中值定理的几何释意如下: 在区间 $[a,b]$ 上至少存在一个 ξ, 使得以区间 $[a,b]$ 为底边, 以曲线 $y = f(x)$ 为曲边的曲边梯形的面积等于同一底边而高为 $f(\xi)$ 的一个矩形的面积.

习 题 5-1

1. 利用定积分的几何意义, 证明下列等式:

(1) $\displaystyle\int_0^a \sqrt{a^2 - x^2}\mathrm{d}x = \dfrac{\pi}{4}a^2 (a > 0);$ (2) $\displaystyle\int_0^\pi \cos x\mathrm{d}x = 0.$

2. 根据定积分性质, 说明下列积分哪一个较大?

(1) $\displaystyle\int_0^1 x^2\mathrm{d}x$ _____ $\displaystyle\int_0^1 x^3\mathrm{d}x$; (2) $\displaystyle\int_1^2 x^2\mathrm{d}x$ _____ $\displaystyle\int_1^2 x^3\mathrm{d}x$;

(3) $\displaystyle\int_1^2 \ln x\mathrm{d}x$ _____ $\displaystyle\int_1^2 (\ln x)^2\,\mathrm{d}x$; (4) $\displaystyle\int_0^1 x\mathrm{d}x$ _____ $\displaystyle\int_0^1 \ln(1+x)\,\mathrm{d}x.$

3. 估计下列各积分值:

(1) _____ $\leqslant \displaystyle\int_1^4 (x^2 + 1)\,\mathrm{d}x \leqslant$ ____; (2) _____ $\leqslant \displaystyle\int_{\frac{\pi}{4}}^{\frac{5\pi}{4}} (1 + \sin^2 x)\,\mathrm{d}x \leqslant$ ____;

(3) _____ $\leqslant \displaystyle\int_0^2 e^{x^2 - x}\,\mathrm{d}x \leqslant$ ____; (4) _____ $\leqslant \displaystyle\int_{\frac{1}{\sqrt{3}}}^{\sqrt{3}} x\arctan x\mathrm{d}x \leqslant$ ____.

课堂练习 5-1

1. 判断题:

(1) 若 $f(x), g(x)$ 均可积, 且 $f(x) < g(x)$, 则 $\displaystyle\int_a^b f(x)\mathrm{d}x < \displaystyle\int_a^b g(x)\mathrm{d}x.$ ( )

(2) 若 $f(x)$ 在 $[a,b]$ 上连续, 且 $\int_a^b f^2(x)\mathrm{d}x = 0$, 则在 $[a,b]$ 上 $f(x) \equiv 0$.　　　(　　)

(3) 若 $[c,d] \subset [a,b]$, 则 $\int_c^d f(x)\mathrm{d}x < \int_a^b f(x)\mathrm{d}x$.　　　　　　　　　(　　)

(4) 若 $f(x)$ 在 $[a,b]$ 上可积, 则 $f(x)$ 在 $[a,b]$ 上有界.　　　　　　　　　(　　)

2. 用定积分的几何意义求 $\int_{-\pi}^{\pi} x^4 \sin x\mathrm{d}x$.

3. 设函数 $f(x)$ 在 $[a,b]$ 上可导, 且满足 $\int_a^b f(x)\mathrm{d}x = \int_c^d f(x)\mathrm{d}x = 0$ $(a < c < b)$, 证明: 至少存在一点 $\xi \in (a,b)$, 使得 $f'(\xi) = 0$.

5.2　微积分的基本公式

5.2.1　变速直线运动中位置函数与速度函数之间的联系

设物体在直线上运动, 在该直线上取定原点、正方向和单位长度, 使其成为一数轴, 时刻 t 时物体所在的位置为 $s(t)$, 速度为 $v(t)$(不妨设 $v(t) \geqslant 0$). 物体在时间间隔 $[T_1, T_2]$ 内经过的路程可以用速度函数 $v(t)$ 在 $[T_1, T_2]$ 上的定积分来表达, 即

$$\int_{T1}^{T_2} v(t)\mathrm{d}x.$$

另一方面, 这段路程可以通过位置函数 $s(t)$ 在区间 $[T_1, T_2]$ 的增量来表示, 即 $s(T_2) - s(T_1)$. 故有

$$\int_{T1}^{T_2} v(t)\mathrm{d}x = s(T_2) - s(T_1).$$

注意到 $s'(t) = v(t)$, 即 $s(t)$ 是 $v(t)$ 的原函数.

5.2.2　积分上限的函数及其导数

定义 5-2-1　设 $f(x)$ 在 $[a,b]$ 上连续, 并且设 x 为 $[a,b]$ 上任一点, 如果 $f(x)$ 在 $[a,b]$ 上的定积分 $\int_a^x f(x)\mathrm{d}x$ 的上限 x 在区间 $[a,b]$ 上任意变动, 则对于每一个取定的 x 值, 定积分有一个对应值, 所以它在 $[a,b]$ 上确定了一个函数, 记为 $\Phi(x) = \int_a^x f(t)\mathrm{d}t \, (a \leqslant x \leqslant b)$, 称为积分上限函数.

定理 5-2-1　如果函数 $f(x)$ 在区间 $[a,b]$ 上连续, 则积分上限函数 $\Phi(x) = \int_a^x f(t)\mathrm{d}t$ 在 $[a,b]$ 上具有导数, 并且它的导数是

$$\Phi'(x) = \frac{\mathrm{d}}{\mathrm{d}x} \int_a^x f(t)\mathrm{d}t = f(x) \quad (a \leqslant x \leqslant b). \tag{5-2-1}$$

证明 当 $x \in (a, b)$ 时,

$$\Delta\Phi(x) = \Phi(x + \Delta x) - \Phi(x) = \int_a^{x+\Delta x} f(t)\mathrm{d}t - \int_a^x f(t)\mathrm{d}t$$

$$= \int_x^{x+\Delta x} f(t)\mathrm{d}t = f(\xi)\Delta x,$$

ξ 在 x 与 Δx 之间, $\dfrac{\Delta\Phi(x)}{\Delta x} = f(\xi)$. 当 $\Delta x \to 0$ 时, 有 $\Phi'(x) = f(x)$.

当 $x = a$ 或 b 时考虑其单侧导数, 可得 $\Phi'(a) = f(a)$, $\Phi'(b) = f(b)$.

定理 5-2-2 如果函数 $f(x)$ 在区间 $[a, b]$ 上连续, 则函数 $\Phi(x) = \displaystyle\int_a^x f(t)\mathrm{d}t$ 是 $f(x)$ 的一个原函数.

5.2.3 微积分基本公式

定理 5-2-3 如果函数 $F(x)$ 是连续函数 $f(x)$ 在区间 $[a, b]$ 上的一个原函数, 则

$$\int_a^b f(x)\mathrm{d}x = F(b) - F(a). \tag{5-2-2}$$

证明 因 $F(x)$ 与 $\Phi(x)$ 均是 $f(x)$ 原函数, 故

$$F(x) - \Phi(x) = C \quad (a \leqslant x \leqslant b),$$

又

$$\int_a^b f(x)\mathrm{d}x = \Phi(b) - \Phi(a),$$

所以有 $\displaystyle\int_a^b f(x)\mathrm{d}x = F(b) - F(a)$. 为方便起见, 把 $F(b) - F(a)$ 记作 $[F(x)]_a^b$.

上述公式就是微积分基本公式, 也称为牛顿-莱布尼茨 (Newton-Leibniz) 公式.

例 5-2-1 计算 $\displaystyle\int_0^1 x^2\mathrm{d}x$.

解 $\displaystyle\int_0^1 x^2\mathrm{d}x = \left[\dfrac{x^3}{3}\right]_0^1 = \dfrac{1^3}{3} - \dfrac{0^3}{3} = \dfrac{1}{3}$.

例 5-2-2 计算 $\displaystyle\int_{-1}^{\sqrt{3}} \dfrac{1}{1+x^2}\mathrm{d}x$.

解 $\displaystyle\int_{-1}^{\sqrt{3}} \dfrac{1}{1+x^2}\mathrm{d}x = [\arctan x]_{-1}^{\sqrt{3}} = \dfrac{7}{12}\pi$.

例 5-2-3   计算 $\displaystyle\int_{-2}^{-1}\frac{\mathrm{d}x}{x}$.

解 $\displaystyle\int_{-2}^{-1}\frac{1}{x}\mathrm{d}x=[\ln|x|]_{-2}^{-1}=\ln 1-\ln 2=-\ln 2.$

例 5-2-4   计算 $y=\sin x$ 在 $[0,2\pi]$ 上与 x 轴所围成平面图形的面积.

解 $\displaystyle A=\int_{0}^{2\pi}|\sin x|\,\mathrm{d}x=\int_{0}^{\pi}\sin x\mathrm{d}x+\int_{\pi}^{2\pi}-\sin x\mathrm{d}x=4.$

例 5-2-5   汽车以每小时 72km 的速度行驶, 到某处需要减速停车, 设汽车以等加速度 $a=-5\mathrm{m/s}^2$ 刹车, 问从开始刹车到停车, 汽车走的距离是多少?

解   当 $t=0$ 时, $v_0=20\mathrm{m/s}$. $v(t)=v_0+at=20-5t$, 代入得 $0=v(t)=20-5t$, 故 $t=4$. 故

$$S=\int_{0}^{4}vt\mathrm{d}t=\int_{0}^{4}(20-5t)\mathrm{d}t=40(\mathrm{m}),$$

即刹车后, 汽车需要走 40m 才能停住.

例 5-2-6   设 $f(x)$ 在 $[0,+\infty]$ 内连续且 $f(x)>0$, 证明函数 $F(x)=\dfrac{\displaystyle\int_{0}^{x}tf(t)\mathrm{d}t}{\displaystyle\int_{0}^{x}f(t)\mathrm{d}t}$ 在 $(0,+\infty)$ 内为单调增加函数.

证明   因为 $\dfrac{\mathrm{d}}{\mathrm{d}x}\displaystyle\int_{0}^{x}tf(t)\mathrm{d}t=xf(x)$, $\dfrac{\mathrm{d}}{\mathrm{d}x}\displaystyle\int_{0}^{x}tf(t)\mathrm{d}t=f(x)$, 故

$$F'(x)=\frac{xf(x)\displaystyle\int_{0}^{x}f(t)\mathrm{d}t-f(x)\displaystyle\int_{0}^{x}tf(t)\mathrm{d}t}{\left(\displaystyle\int_{0}^{x}f(t)\mathrm{d}t\right)^{2}}>0,$$

所以, $F(x)$ 在 $(0,+\infty)$ 内为单调增加函数.

例 5-2-7 $\displaystyle\lim_{x\to 0}\frac{1}{x}\int_{0}^{x}\frac{\sin t}{t}\mathrm{d}t.$

解 $\displaystyle\lim_{x\to 0}\frac{1}{x}\int_{0}^{x}\frac{\sin t}{t}\mathrm{d}t=\lim_{x\to 0}\frac{\displaystyle\int_{0}^{x}\frac{\sin t}{t}\mathrm{d}t}{x}=\lim_{x\to 0}\frac{\frac{\sin x}{x}}{1}=1.$

例 5-2-8 $\displaystyle\lim_{x\to 0}\frac{\displaystyle\int_{\cos x}^{1}\mathrm{e}^{-t^2}\mathrm{d}t}{x^2}.$

解 $\dfrac{\mathrm{d}}{\mathrm{d}x}\displaystyle\int_{\cos x}^{1}\mathrm{e}^{-t^2}\mathrm{d}t=-\dfrac{\mathrm{d}}{\mathrm{d}x}\int_{1}^{\cos x}\mathrm{e}^{-t^2}\mathrm{d}t=\sin x\mathrm{e}^{-\cos^2 x}.$

利用洛毕达法则得

$$\lim_{x \to 0} \frac{\int_{\cos x}^{1} e^{-t^2} dt}{x^2} = \lim_{x \to 0} \frac{e^{-\cos^2 x} \sin x}{2x} = \frac{1}{2e}.$$

习　题　5-2

1. 计算下列各导数:

(1) $\left(\int_{2}^{\cos x} \frac{\sin t}{t} dt \right)'_x$;

(2) $\left(\int_{-t}^{0} e^{-x^2} dx \right)'_t$;

(3) $\dfrac{\mathrm{d}}{\mathrm{d}x} \displaystyle\int_{0}^{x^2} \sqrt{1+t^2} dt$;

(4) $\dfrac{\mathrm{d}}{\mathrm{d}x} \displaystyle\int_{x^2}^{x^3} \dfrac{dt}{\sqrt{1+t^2}}$.

2. 计算下列定积分:

(1) $\displaystyle\int_{2}^{6} (x^2 - 1) dx$;

(2) $\displaystyle\int_{-1}^{1} (x^3 - 3x^2) dx$;

(3) $\displaystyle\int_{1}^{27} \dfrac{dx}{\sqrt[3]{x}}$;

(4) $\displaystyle\int_{-2}^{3} (x-1)^3 dx$;

(5) $\displaystyle\int_{0}^{a} (\sqrt{a} - \sqrt{x})^2 dx$;

(6) $\displaystyle\int_{0}^{5} \dfrac{x^3}{x^2+1} dx$;

(7) $\displaystyle\int_{0}^{5} \dfrac{2x^2 + 3x - 5}{2x + 3} dx$;

(8) $\displaystyle\int_{0}^{3} e^{\frac{x}{3}} dx$;

(9) $\displaystyle\int_{0}^{1} \dfrac{x}{x^2+1} dx$;

(10) $\displaystyle\int_{-1}^{1} \dfrac{x dx}{(x^2+1)^2}$;

(11) $\displaystyle\int_{1}^{2} \dfrac{e^{\frac{1}{x}}}{x^2} dx$;

(12) $\displaystyle\int_{0}^{\pi} \cos^2 \dfrac{x}{2} dx$;

(13) $\displaystyle\int_{-1}^{2} |2x| dx$;

(14) $\displaystyle\int_{0}^{2\pi} |\cos x| dx$;

(15) $\displaystyle\int_{-1}^{2} |x^2 - x| dx$.

3. 求下列极限:

(1) $\lim\limits_{x \to 0} \dfrac{\displaystyle\int_{0}^{x} \cos t^2 dt}{x}$;

(2) $\lim\limits_{x \to 0} \dfrac{\displaystyle\int_{0}^{x} \arctan t dt}{x^2}$;

(3) $\lim\limits_{x \to 0} \dfrac{\displaystyle\int_{0}^{x} (\arctan t)^2 dt}{\sqrt{1+x^2} - 1}$.

课堂练习　5-2

1. $\dfrac{\mathrm{d}}{\mathrm{d}x} \displaystyle\int_{0}^{x^2} \dfrac{t \sin t}{1 + \cos^2 t} dt = $ ＿＿＿＿＿＿ .

2. $\dfrac{\mathrm{d}}{\mathrm{d}b} \displaystyle\int_{a}^{b} e^{at} \sin at dt = $ ＿＿＿＿＿＿.

3. $\dfrac{\mathrm{d}}{\mathrm{d}x} \displaystyle\int_{\sin x}^{\cos x} f(t) dt = $ ＿＿＿＿＿＿.

4. 已知 $\varphi(x) = \displaystyle\int_{0}^{x} \ln(1-t) dt$, 则 $\varphi(x)$ 的定义域为＿＿＿＿＿＿.

5. 设 $f(x) = \int_0^x te^t dt$, 则 $f^{(n+1)}(0) = $ _____.

6. 设 $f(x)$ 是连续函数, 且 $f(x) = x + 2\int_0^1 f(t)dt$, 则 $f(x) = $_____.

7. 求由方程 $\int_0^y e^t dt + \int_0^x \cos t dt = 0$ 所确定的隐函数 $y = y(x)$ 的导数 $\dfrac{dy}{dx}$.

5.3　定积分的换元法和分部积分法

应用微积分基本公式求定积分, 首先要求被积函数的一个原函数, 再按公式计算. 但是如果在求原函数的过程中涉及了换元或者分部积分, 那么相应地也可以构造定积分的换元法和分部积分法, 即本节课要学习的内容.

5.3.1　定积分的换元法

定理 5-3-1　假设函数 $f(x)$ 在 $[a, b]$ 上连续, 函数 $x = \varphi(t)$ 满足条件:

(1) $\varphi(\alpha) = a, \varphi(\beta) = b$;

(2) $\varphi(t)$ 在 $[\alpha, \beta]$(或 $[\beta, \alpha]$) 上具有连续导数, 且其值域不越出 $[a, b]$,

则有

$$\int_a^b f(x)dx = \int_\alpha^\beta f[\varphi(t)]\varphi'(t)dt. \tag{5-3-1}$$

例 5-3-1　计算 $\int_0^a \sqrt{a^2 - x^2}dx(a > 0)$.

解　设 $x = a\sin t$, 则 $dx = a\cos dt$, 且 $x = 0$ 时 $t = 0$; 且 $x = a$ 时 $t = \dfrac{\pi}{2}$. 故

$$\int_0^a \sqrt{a^2 - x^2}dx = a^2 \int_0^{\frac{\pi}{2}} \cos^2 t dt = \frac{a^2}{2}\int_0^{\frac{\pi}{2}}(1 + \cos 2t)dt$$

$$= \frac{a^2}{2}\left[t + \frac{1}{2}\sin 2t\right]_0^{\frac{\pi}{2}} = \frac{\pi a^2}{4}.$$

换元公式也可以反过来使用, 即

$$\int_a^b f[\varphi(x)]\varphi'(x)dx = \int_\alpha^\beta f(t)dt. \tag{5-3-2}$$

例 5-3-2　计算 $\int_0^{\frac{\pi}{2}} \cos^5 x \sin x dx$.

解　设 $u = \cos x$, 则

$$-\int_0^{\frac{\pi}{2}} \cos^5 x d\cos x = -\int_1^0 u^5 du = \int_0^1 u^5 du = \left[\frac{u^6}{6}\right]_0^1 = \frac{1}{6}.$$

例 5-3-3 计算 $\displaystyle\int_0^\pi \sqrt{\sin^3 x - \sin^5 x}\,\mathrm{d}x$.

解
$$
\int_0^\pi \sqrt{\sin^3 x - \sin^5 x}\,\mathrm{d}x = \int_0^\pi (\sin x)^{\frac{3}{2}} \sqrt{\cos^2 x}\,\mathrm{d}x
$$

$$
= \int_0^\pi (\sin x)^{\frac{3}{2}} |\cos x|\,\mathrm{d}x
$$

$$
= \int_0^{\frac{\pi}{2}} (\sin x)^{\frac{3}{2}} \cos x\,\mathrm{d}x - \int_{\frac{\pi}{2}}^\pi (\sin x)^{\frac{3}{2}} \cos x\,\mathrm{d}x
$$

$$
= \int_0^{\frac{\pi}{2}} (\sin x)^{\frac{3}{2}} \mathrm{d}\sin x - \int_{\frac{\pi}{2}}^\pi (\sin x)^{\frac{3}{2}} \mathrm{d}\sin x
$$

$$
= \frac{4}{5}.
$$

例 5-3-4 计算 $\displaystyle\int_0^4 \frac{x+2}{\sqrt{2x+1}}\,\mathrm{d}x$.

解 设 $t = \sqrt{2x+1}$, 则 $x = \dfrac{t^2 - 1}{2}$, $x = 0$ 时 $t = 1$, 且 $x = 4$ 时 $t = 3$, 故

$$
\int_0^4 \frac{x+2}{\sqrt{2x+1}}\,\mathrm{d}x = \int_1^3 \frac{\dfrac{t^2 - 1}{2} + 2}{t} t\,\mathrm{d}t
$$

$$
= \frac{1}{2} \int_1^3 (t^2 + 3)\mathrm{d}t
$$

$$
= \frac{1}{2} \left[\frac{t^3}{3} + 3t\right]_1^3 = \frac{22}{3}.
$$

例 5-3-5 证明: (1) 若 $f(x)$ 在 $[a,b]$ 上连续且为偶函数, 则 $\displaystyle\int_{-a}^a f(x)\mathrm{d}x = 2\int_0^a f(x)\mathrm{d}x$;

(2) 若 $f(x)$ 在 $[a,b]$ 上连续且为奇函数, 则 $\displaystyle\int_{-a}^a f(x)\mathrm{d}x = 0$.

证明
$$
\int_{-a}^a f(x)\mathrm{d}x = \int_{-a}^0 f(x)\mathrm{d}x + \int_0^a f(x)\mathrm{d}x
$$

$$
= -\int_a^0 f(-x)\mathrm{d}x + \int_0^a f(x)\mathrm{d}x
$$

$$
= \int_0^a f(-x)\mathrm{d}x + \int_0^a f(x)\mathrm{d}x
$$

$$= \int_0^a [f(x) + f(-x)]\mathrm{d}x.$$

(1) $f(x)$ 为偶函数时, $f(x) + f(-x) = 2f(x)$, 故有

$$\int_{-a}^a f(x)\mathrm{d}x = 2\int_0^a f(x)\mathrm{d}x; \tag{5-3-3}$$

(2) $f(x)$ 为奇函数时, $f(x) + f(-x) = 0$, 故有

$$\int_{-a}^a f(x)\mathrm{d}x = 0. \tag{5-3-4}$$

例 5-3-6　若 $f(x)$ 在 $[0,1]$ 上连续, 证明:

(1) $\displaystyle\int_0^{\frac{\pi}{2}} f(\sin x)\mathrm{d}x = \int_0^{\frac{\pi}{2}} f(\cos x)\mathrm{d}x$;

(2) $\displaystyle\int_0^{\pi} xf(\sin x)\mathrm{d}x = \frac{\pi}{2}\int_0^{\pi} f(\sin x)\mathrm{d}x$, 由此计算 $\displaystyle\int_0^{\pi} \frac{x\sin x}{1 + \cos^2 x}\mathrm{d}x$.

证明　(1) 设 $x = \dfrac{\pi}{2} - t$, 则 $\mathrm{d}x = -\mathrm{d}t$, 且当 $x = 0$ 时, $t = \dfrac{\pi}{2}$; 当 $x = \dfrac{\pi}{2}$ 时, $t = 0$, 故

$$\int_0^{\frac{\pi}{2}} f(\sin x)\mathrm{d}x = -\int_{\frac{\pi}{2}}^0 f\left[\sin\left(\frac{\pi}{2} - t\right)\right]\mathrm{d}t = \int_0^{\frac{\pi}{2}} f(\cos t)\,\mathrm{d}t = \int_0^{\frac{\pi}{2}} f(\cos x)\,\mathrm{d}x.$$

(2) 设 $x = \pi - t$,

$$\int_0^{\pi} xf(\sin x)\mathrm{d}x = \int_{\pi}^0 (\pi - t)f[\sin(\pi - t)]\,\mathrm{d}(-t)$$

$$= \int_0^{\pi} \pi f(\sin t)\mathrm{d}t - \int_0^{\pi} tf(\sin t)\mathrm{d}t,$$

所以, $\displaystyle\int_0^{\pi} xf(\sin x)\mathrm{d}x = \frac{\pi}{2}\int_0^{\pi} f(\sin x)\,\mathrm{d}x.$

利用此公式, 可得

$$\int_0^{\pi} \frac{x\sin x}{1 + \cos^2 x}\mathrm{d}x = \frac{\pi}{2}\int_0^{\pi} \frac{\sin x}{1 + \cos^2 x}\mathrm{d}x$$

$$= -\frac{\pi}{2}\int_0^{\pi} \frac{1}{1 + \cos^2 x}\mathrm{d}\cos x$$

$$= -\frac{\pi}{2}\left[\arctan(\cos x)\right]_0^{\pi}$$

$$= \frac{\pi^2}{4}.$$

例 5-3-7 设函数 $f(x) = \begin{cases} xe^{-x^2}, & x \geqslant 0, \\ \dfrac{1}{1 + \cos x}, & -1 < x < 0, \end{cases}$ 计算 $\displaystyle\int_1^4 f(x-2)\mathrm{d}x$.

解 设 $x - 2 = t$, 则

$$\int_1^4 f(x-2)\mathrm{d}x = \int_{-1}^2 f(t)\mathrm{d}t = \int_{-1}^0 f(t)\mathrm{d}t + \int_0^2 f(t)\mathrm{d}t$$

$$= \int_{-1}^0 \frac{1}{1+\cos t}\mathrm{d}t + \int_0^2 te^{-t^2}\mathrm{d}t$$

$$= \tan\frac{1}{2} - \frac{1}{2}\mathrm{e}^{-4} + \frac{1}{2}.$$

5.3.2 定积分的分部积分法

定理 5-3-2 设 $u(x), v(x)$ 在 $[a,b]$ 上具有连续导数 $u'(x), v'(x)$, 则

$$\int_a^b (uv)'\mathrm{d}x = \int_a^b u'v\mathrm{d}x + \int_a^b uv'\mathrm{d}x \quad \text{或} \quad \int_a^b u\mathrm{d}v = [uv]_a^b - \int_a^b v\mathrm{d}u \qquad (5\text{-}3\text{-}5)$$

称为定积分的分部积分公式.

例 5-3-8 计算 $\displaystyle\int_0^{\frac{1}{2}} \arcsin x\mathrm{d}x$.

解 设 $u = \arcsin x$, $v = x$, 则

$$\int_0^{\frac{1}{2}} \arcsin x\mathrm{d}x = [x\arcsin x]_0^{\frac{\pi}{2}} - \int_0^{\frac{1}{2}} x\frac{1}{\sqrt{1-x^2}}\mathrm{d}x$$

$$= \frac{1}{2}\arcsin\frac{1}{2} + \frac{1}{2}\int_0^{\frac{1}{2}} \frac{1}{\sqrt{1-x^2}}\mathrm{d}(1-x^2)$$

$$= \frac{\pi}{12} + \frac{\sqrt{3}}{2} - 1.$$

例 5-3-9 计算 $\displaystyle\int_0^1 \mathrm{e}^{\sqrt{x}}\mathrm{d}x$.

解 设 $\sqrt{x} = t$, 则

$$\int_0^1 \mathrm{e}^{\sqrt{x}}\mathrm{d}x = \int_0^1 \mathrm{e}^t \mathrm{d}t^2 = 2\int_0^1 t\mathrm{e}^t\mathrm{d}t$$

$$= 2\int_0^1 t\mathrm{d}\mathrm{e}^t = 2\left[t\mathrm{e}^t\right]_0^1 - 2\int_0^1 \mathrm{e}^t\mathrm{d}t = 2.$$

例 5-3-10　证明定积分公式

$$I_n = \int_0^{\frac{\pi}{2}} \sin^n x\mathrm{d}x = \begin{cases} \dfrac{n-1}{n} \cdot \dfrac{n-3}{n-2} \cdot \cdots \cdot \dfrac{3}{4} \cdot \dfrac{1}{2} \cdot \dfrac{\pi}{2}, & n \text{ 为正偶数}, \\[3mm] \dfrac{n-1}{n} \cdot \dfrac{n-3}{n-2} \cdot \cdots \cdot \dfrac{4}{5} \cdot \dfrac{2}{3}, & n \text{ 为大于 1 的正奇数}. \end{cases}$$

证明　设 $u = \sin^{n-1} x, \mathrm{d}v = \sin x\mathrm{d}x$. 由分部积分公式可得

$$I_n = (n-1) \int_0^{\frac{\pi}{2}} \sin^{n-2} x\mathrm{d}x - (n-1) \int_0^{\frac{\pi}{2}} \sin^n x\mathrm{d}x$$

$$= (n-1)I_{n-2} - (n-1)I_n,$$

故 $I_n = \dfrac{n-1}{n} I_{n-2}$.

由此递推公式可得所证明等式.

例 5-3-11　设 $f(x) = \displaystyle\int_\pi^x \dfrac{\sin t}{t}\mathrm{d}t$, 求 $\displaystyle\int_0^\pi f(x)\mathrm{d}x$.

解　$\displaystyle\int_0^\pi f(x)\mathrm{d}x = [xf(x)]_0^\pi - \int_0^\pi xf'(x)\mathrm{d}x$

$$= -\int_0^\pi x\frac{\sin x}{x}\mathrm{d}x = -\int_0^\pi \sin x\mathrm{d}x = [\cos x]_0^\pi = -2.$$

习　题　5-3

1. 求下列定积分:

(1) $\displaystyle\int_0^2 \frac{\mathrm{d}x}{1+\sqrt{x}}$;

(2) $\displaystyle\int_0^{\ln 3} \mathrm{e}^x(1+\mathrm{e}^x)^2\mathrm{d}x$;

(3) $\displaystyle\int_1^5 \frac{\sqrt{u-1}}{u}\mathrm{d}u$;

(4) $\displaystyle\int_0^2 \frac{\mathrm{d}x}{\sqrt{x+1}+\sqrt{(x+1)^3}}$;

(5) $\displaystyle\int_0^{\ln 2} \sqrt{\mathrm{e}^x - 1}\mathrm{d}x$;

(6) $\displaystyle\int_0^2 \sqrt{4-x^2}\mathrm{d}x$;

(7) $\displaystyle\int_0^a x^2\sqrt{a^2-x^2}\mathrm{d}x$;

(8) $\displaystyle\int_0^1 \frac{x^2}{(1+x^2)^2}\mathrm{d}x$;

(9) $\displaystyle\int_0^1 (1+x^2)^{-\frac{3}{2}}\mathrm{d}x$;

(10) $\displaystyle\int_1^2 \frac{\sqrt{x^2-1}}{x}\mathrm{d}x$.

2. 求定积分 $\displaystyle\int_{-a}^a [f(x)-f(-x)]\cos x^2\mathrm{d}x$, $f(x)$ 是 $[-a, a]$ 上的连续函数.

3. 设 $f(3x+2) = x\mathrm{e}^x$, 求 $\displaystyle\int_3^5 f(t)\mathrm{d}t$.

4. 设 $f(0)=1, f(2)=4, f'(2)=2$, 求 $\displaystyle\int_0^1 xf''(2x)\mathrm{d}x$.

5. 设 $f(x)$ 是 $(-\infty, +\infty)$ 上的连续偶函数. 证明: $F(x)=\displaystyle\int_0^x f(t)\mathrm{d}t$ 是奇函数.

6. 设 $f(x)$ 在 $(-\infty, +\infty)$ 上连续, T 为 $f(x)$ 的周期. 证明: $\displaystyle\int_a^{a+T} f(x)\mathrm{d}x = \int_0^T f(x)\mathrm{d}x$.

7. 证明 $\displaystyle\int_0^1 x^m(1-x)^n\mathrm{d}x = \int_0^1 x^n(1-x)^m\mathrm{d}x$.

8. 证明 $\displaystyle\int_{\frac{\pi}{3}}^{\frac{\pi}{2}} \frac{\sin x}{x}\mathrm{d}x = \int_0^{\frac{1}{2}} \frac{\mathrm{d}x}{\arccos x}$.

9. 证明 $\displaystyle\int_0^4 \mathrm{e}^{x(4-x)}\mathrm{d}x = 2\int_0^2 \mathrm{e}^{t(4-t)}\mathrm{d}t$.

课堂练习 5-3

1. 用换元积分法计算下列积分:

(1) $\displaystyle\int_0^4 \frac{1}{1+\sqrt{x}}\mathrm{d}x$; (2) $\displaystyle\int_0^\pi (1-\sin^3\theta)\mathrm{d}\theta$; (3) $\displaystyle\int_1^{\mathrm{e}^2} \frac{\mathrm{d}x}{x\sqrt{1+\ln x}}$.

2. 用分部积分法计算下列积分:

(1) $\displaystyle\int_0^1 x\mathrm{e}^{-x}\mathrm{d}x$; (2) $\displaystyle\int_0^\pi x\sin x\mathrm{d}x$;

(3) $\displaystyle\int_1^{\mathrm{e}} x\ln x\,\mathrm{d}x$; (4) $\displaystyle\int_0^1 x\arctan x\mathrm{d}x$;

(5) $\displaystyle\int_0^1 x^3\mathrm{e}^{-x^2}\mathrm{d}x$; (6) $\displaystyle\int_0^3 \arctan\sqrt{x}\mathrm{d}x$.

5.4 反 常 积 分

本章前几节讨论的定积分, 其积分区间是有限区间, 被积函数是有界函数. 但是, 在一些实际问题中, 需要将定积分概念作两种推广, 即积分区间为无穷区间及被积函数在有限区间上为无界函数的两种情形. 这种推广了的定积分称为反常积分.

5.4.1 无穷限的反常积分

定义 5-4-1 设函数 $f(x)$ 在区间 $[a, +\infty)$ 上连续, 且 $b>a$. 若极限

$$\lim_{b\to+\infty}\int_a^b f(x)\,\mathrm{d}x$$

存在, 则称此极限为函数 $f(x)$ 在无穷区间 $[a, +\infty)$ 上的反常积分, 记作

$$\int_a^{+\infty} f(x)\mathrm{d}x, \quad 即 \quad \int_a^{+\infty} f(x)\mathrm{d}x = \lim_{b \to +\infty} \int_a^b f(x)\,\mathrm{d}x,$$

这时也称反常积分 $\int_a^{+\infty} f(x)\mathrm{d}x$ 收敛. 若上述极限不存在, 函数 $f(x)$ 在无穷区间 $[a, +\infty)$ 上的反常积分 $\int_a^{+\infty} f(x)\mathrm{d}x$ 就没有意义, 习惯上称为反常积分 $\int_a^{+\infty} f(x)\mathrm{d}x$ 发散, 这时记号 $\int_a^{+\infty} f(x)\mathrm{d}x$ 不再表示数值.

  类似地, 设函数 $f(x)$ 在区间 $(-\infty, b]$ 上连续, 取 $a < b$. 若极限

$$\lim_{a \to -\infty} \int_a^b f(x)\,\mathrm{d}x$$

存在, 则称此极限为函数 $f(x)$ 在无穷区间 $(-\infty, b]$ 上的反常积分, 记作

$$\int_{-\infty}^b f(x)\mathrm{d}x, \quad 即 \quad \int_{-\infty}^b f(x)\,\mathrm{d}x = \lim_{a \to -\infty} \int_a^b f(x)\,\mathrm{d}x,$$

这时也称反常积分 $\int_{-\infty}^b f(x)\mathrm{d}x$ 收敛; 若上述极限不存在, 就称反常积分 $\int_{-\infty}^b f(x)\mathrm{d}x$ 发散.

  设函数 $f(x)$ 在区间 $(-\infty, +\infty)$ 上连续, 若反常积分

$$\int_{-\infty}^0 f(x)\mathrm{d}x \quad 和 \quad \int_0^{+\infty} f(x)\mathrm{d}x$$

都收敛, 则称上述两反常积分之和为函数 $f(x)$ 在无穷区间 $(-\infty, +\infty)$ 上的反常积分, 记为

$$\int_{-\infty}^{+\infty} f(x)\mathrm{d}x = \int_{-\infty}^0 f(x)\mathrm{d}x + \int_0^{+\infty} f(x)\mathrm{d}x = \lim_{a \to -\infty} \int_{-a}^0 f(x)\mathrm{d}x + \lim_{b \to +\infty} \int_0^b f(x)\mathrm{d}x.$$

这时也称反常积分 $\int_{-\infty}^{+\infty} f(x)\mathrm{d}x$ 收敛; 否则就称反常积分 $\int_{-\infty}^{+\infty} f(x)\mathrm{d}x$ 发散.

  例 5-4-1   计算反常积分 $\int_{-\infty}^{+\infty} \dfrac{1}{1+x^2}\mathrm{d}x$.

  解 $\displaystyle\int_{-\infty}^{+\infty} \frac{1}{1+x^2}\,\mathrm{d}x = \int_{-\infty}^0 \frac{1}{1+x^2}\,\mathrm{d}x + \int_0^{+\infty} \frac{1}{1+x^2}\,\mathrm{d}x$

$$= \lim_{a \to -\infty} \int_a^0 \frac{1}{1+x^2}\,\mathrm{d}x + \lim_{b \to +\infty} \int_0^b \frac{1}{1+x^2}\,\mathrm{d}x$$

$$= \lim_{a \to -\infty} [\arctan x]_a^0 + \lim_{b \to +\infty} [\arctan x]_0^b$$

$$= 0 - \frac{\pi}{2} + \frac{\pi}{2} = \pi.$$

例 5-4-2 计算反常积分 $\int_0^{+\infty} t e^{-pt} \mathrm{d}t$($p$ 是常数, 且 $p > 0$).

解 $\int_0^{+\infty} t e^{-pt} \mathrm{d}t = \lim_{b \to +\infty} \int_0^b t e^{-pt} \mathrm{d}t = \lim_{b \to +\infty} \left\{ \left[-\frac{t}{p} e^{-pt} \right]_0^b + \frac{1}{p} \int_0^b e^{-pt} \mathrm{d}t \right\}$

$$= \left[-\frac{t}{p} e^{-pt} \right]_0^{+\infty} - \frac{1}{p^2} \left[e^{-pt} \right]_0^{+\infty}$$

$$= -\frac{1}{p} \lim_{t \to +\infty} t e^{-pt} - 0 - \frac{1}{p^2} (0 - 1) = \frac{1}{p^2}.$$

例 5-4-3 证明反常积分 $\int_a^{+\infty} \frac{1}{x^p} \mathrm{d}x (a > 0)$ 当 $p > 1$ 时收敛; 当 $p \leqslant 1$ 时发散.

证明 当 $p = 1$ 时, $\int_a^{+\infty} \frac{1}{x^p} \mathrm{d}x = \int_a^{+\infty} \frac{1}{x} \mathrm{d}x = [\ln x]_0^{+\infty} = +\infty$;

当 $p \neq 1$ 时, $\int_a^{+\infty} \frac{1}{x^p} \mathrm{d}x = \left[\frac{x^{1-p}}{1-p} \right]_a^{+\infty} = \begin{cases} +\infty, & p < 1, \\ \dfrac{a^{1-p}}{p-1}, & p > 1. \end{cases}$

综合上述两种情况, 则命题得证.

5.4.2 无界函数的反常积分

定义 5-4-2 设函数 $f(x)$ 在 $[a, b]$ 上连续, 而在点 a 的右邻域内无界, 取 $\varepsilon > 0$, 若极限 $\lim_{\varepsilon \to 0^+} \int_{a+\varepsilon}^b f(x) \mathrm{d}x$ 存在, 则称此极限为函数 $f(x)$ 在 $[a, b]$ 上的反常积分, 仍然记作 $\int_a^b f(x) \mathrm{d}x$, 即 $\int_a^b f(x) \mathrm{d}x = \lim_{\varepsilon \to 0^+} \int_{a+\varepsilon}^b f(x) \mathrm{d}x$, 这时也称反常积分 $\int_a^b f(x) \mathrm{d}x$ 收敛. 若上述极限不存在, 就称反常积分 $\int_a^b f(x) \mathrm{d}x$ 发散.

类似地, 设函数 $f(x)$ 在 $[a, b]$ 上连续, 而在点 b 的左邻域内无界, 取 $\varepsilon > 0$, 如果极限 $\lim_{\varepsilon \to 0^+} \int_a^{b-\varepsilon} f(x) \mathrm{d}x$ 存在, 则定义 $\int_a^b f(x) \mathrm{d}x = \lim_{\varepsilon \to 0^+} \int_a^{b-\varepsilon} f(x) \mathrm{d}x$, 这时也称反常积分 $\int_a^b f(x) \mathrm{d}x$ 收敛. 否则, 就称反常积分 $\int_a^b f(x) \mathrm{d}x$ 发散.

设函数 $f(x)$ 在 $[a,b]$ 上除点 $c(a < c < b)$ 外连续, 而在点 c 的邻域内无界, 如果两个反常积分 $\int_a^c f(x)\mathrm{d}x$ 与 $\int_c^b f(x)\mathrm{d}x$ 都收敛, 则定义 $\int_a^b f(x)\mathrm{d}x = \int_a^c f(x)\mathrm{d}x + \int_c^b f(x)\mathrm{d}x = \lim_{\varepsilon \to 0^+} \int_a^{c-\varepsilon} f(x)\mathrm{d}x + \lim_{\varepsilon' \to 0^+} \int_{c+\varepsilon'}^b f(x)\mathrm{d}x$, 这时也称反常积分 $\int_a^b f(x)\mathrm{d}x$ 收敛. 否则, 就称反常积分发散.

在计算无界函数的反常积分时, 形式上也可沿用牛顿-莱布尼茨公式的计算形式.

设 $F(x)$ 为 $f(x)$ 在 $(a,b]$ 上的一个原函数, a 为 $f(x)$ 的瑕点, 若 $\lim_{\varepsilon \to 0^+} F(a + \varepsilon)$ 存在, 则反常积分

$$\int_a^b f(x)\mathrm{d}x = F(b) - \lim_{\varepsilon \to 0^+} F(a + \varepsilon) = F(b) - F(a + 0) = [F(x)]_a^b.$$

我们仍用记号 $[F(x)]_a^b$ 来表示 $F(b) - F(a + 0)$, 其他类似.

例 5-4-4　计算反常积分 $\int_0^a \dfrac{\mathrm{d}x}{\sqrt{a^2 - x^2}}(a > 0)$.

解　$\displaystyle\int_0^a \frac{\mathrm{d}x}{\sqrt{a^2 - x^2}} = \lim_{\varepsilon \to 0^+} \int_0^{a-\varepsilon} \frac{\mathrm{d}x}{\sqrt{a^2 - x^2}}$

$$= \lim_{\varepsilon \to 0^+} \left[\arcsin \frac{x}{a}\right]_0^{a-\varepsilon} = \lim_{\varepsilon \to 0^+} \left[\arcsin \frac{a-\varepsilon}{a} - 0\right]$$

$$= \arcsin 1 = \frac{\pi}{2}.$$

例 5-4-5　讨论反常积分 $\int_{-1}^1 \dfrac{1}{x^2}\mathrm{d}x$ 的收敛性

解　因为

$$\int_{-1}^1 \frac{1}{x^2}\mathrm{d}x = \int_{-1}^0 \frac{1}{x^2}\mathrm{d}x + \int_0^1 \frac{1}{x^2}\mathrm{d}x,$$

$$\lim_{\varepsilon \to 0^+} \int_{-1}^{-\varepsilon} \frac{1}{x^2}\mathrm{d}x = -\lim_{\varepsilon \to 0^+} \left[\frac{1}{x}\right]_{-1}^{-\varepsilon} = \lim_{\varepsilon \to 0^+} \left(\frac{1}{\varepsilon} - 1\right) = +\infty,$$

故所求反常积分 $\int_{-1}^1 \dfrac{1}{x^2}\mathrm{d}x$ 发散.

例 5-4-6　证明反常积分 $\int_a^b \dfrac{\mathrm{d}x}{(x-a)^q}$, 当 $q < 1$ 时收敛; 当 $q \geqslant 1$ 时发散.

证明　当 $q = 1$ 时, $\int_a^b \dfrac{\mathrm{d}x}{x-a} = [\ln(x-a)]_a^b = +\infty$, 发散;

当 $q \neq 1$ 时, $\int_a^b \dfrac{\mathrm{d}x}{(x-a)^q} = \left[\dfrac{(x-a)^{1-q}}{1-q} \right]_a^b = \begin{cases} \dfrac{(b-a)^{1-q}}{1-q}, & q < 1, \\ +\infty, & q > 1. \end{cases}$

综合上述两种情况, 则命题得证.

习　题　5-4

1. 判别下列反常积分的敛散性, 若积分收敛, 则计算反常积分的值:

(1) $\displaystyle\int_0^{+\infty} \mathrm{e}^{-x}\mathrm{d}x$;　　　　　　(2) $\displaystyle\int_1^{+\infty} \dfrac{\mathrm{d}x}{\sqrt{x}}$;　　　　　　(3) $\displaystyle\int_0^{+\infty} x\mathrm{e}^{-x}\mathrm{d}x$;

(4) $\displaystyle\int_{-\infty}^{+\infty} \dfrac{x}{\sqrt{1+x^2}}\mathrm{d}x$;　　　(5) $\displaystyle\int_0^1 \dfrac{\mathrm{d}x}{\sqrt{1-x}}$;　　　(6) $\displaystyle\int_{-1}^1 \dfrac{\mathrm{d}x}{\sqrt{1-x^2}}$;

(7) $\displaystyle\int_0^2 \dfrac{\mathrm{d}x}{(x-1)^2}$.

课堂练习　5-4

1. 选择题:

(1) 下列广义积分发散的是 (　　).

A. $\displaystyle\int_0^1 \dfrac{1}{\sqrt{x}}\,\mathrm{d}x$　　　　B. $\displaystyle\int_{-\infty}^{+\infty} \dfrac{1}{1+x^2}\,\mathrm{d}x$　　　　C. $\displaystyle\int_0^1 \dfrac{1}{x}\,\mathrm{d}x$　　　　D. $\displaystyle\int_1^{+\infty} \dfrac{1}{x^2}\,\mathrm{d}x$

(2) 下列广义积分收敛的是 (　　).

A. $\displaystyle\int_1^{+\infty} \dfrac{1}{\sqrt{x}}\mathrm{d}x$　　B. $\displaystyle\int_1^{+\infty} \dfrac{1}{x}\mathrm{d}x$　　C. $\displaystyle\int_1^{+\infty} \sqrt{x}\mathrm{d}x$　　D. $\displaystyle\int_1^{+\infty} \dfrac{1}{x^2}\mathrm{d}x$

(3) 广义积分 $\displaystyle\int_2^{+\infty} \dfrac{1}{x(\ln x)^k}\mathrm{d}x$ (k 为常数) 当 k 满足 (　　) 时, 收敛于 $\dfrac{1}{k-1}(\ln 2)^{1-k}$.

A. $k < 1$　　　　　　B. $k > 1$　　　　　　C. $k = 1$　　　　　　D. 以上均不对

2. 判别下列广义积分的敛散性, 如果收敛, 计算广义积分的值:

(1) $\displaystyle\int_{-\infty}^{+\infty} \dfrac{2x}{1+x^2}\,\mathrm{d}x$;　　　　　　(2) $\displaystyle\int_0^1 \dfrac{x}{\sqrt{1-x^2}}\,\mathrm{d}x$;

(3) $\displaystyle\int_1^2 \dfrac{x}{\sqrt{x-1}}\,\mathrm{d}x$;　　　　　　(4) $\displaystyle\int_1^{\mathrm{e}} \dfrac{\mathrm{d}x}{x\sqrt{1-(\ln x)^2}}$.

单元自测题 5

一、填空题 (将正确答案填在横线上).

1. $F(x) = \displaystyle\int_x^1 \sqrt{1+t}\,\mathrm{d}t$, 则 $F'(x) = $＿＿＿＿＿＿.

2. $y = \int_0^x \cos^3 t \mathrm{d}t$ 在 $x = \pi$ 处的导数值为_____.

3. $\dfrac{\mathrm{d}}{\mathrm{d}x} \int_a^b \sin(x^2 + 1)\mathrm{d}x =$ _____ (a, b 为常数).

4. $\int_{-a}^a \sqrt{a^2 - x^2}\mathrm{d}x =$ _____.

5. $I_1 = \int_1^2 \ln x \mathrm{d}x$ 与 $\int_1^2 \ln^2 x \mathrm{d}x$ 的大小关系_____.

6. $I_1 = \int_3^4 \ln x \mathrm{d}x$ 与 $\int_3^4 \ln^2 x \mathrm{d}x$ 的大小关系_____.

7. 设 $f(x)$ 在 $[a, b]$ 上连续, $I_1 = \left| \int_a^b f(x)\mathrm{d}x \right|$ 与 $I_2 = \int_a^b |f(x)|\,\mathrm{d}x$ 的大小关系_____.

8. 在定积分中值定理中, 设 $f(x)$ 在 $[a, b]$ 上连续, 则至少存在一点 $\xi \in [a, b]$, 使得 $f(\xi) =$ _____.

9. 设 $f(x)$ 在 $[a, b]$ 上连续, 则 $\int_a^x f(t)\mathrm{d}t$ 称为 $f(x)$ 在 $[a, b]$ 上的一个_____.

10. $F(x) = \int_0^{x^2} \mathrm{e}^{\sqrt{t}}\mathrm{d}t (x > 0)$, 则 $F'(x) =$ _____.

11. $F(x) = \int_{\varphi(x)}^3 \sin^3 t \mathrm{d}t$, 其中 $\varphi(x)$ 可导, 则 $F'(x) =$ _____.

12. $f(x) = \int_0^x t(1 - t)\mathrm{d}t$, 则 $f(x)$ 的单调增加区间_____.

13. $\int_{\frac{\pi}{2}}^\pi \sqrt{1 - \sin^2 x}\mathrm{d}x =$ _____.

14. $\int_0^\pi \cos^2 x \mathrm{d}x =$ _____.

15. $\int_0^1 2^x 3^x \mathrm{d}x =$ _____.

16. $\int_{-\frac{\pi}{2}}^{\frac{\pi}{2}} \cos x \mathrm{e}^{\sin x}\mathrm{d}x =$ _____.

17. $\int_{-5}^5 \dfrac{x^2 \sin^3 x}{1 + x^4}\mathrm{d}x =$ _____.

18. $f(x)$ 在 $[-a, a]$ 上连续, 则 $\int_{-a}^a (\sin x)(f(x) + f(-x))\mathrm{d}x =$ _____.

19. 若广义积分 $\int_1^{+\infty} \dfrac{\mathrm{d}x}{x^q}$ 发散, 则 q 必有_____.

20. 若广义积分 $\int_0^1 \dfrac{\mathrm{d}x}{x^p}$ 发散, 则 p 必有_____.

21. $\displaystyle\int_0^{+\infty} x\mathrm{e}^{-x^2}\mathrm{d}x =$ _____.

22. $\displaystyle\int_0^1 \frac{\mathrm{d}x}{\sqrt{1-x^2}} =$ _____.

二、单项选择题 (在每个小题四个备选答案中选出一个正确答案, 填在题末的括号中).

1. 由 $[a,b]$ 上的连续曲线 $y = f(x)$, 直线 $x = a, x = b(a < b)$ 和 x 轴围成图形的面积 ( ).

A. $\displaystyle\int_a^b f(x)\mathrm{d}x$ B. $\left|\displaystyle\int_a^b f(x)\mathrm{d}x\right|$ C. $\displaystyle\int_a^b |f(x)|\,\mathrm{d}x$ D. $\dfrac{[f(b)+f(a)](b-a)}{2}$

2. 设 $f(x), \varphi(x)$ 在点 $x = 0$ 的某邻域内连续, 且当 $x \to 0$ 时, $f(x)$ 是 $\varphi(x)$ 的高阶无穷小, 则当 $x \to 0$ 时 $\displaystyle\int_0^x f(t)\sin t\,\mathrm{d}t$ 是 $\displaystyle\int_0^x t\varphi(t)\mathrm{d}t($).

A. 低阶无穷小   B. 高阶无穷小   C. 同阶但不等价的无穷小   D. 等价无穷小

3. 设 $F(x) = \dfrac{x}{x-2}\displaystyle\int_2^x f(t)\mathrm{d}t$, 其中 $f(x)$ 是连续函数, 则 $\displaystyle\lim_{x\to 2} F(x) =($).

A. 0   B. 2   C. $2f(2)$ D. $f(2)$

4. 已知 $\displaystyle\int_0^a x(2-3x)\mathrm{d}x = 2$, 则 $a =($).

A. 1   B. -1 C. 2   D. 0

5. 设 $f(x)$ 为连续的奇函数, 又 $F(x) = \displaystyle\int_0^x f(t)\mathrm{d}t$, 则 $F(-x) =($).

A. $F(x)$ B. $-F(x)$ C. 0   D. 非零常数

6. 设 $f''(x)$ 在 $[a,b]$ 连续, 且 $f'(a) = b$, $f'(b) = a$, 则 $\displaystyle\int_a^b f'(x)f''(x)\mathrm{d}x =($).

A. $a - b$ B. $\dfrac{1}{2}(a-b)$ C. $a^2 - b^2$ D. $\dfrac{1}{2}(a^2 - b^2)$

7. 设 $f(x)$ 连续, $x > 0$, 且 $\displaystyle\int_1^{x^2} f(t)\mathrm{d}t = x^2(1+x)$, 则 $f(2) =($).

A. 4   B. $2\sqrt{2} + 12$ C. $1 + \dfrac{3\sqrt{2}}{2}$ D. $12 - 2\sqrt{2}$

8. 设 $f(x) = \begin{cases} \dfrac{\displaystyle\int_0^x (\mathrm{e}^{t^2}-1)\mathrm{d}t}{x^2}, & x \neq 0, \\ a, & x = 0, \end{cases}$ 且已知 $f(x)$ 在点 $x = 0$ 连续, 则必有 ( ).

A. $a = 1$ B. $a = 2$ C. $a = 0$ D. $a = -1$

9. 设 $\mathrm{e}^x = t$, 则 $\displaystyle\int_0^1 \frac{\sqrt{\mathrm{e}^x}}{\sqrt{\mathrm{e}^x + \mathrm{e}^{-x}}}\,\mathrm{d}x =($).

A. $\int_0^e \dfrac{\sqrt{t}}{\sqrt{t + t^{-1}}}\mathrm{d}t$ 　　　　　　　　　B. $\int_0^e \dfrac{1}{\sqrt{t+1}}\mathrm{d}t$

C. $\int_1^e \dfrac{1}{\sqrt{t^2+1}}\mathrm{d}t$ 　　　　　　　　　D. $\int_1^e \dfrac{\sqrt{t}}{\sqrt{t + t^{-1}}}\mathrm{d}t$

10. $\displaystyle\int_{-1}^1 (\sqrt{1-x^2}+1)\mathrm{d}x =($ 　　　$)$.

A. $\dfrac{\pi}{4}-1$ 　　　　　B. $\dfrac{\pi}{2}+2$ 　　　　　C. $\dfrac{\pi}{2}+1$ 　　　　　D. $\dfrac{\pi}{2}-1$

11. 设 $f(x)$ 是连续函数, 且 $F(x)=\displaystyle\int_x^{\mathrm{e}^{-x}} f(t)\mathrm{d}t$, 则 $F'(x)=($ 　　　$)$.

A. $-\mathrm{e}^{-x}f(\mathrm{e}^{-x})-f(x)$ 　　　　　　　B. $-\mathrm{e}^{-x}f(\mathrm{e}^{-x})+f(x)$

C. $\mathrm{e}^{-x}f(\mathrm{e}^{-x})-f(x)$ 　　　　　　　　D. $\mathrm{e}^{-x}f(\mathrm{e}^{-x})+f(x)$

12. 设 $I(x)=\displaystyle\int_x^{x^2} \sin t\mathrm{d}t$, 则 $I'(x)=($ 　　　$)$.

A. $\cos x^2-\cos x$ 　　　　　　　　　B. $2x\cos x^2-\cos x$

C. $2x\sin x^2-\sin x$ 　　　　　　　　D. $2x\sin x^2+\sin x$

13. $\displaystyle\int_0^{19} \dfrac{1}{\sqrt[3]{x+8}}\mathrm{d}x$ 作适当变换后等于 (　　　).

A. $\displaystyle\int_2^3 3x\mathrm{d}x$ 　　　B. $\displaystyle\int_0^3 3x\mathrm{d}x$ 　　　C. $\displaystyle\int_0^2 3x\mathrm{d}x$ 　　　D. $\displaystyle\int_{-2}^{-3} 3x\mathrm{d}x$

14. $\displaystyle\int_1^e \dfrac{\ln x}{x}\mathrm{d}x =($ 　　　$)$.

A. $\dfrac{\mathrm{e}^2}{2}-\dfrac{1}{2}$ 　　　　　B. $\dfrac{1}{2\mathrm{e}^2}-\dfrac{1}{2}$ 　　　　　C. $\dfrac{1}{2}$ 　　　　　D. -1

15. 设 $f(x)$ 在给定区间上连续, 则 $\displaystyle\int_0^a x^3 f(x^2)\mathrm{d}x =($ 　　　$)$.

A. $\dfrac{1}{2}\displaystyle\int_0^a xf(x)\mathrm{d}x$ 　　　　　　　　　B. $\dfrac{1}{2}\displaystyle\int_0^{a^2} xf(x)\mathrm{d}x$

C. $2\displaystyle\int_0^{a^2} xf(x)\mathrm{d}x$ 　　　　　　　　　D. $\displaystyle\int_0^a xf(x)\mathrm{d}x$

16. $\displaystyle\int_{-1}^1 \sqrt{x^2}\mathrm{d}x =($ 　　　$)$.

A. 0 　　　　　　　B. 1 　　　　　　　C. $\dfrac{1}{2}$ 　　　　　　　D. 2

17. 若反常积分 $\displaystyle\int_{-\infty}^0 \mathrm{e}^{-kx}\mathrm{d}x$ 收敛, 则必有 (　　　).

A. $k > 0$ B. $k \geqslant 0$ C. $k < 0$ D. $k \leqslant 0$

18. $\displaystyle\int_0^x \frac{3x}{x^2 - x + 1}\mathrm{d}x$ 在区间 $[0, 1]$ 上的最小值为 ( ).

A. $\dfrac{1}{2}$ B. $\dfrac{1}{3}$ C. $\dfrac{1}{4}$ D. 0

19. $\displaystyle\int_0^x f(t)\mathrm{d}t = \frac{x^4}{2}$, $\displaystyle\int_0^4 \frac{1}{\sqrt{x}}f(\sqrt{x})\mathrm{d}x =$ ( ).

A. 16   B. 8   C. 4   D. 2

20. 设 $f(x)$ 是具有连续导数的函数, 且 $f(0) = 0$, 若 $F(x) = \begin{cases} \dfrac{\displaystyle\int_0^x tf(t)\mathrm{d}t}{x^2}, & x \neq 0, \\ 0, & x = 0, \end{cases}$

则 $F'(0) =$ ( ).

A. $f'(0)$ B. $\dfrac{1}{3}f'(0)$ C. 0   D. $\dfrac{1}{3}$

三、解答下列各题.

1. 证明不等式 $\pi \leqslant \displaystyle\int_{\frac{\pi}{4}}^{\frac{5}{4}\pi} (1 + \sin^2 x)\mathrm{d}x \leqslant 2\pi$.

2. 证明 $F(x) = \displaystyle\int_0^x \ln(t + \sqrt{1 + t^2})\mathrm{d}t$ 是偶函数.

四、解答下列各题.

1. 求 $\displaystyle\int_{-1}^1 (x + |x|)^2\mathrm{d}x$.

2. 方程 $xy - \displaystyle\int_0^y \mathrm{e}^t\mathrm{d}t = \int_0^1 \ln(1 + t^2)\mathrm{d}t$, 求 $\dfrac{\mathrm{d}y}{\mathrm{d}x}$.

3. 求 $\displaystyle\int_0^1 \frac{\mathrm{e}^{2x} - 1}{\mathrm{e}^x + 1}\mathrm{d}x$.

4. 设 $y = x^2\displaystyle\int_0^{3x} \sin^2 t\mathrm{d}t$, 求 y'.

5. 求 $\displaystyle\lim_{h \to 0}\frac{1}{h}\int_0^h \frac{\ln(2 + x)}{1 + x^2}\mathrm{d}x$.

6. 设 $f(x) = \begin{cases} \cos x, & x \in \left[-\dfrac{\pi}{2}, 0\right), \\ \mathrm{e}^x, & x \in [0, 1], \end{cases}$ 求 $\displaystyle\int_{-\frac{\pi}{2}}^1 f(x)\mathrm{d}x$.

7. 求 $\displaystyle\int_0^\pi x\sin 2x\mathrm{d}x$.

8. 设 $f(x)$ 是连续函数, 且 $F(x) = \displaystyle\int_0^x (x - t)f(t)\mathrm{d}t$, 求 $F''(x)$.

9. 设 $f(x)$ 为连续的奇函数. 证明: $F(x) = \int_0^x (x-t)f(t)\mathrm{d}t$ 也是奇函数.

10. $f(x)$ 连续, $a > 0$. 证明: $\int_0^{2a} f(x)\mathrm{d}x = \int_0^a [f(x) + f(2a-x)]\,\mathrm{d}x$, 并由此求 $\int_0^{\pi} \dfrac{x\sin x}{1+\cos^2 x}\mathrm{d}x$.

11. 已知 $f'(x)$ 连续, 且当 $0 \leqslant x < +\infty$ 时, 恒有 $f'(x) > 0$, 证明: 当 $0 < a < b$ 时, $\int_a^b tf(t)\mathrm{d}t > \dfrac{1}{2}\left[b\int_0^b f(t)\mathrm{d}t - a\int_0^a f(t)\mathrm{d}t\right].$

第6章 定积分的应用

6.1 定积分的元素法

6.1.1 再论曲边梯形面积计算

设 $f(x)$ 在区间 $[a, b]$ 上连续, 且 $f(x) \geqslant 0$, 求以曲线 $y = f(x)$ 为曲边, 底为 $[a, b]$ 的曲边梯形的面积 A. 具体想法第 5 章已经讲过, 现在简单重复如下:

第 1 步, 化整为零. 用任意一组分点 $a = x_0 < x_1 < \cdots < x_{i-1} < x_i < \cdots < x_n = b$, 将区间分成 n 个小区间 $[x_{i-1}, x_i]$, 其长度为 $\Delta x_i = x_i - x_{i-1}$, 并记 $\lambda = \max\{\Delta x_1, \Delta x_2, \cdots, \Delta x_n\}$, 相应地, 曲边梯形被划分成 n 个窄曲边梯形, 第 i 个窄曲边梯形的面积记为 $\Delta A_i, i = 1, 2, \cdots, n$, 于是 $A = \sum\limits_{i=1}^{n} \Delta A_i$.

第 2 步, 以不变高代替变高, 以矩形代替曲边梯形, 给出 "零" 的近似值 $\Delta A_i \approx f(\xi_i)\Delta x_i$, $\forall \xi_i \in [x_{i-1}, x_i]$ $(i = 1, 2, \cdots, n)$;

第 3 步, 积 "零" 为整. 给出 "整" 的近似值 $A \approx \sum\limits_{i=1}^{n} f(\xi_i)\Delta x_i$;

第 4 步, 取极限. 使近似值向精确值转化, 即

$$A = \lim_{\lambda \to 0} \sum_{i=1}^{n} f(\xi_i)\Delta x_i = \int_a^b f(x) \, \mathrm{d}x.$$

上述做法蕴含有如下两个实质性的问题: 若将 $[a, b]$ 分成部分区间 $[x_{i-1}, x_i]$ $(i = 1, 2, \cdots, n)$, 则 A 相应地分成部分量 ΔA_i $(i = 1, 2, \cdots, n)$, 而 $A = \sum\limits_{i=1}^{n} \Delta A_i$. 这表明: 所求量 A 对于区间 $[a, b]$ 具有可加性; 用 $f(\xi_i)\Delta x_i$ 近似 ΔA_i, 误差应是 Δx_i 的高阶无穷小. 只有这样, 和式 $\sum\limits_{i=1}^{n} f(\xi_i)\Delta x_i$ 的极限方才是精确值 A. 故关键是确定

$$\Delta A_i \approx f(\xi_i)\Delta x_i \quad (\Delta A_i - f(\xi_i)\Delta x_i = o(\Delta x_i)).$$

通过对求曲边梯形面积问题的回顾、分析、提炼, 我们可以给出用定积分计算某个量的条件与步骤.

6.1.2 元素法

能用定积分计算的量 S, 应满足下列三个条件:

(1) S 与变量 x 的变化区间 $[a,b]$ 有关;

(2) S 对于区间 $[a,b]$ 具有可加性;

(3) S 部分量 ΔU_i 可近似地表示成 $f(\xi_i)\cdot\Delta x_i$.

计算 S 的定积分表达式步骤:

(1) 根据问题, 选取一个变量 x 为积分变量, 并确定它的变化区间 $[a,b]$.

(2) 设想将区间 $[a,b]$ 分成若干小区间, 取其中的任一小区间 $[x, x+\mathrm{d}x]$, 求出它所对应的部分量 ΔS 的近似值 $\Delta S \approx f(x)\mathrm{d}x$($f(x)$ 为 $[a,b]$ 上一连续函数), 则称 $f(x)\mathrm{d}x$ 为量 S 的元素, 且记作 $\mathrm{d}S = f(x)\mathrm{d}x$.

(3) 以 S 的元素 $\mathrm{d}S$ 作被积表达式, 以 $[a,b]$ 为积分区间, 得 $S = \displaystyle\int_a^b f(x)\mathrm{d}x$. 这个方法叫作元素法, 其实质是找出 S 的元素 $\mathrm{d}S$ 的微分表达式 $\mathrm{d}S = f(x)\mathrm{d}x$ ($a \leqslant x \leqslant b$). 因此, 也称此法为微元法.

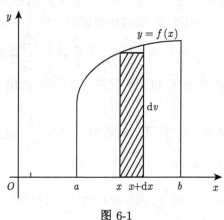

图 6-1

6.2　定积分的几何应用

6.2.1　平面图形面积

1. 直角坐标情形

由曲线 $y = f(x)(f(x) \geqslant 0)$ 及直线 $x = a$ 与 $x = b(a < b)$ 与 x 轴所围成的曲边梯形面积 A 如图 6-2 所示, 即 $A = \displaystyle\int_a^b f(x)\mathrm{d}x$, 其中 $f(x)\mathrm{d}x$ 为面积元素.

由曲线 $y = f(x)$ 与 $y = g(x)$ 及直线 $x = a$, $x = b(a < b)$ 且 $f(x) \geqslant g(x)$ 所围成的图形面积 A 如图 6-3 所示, 即

$$A = \int_a^b f(x)\mathrm{d}x - \int_a^b g(x)\,\mathrm{d}x = \int_a^b [f(x) - g(x)]\,\mathrm{d}x,$$

其中 $[f(x) - g(x)]\mathrm{d}x$ 为面积元素.

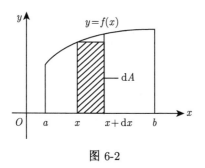

图 6-2

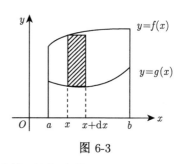

图 6-3

类似可得 $x = \varphi(y)$, $x = \phi(y)$ 在 $[c,d]$ 上连续, 且与直线 $y = c, y = d, \varphi(y) \leqslant \phi(y)$ 所围成的图形面积 A, 如图 6-4 所示. 选取 y 与 $[c,d]$ 为积分变量和积分区间, 则有

$$A = \int_c^d [\phi(y) - \varphi(y)]\,\mathrm{d}y. \tag{6-2-1}$$

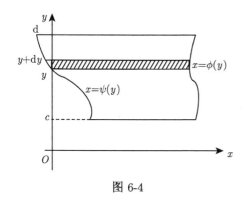

图 6-4

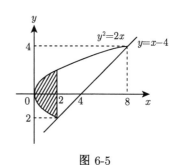

图 6-5

例 6-2-1 计算抛物线 $y^2 = 2x$ 与直线 $y = x - 4$ 所围成的图形面积 (图 6-5).

解 解方程 $\begin{cases} y^2 = 2x, \\ y = x - 4, \end{cases}$ 得交点为 $(2, -2)$ 和 $(8, 4)$.

选取 x 为积分变量, 则 $0 \leqslant x \leqslant 8$, 且面积元素在 $0 \leqslant x \leqslant 2$ 上,

$$\mathrm{d}A = [\sqrt{2x} - (-\sqrt{2x})]\mathrm{d}x = 2\sqrt{2x}\mathrm{d}x;$$

在 $2 \leqslant x \leqslant 8$ 上,

$$\mathrm{d}A = [\sqrt{2x} - (x - 4)]\mathrm{d}x = (4 + \sqrt{2x} - x)\mathrm{d}x,$$

所以

$$A = \int_0^2 2\sqrt{2x}\mathrm{d}x + \int_2^8 (4 + \sqrt{2x} - x)\mathrm{d}x$$

$$= \left[\frac{4\sqrt{2}}{3}x^{\frac{3}{2}}\right]_0^2 + \left[4x + \frac{2\sqrt{2}}{3}x^{\frac{3}{2}} - \frac{1}{2}x^2\right]_2^8$$

$$= 18.$$

另外, 显然可取 y 为积分变量, 则 $-2 \leqslant y \leqslant 4$, 且 $\mathrm{d}A = \left[(y+4) - \frac{1}{2}y^2\right]\mathrm{d}y$. 因此

$$A = \int_{-2}^4 \left(y + 4 - \frac{1}{2}y^2\right)\mathrm{d}y$$

$$= \left[\frac{y^2}{2} + 4y - \frac{y^3}{6}\right]_{-2}^4$$

$$= 18.$$

例 6-2-2 求椭圆 $\dfrac{x^2}{a^2} + \dfrac{y^2}{b^2} = 1$ 所围成的面积 $(a > 0, b > 0)$.

解 根据椭圆图形的对称性, 整个椭圆面积为第一象限内面积的 4 倍. 取 x 为积分变量, 则 $0 \leqslant x \leqslant a$, $y = b\sqrt{1 - \dfrac{x^2}{a^2}}$, 且 $\mathrm{d}A = y\mathrm{d}x = b\sqrt{1 - \dfrac{x^2}{a^2}}\mathrm{d}x$. 故

$$A = 4\int_0^a y\mathrm{d}x = 4\int_0^a b\sqrt{1 - \frac{x^2}{a^2}}\mathrm{d}x.$$

作变量替换 $x = a\cos t \left(0 \leqslant t \leqslant \dfrac{\pi}{2}\right)$, 则 $y = b\sqrt{1 - \dfrac{x^2}{a^2}} = b\sin t$, $\mathrm{d}x = -a\sin t\mathrm{d}t$. 因此

$$A = 4\int_{\frac{\pi}{2}}^0 (b\sin t)(-a\sin t)\mathrm{d}t = 4ab\int_0^{\frac{\pi}{2}} \sin^2 t\mathrm{d}t = 4ab \cdot \frac{1}{2} \cdot \frac{\pi}{2} = \pi ab.$$

2. 极坐标情形

设平面图形是由曲线 $r = \varphi(\theta)$ 及射线 $\theta = \alpha$, $\theta = \beta$ 所围成的曲边扇形 (图 6-6). 取极角 θ 为积分变量, 则 $\alpha \leqslant \theta \leqslant \beta$, 在平面图形中任意截取一典型的面积元素 ΔA, 它是极角变化区间为 $[\theta, \theta + \mathrm{d}\theta]$ 的窄曲边扇形. ΔA 的面积可近似地用半径为 $r = \varphi(\theta)$, 中心角为 $\mathrm{d}\theta$ 的窄圆边扇形的面积来代替, 即 $\Delta A \approx \dfrac{1}{2}[\varphi(\theta)]^2\mathrm{d}\theta$.

从而得到了曲边梯形的面积元素 $\mathrm{d}A = \dfrac{1}{2}[\varphi(\theta)]^2\mathrm{d}\theta$, 所以 $A = \int_\alpha^\beta \dfrac{1}{2}\varphi^2(\theta)\mathrm{d}\theta$.

例 6-2-3 计算心脏线 $r = a(1 + \cos\theta)(a > 0)$ 所围成的图形面积.

解 由于心脏线关于极轴对称, 所以

$$A = 2\int_0^\pi \frac{1}{2}a^2(1+\cos\theta)^2\mathrm{d}\theta = a^2\int_0^\pi\left(2\cos^2\frac{\theta}{2}\right)^2\mathrm{d}\theta$$

$$= 4a^2\int_0^\pi\cos^4\frac{\theta}{2}\mathrm{d}\theta \xrightarrow{\ \diamondsuit\ \frac{\theta}{2}=t\ } 8a^2\int_0^{\frac{\pi}{2}}\cos^4 t\,\mathrm{d}t$$

$$= 8a^2\frac{(4-1)!!}{4!!}\cdot\frac{\pi}{2} = \frac{3}{2}a^2\pi.$$

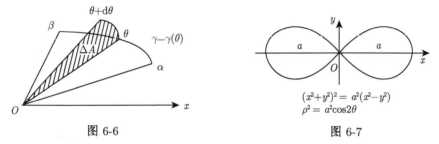

图 6-6   图 6-7

例 6-2-4 求双曲线 $\rho^2 = a^2\cos 2\theta(a > 0)$ 围成的图形面积 (图 6-7).

解 $\mathrm{d}A_1 = \dfrac{1}{2}\rho^2(\theta)\mathrm{d}\theta = \dfrac{1}{2}a^2\cos 2\theta\mathrm{d}\theta$,

$$A = 4A_1 = 4\int_0^{\frac{\pi}{4}}\frac{1}{2}a^2\cos 2\theta\mathrm{d}\theta = 2a^2\int_0^{\frac{\pi}{4}}\cos 2\theta\mathrm{d}\theta = \left[a^2\sin 2\theta\right]_0^{\frac{\pi}{4}} = a^2.$$

6.2.2 体积

定义 6-2-1 旋转体是由一个平面图形绕该平面内一条定直线旋转一周而生成的立体, 该定直线称为旋转轴.

计算由曲线 $y = f(x)$, 直线 $x = a$, $x = b$ 及 x 轴所围成的曲边梯形, 绕 x 轴旋转一周而生成的立体的体积 (图 6-8).

取 x 为积分变量, 则 $x \in [a,b]$, 对于区间 $[a,b]$ 上的任一区间 $[x, x+\mathrm{d}x]$, 它所对应的窄曲边梯形绕 x 轴旋转而生成的薄片的立体体积近似等于以 $f(x)$ 为底半径, $\mathrm{d}x$ 为高的圆柱体体积. 即体积元素为 $\mathrm{d}V = \pi\left[f(x)\right]^2\mathrm{d}x$, 所求的旋转体的体积为

$$V = \int_a^b \pi\left[f(x)\right]^2\mathrm{d}x.$$

例 6-2-5 求由曲线 $y = \dfrac{r}{h}\cdot x$ 及直线 $x = 0$, $x = h\,(h > 0)$ 和 x 轴所围成的三角形绕 x 轴旋转而生成的立体的体积 (图 6-9).

解　取 x 为积分变量, 则 $x \in [0, h]$,

$$V = \int_0^h \pi \left(\frac{r}{h} x \right)^2 \mathrm{d}x = \frac{\pi \cdot r^2}{h^2} \int_0^h x^2 \mathrm{d}x = \frac{\pi}{3} r^2 h.$$

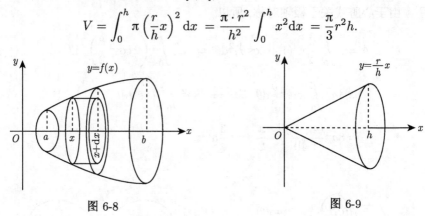

图 6-8　　　　　　　　　　　　　　　　　图 6-9

　　由旋转体体积的计算过程可以发现: 如果知道该立体上垂直于一定轴的各个截面的面积, 那么这个立体的体积也可以用定积分来计算.

　　取定轴为 x 轴, 且设该立体在过点 $x = a$, $x = b$ 且垂直于 x 轴的两个平面之内, 以 $A(x)$ 表示过点 x 且垂直于 x 轴的截面面积 (图 6-10). 取 x 为积分变量, 它的变化区间为 $[a, b]$. 立体中相应于 $[a, b]$ 上任一小区间 $[x, x + \mathrm{d}x]$ 的一薄片的体积近似于底面积为 $A(x)$, 高为 $\mathrm{d}x$ 的扁圆柱体的体积, 即体积元素为 $\mathrm{d}V = A(x)\mathrm{d}x$. 于是, 该立体的体积为

$$V = \int_a^b A(x)\mathrm{d}x.$$

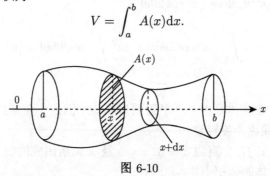

图 6-10

例 6-2-6　计算椭圆 $\dfrac{x^2}{a^2} + \dfrac{y^2}{b^2} = 1$ 所围成的图形绕 x 轴旋转而成的立体体积 (图 6-11).

　　解　这个旋转体可看作是由上半个椭圆 $y = \dfrac{b}{a}\sqrt{a^2 - x^2}$ 及 x 轴所围成的图形绕 x 轴旋转所生成的立体.

　　在 x 处 $(-a \leqslant x \leqslant a)$, 用垂直于 x 轴的平面去截立体所得截面积为

$$A(x) = \pi \cdot \left(\frac{b}{a}\sqrt{a^2 - x^2} \right)^2,$$

$$V = \int_{-a}^{a} A(x)\mathrm{d}x = \frac{\pi b^2}{a^2} \int_{-a}^{a} (a^2 - x^2)\mathrm{d}x = \frac{4}{3}\pi a b^2.$$

例 6-2-7 计算摆线的一拱 $\begin{cases} x = a(t - \sin t), \\ y = a(1 - \cos t) \end{cases}$ $(0 \leqslant t \leqslant 2\pi)$ 以及 $y = 0$ 所围

成的平面图形绕 y 轴旋转而生成的立体的体积 (图 6-12).

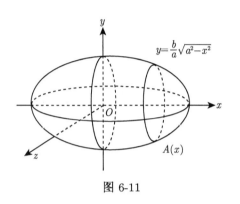

图 6-11

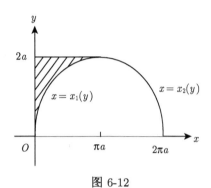

图 6-12

解 $V = \int_0^{2a} \pi \cdot x_2^2(y)\mathrm{d}y - \int_0^{2a} \pi \cdot x_1^2(y)\mathrm{d}y$

$\quad = \pi \int_{2\pi}^{\pi} a^2 (t - \sin t)^2 \cdot a \sin t \mathrm{d}t - \pi \int_0^{\pi} a^2 (t - \sin t)^2 a \sin t \mathrm{d}t$

$\quad = -\pi a^2 \int_0^{2\pi} (t - \sin t)^2 \sin t \mathrm{d}t$

$\quad = 6\pi^3 a^3.$

6.2.3 平面曲线的弧长

设函数 $f(x)$ 在区间 $[a,b]$ 上具有一阶连续的导数, 计算曲线 $y = f(x)$ 的长度 s(图 6-13).

取 x 为积分变量, 则 $x \in [a,b]$, 在 $[a,b]$ 上任取一小区间 $[x, x + \mathrm{d}x]$, 那么这一小区间所对应的曲线弧段的长度 Δs 可以用它的弧微分 $\mathrm{d}s$ 来近似. 于是, 弧长元素为 $\mathrm{d}s = \sqrt{1 + [f'(x)]^2}\,\mathrm{d}x$, 弧长 $s = \int_a^b \sqrt{1 + [f'(x)]^2}\,\mathrm{d}x$.

例 6-2-8 计算曲线 $y = \frac{2}{3}x^{\frac{3}{2}}$ $(a \leqslant x \leqslant b)$ 的弧长.

解 $\mathrm{d}s = \sqrt{1 + (\sqrt{x})^2}\,\mathrm{d}x = \sqrt{1 + x}\mathrm{d}x,$

$\quad s = \int_a^b \sqrt{1 + x}\mathrm{d}x = \left[\frac{2}{3}(1 + x)^{\frac{3}{2}}\right]_a^b = \frac{2}{3}[(1 + b)^{\frac{3}{2}} - (1 + a)^{\frac{3}{2}}].$

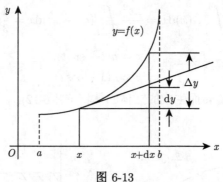

图 6-13

若曲线由参数方程 $\begin{cases} x = \varphi(t), \\ y = \phi(t) \end{cases} (\alpha \leqslant t \leqslant \beta)$ 给出, 计算它的弧长时, 只需要将

弧微分写成 $\mathrm{d}s = \sqrt{(\mathrm{d}x)^2 + (\mathrm{d}y)^2} = \sqrt{[\varphi'(t)]^2 + [\phi'(t)]^2}\mathrm{d}t$ 的形式, 从而有

$$s = \int_\alpha^\beta \sqrt{[\varphi'(t)]^2 + [\phi'(t)]^2}\mathrm{d}t.$$

例 6-2-9　计算半径为 r 的圆周长度.

解　圆的参数方程为 $\begin{cases} x = r\cos t, \\ y = r\sin t \end{cases} (0 \leqslant t \leqslant 2\pi),$

$$\mathrm{d}s = \sqrt{(-r\sin t)^2 + (r\cos t)^2}\,\mathrm{d}t = r\mathrm{d}t,$$

$$s = \int_0^{2\pi} r\mathrm{d}t = 2\pi r.$$

若曲线由极坐标方程 $r = r(\theta)\ (\alpha \leqslant \theta \leqslant \beta)$ 给出, 要导出它的弧长计算公式, 只需要将极坐标方程化成参数方程, 再利用参数方程下的弧长计算公式即可. 曲线的参数方程为

$$\begin{cases} x = r(\theta)\cos\theta, \\ y = r(\theta)\sin\theta \end{cases} (\alpha \leqslant \theta \leqslant \beta),$$

此时 θ 变成了参数, 且弧长元素为

$$\mathrm{d}s = \sqrt{(\mathrm{d}x)^2 + (\mathrm{d}y)^2}$$

$$= \sqrt{(r'\cos\theta - r\sin\theta)^2(\mathrm{d}\theta)^2 + (r'\sin\theta + r\cos\theta)^2(\mathrm{d}\theta)^2}$$

$$= \sqrt{r^2 + r'^2}\mathrm{d}\theta,$$

从而有

$$s = \int_\alpha^\beta \sqrt{r^2 + r'^2}\,\mathrm{d}\theta.$$

例 6-2-10 计算心脏线 $r = a(1 + \cos\theta)$ $(0 \leqslant \theta \leqslant 2\pi)$ 的弧长.

解

$$\mathrm{d}s = \sqrt{a^2(1 + \cos\theta)^2 + (-a\sin\theta)^2}\,\mathrm{d}\theta$$

$$= \sqrt{4a^2\left(\cos^4\frac{\theta}{2} + \sin^2\frac{\theta}{2}\cos^2\frac{\theta}{2}\right)}\,\mathrm{d}\theta$$

$$= 2a\left|\cos\frac{\theta}{2}\right|\mathrm{d}\theta.$$

$$s = \int_0^{2\pi} 2a\left|\cos\frac{\theta}{2}\right|\mathrm{d}\theta = 4a\int_0^\pi |\cos\theta|\mathrm{d}\theta$$

$$= 4a\left(\int_0^{\frac{\pi}{2}} \cos\theta\mathrm{d}\theta + \int_{\frac{\pi}{2}}^\pi -\cos\theta\mathrm{d}\theta\right)$$

$$= 8a.$$

习　题　6-2

1. 求曲线 $y = \dfrac{1}{2}x^2$ 与 $x^2 + y^2 = 16$ 的面积 (两部分都要).

2. 求曲线 $y = \mathrm{e}^x, y = \mathrm{e}^{-x}$ 与直线 $x = 1$ 的面积.

3. 求由 $\rho = 2a\sin\theta$ 所围成图形的面积.

4. 求 $y = \ln x(\sqrt{3} < x < \sqrt{8})$ 的一段弧的长度.

5. 求由 $y = x^2, x = y^2$ 绕 Oy 轴旋转一周的体积.

课堂练习　6-2

1. 求抛物线 $y^2 = 2px(p > 0)$ 及其在点 $\left(\dfrac{p}{2}, p\right)$ 处的法线所围成图形的面积.

2. 求曲线 $y = \sin 2x\left(0 \leqslant x \leqslant \dfrac{\pi}{2}\right)$ 及 x 轴所围成的平面图形绕 x 轴旋转所成的旋转体体积.

3. 设星形线方程为 $\begin{cases} x = a\cos^3 t, \\ y = a\sin^3 t \end{cases}$ $\left(0 \leqslant t \leqslant \dfrac{\pi}{2}\right)$, 求: (1) 所围区域的面积 S; (2) 它的弧长 L; (3) 绕 x 轴旋转而成的旋转体体积 V_x.

6.3 定积分在物理上的应用

6.3.1 变力沿直线做功

由物理学知道, 如果常力 F 作用在物体上, 使物体在直线上沿着力的方向移动距离 S, 则力对物体所做的功为

$$W = FS.$$

如果物体在运动过程中所受到的力是变化的, 则只能用 "微元法" 解决这个问题.

设物体在变力 $F(x)$ 的作用下沿 x 轴由 $x = a$ 移动到 $x = b$(图 6-14). 取 x 为积分变量, 其变化区间为 $[a, b]$, 取一任意小区间 $[x, x + \mathrm{d}x]$, 相应于子区间上的力近似看成不变的, 则功微元 $\mathrm{d}W = F\mathrm{d}x$, 则变力 $F(x)$ 在 $[a, b]$ 上所做的功

$$W = \int_a^b F(x)\mathrm{d}x.$$

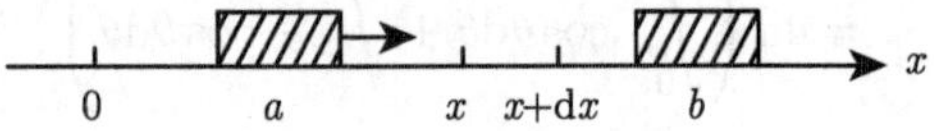

图 6-14

例 6-3-1   设在 x 轴的原点处放一个电量为 $+q$ 的点电荷, 它产生一个电场. 求单位正电荷在该电场中沿 x 轴由 $x = a$ 移动到 $x = b$ 时电场力所做的功 (图 6-15).

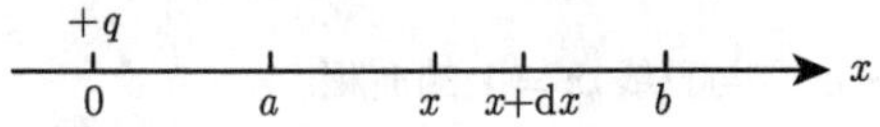

图 6-15

解   由物理学可知, 电场对单位正电荷的作用力为

$$F = k\frac{q}{x^2} \quad (k\text{是常数}),$$

则电场力所做的功为

$$W = \int_a^b k\frac{q}{x^2}\mathrm{d}x = \left[-kq\left(\frac{1}{x}\right)\right]_a^b = kq\left(\frac{1}{a} - \frac{1}{b}\right).$$

6.3.2 水压力

由物理学知道, 水深 h 处的压强为 $p = \mu g h$(μ 水密度), g 是重力加速度. 如果有一面积为 A 的薄板水平地放在深为 h 的水中, 那么薄板一侧所受的水压力为 $F = pA.$

现有一薄板垂直地放在水中, 那么不同深处压强 p 是不等的, 此时计算水压力时就不能用上述方法来求. 下面用定积分解决这个问题.

设垂直地放在水中的薄板的形状如图 6-16 所示, 取深度 x 为积分变量, 其变化区间为 $[a, b]$, 取一典型子区间 $[x, x + \mathrm{d}x]$, 相应于子区间的窄条薄板上的压强近似看成不变的, 以 x 点处的压强代替窄条薄板上各点处的压强, 窄条薄板的面积近似 $f(x)\mathrm{d}x$, 则窄条薄板一侧所受到的水压力 $\Delta F \approx \mu g x f(x)\mathrm{d}x$, 得到压力微元

$$\mathrm{d}F = \mu g x f(x)\mathrm{d}x,$$

所以薄板一侧受到的水压力 $F = \int_a^b \mu g x f(x)\mathrm{d}x$.

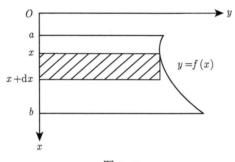

图 6-16

例 6-3-2 某水库的闸门形状为等腰梯形, 它的两条底边各长 10m 和 6m, 高为 20m, 较长的底边与水面相齐, 计算闸门的一侧所受到的水压力.

解 如图 6-17 建立坐标系, 取深度 x 为积分变量, 其变化区间 $[0, 20]$, 相应于典型子区间 $[x, x + \mathrm{d}x]$ 的窄条上的各点处的压强近似为 $xg\mathrm{kN/m}^2$, 窄条的面积为

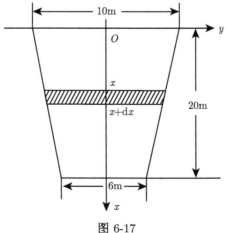

图 6-17

$\left(5 - \dfrac{x}{10}\right)\mathrm{d}x$, 则窄条一侧所受到的水压力近似为 (即压力微元)

$$\mathrm{d}F = xg\left(5 - \frac{x}{10}\right)\mathrm{d}x,$$

所以所求的水压力为

$$F = \int_0^{20} xg\left(5 - \frac{x}{10}\right)\mathrm{d}x = g\left[\frac{5}{2}x^2 - \frac{x^3}{30}\right]_0^{20} = g\left(1000 - \frac{800}{3}\right) \approx 7187(\mathrm{kN}).$$

习　题　6-3

1. 一变力 $F = \dfrac{12}{x^2}$ 把一物体从 $x = 0.9$ 推到 $x = 1.1$, 它所做的功 W 为多少?

2. 一物体按规律 $x = kt^3$ 做直线运动, 介质的阻力与速度的平方成正比, 计算物体由 $x = 0$ 移至 $x = a$ 时克服介质阻力所做的功.

3. 矩形闸门宽 a 米, 高 b 米, 垂直放在水里, 若上沿与水面齐, 则闸门压力 P 为多少?

课堂练习　6-3

1. 设一质点的运动速度 $y = 0.2\mathrm{e}^{0.04t}\mathrm{m/s}$, 求该质点从运动的起点到运动完全终止时所经过的路程.

2. 深度为 20m, 底半径为 5m 的圆柱形容器盛满密度为 $1.5\mathrm{kg/m}^3$ 的液体, 计算抽干液体做的功.

单元自测题 6

一、单项选择题 (在每个小题四个备选答案中选出一个正确答案, 填在题末的括号中).

1. 一无限长直线放在正实轴上, 其线密度 $\rho = \mathrm{e}^{-x}$, 则其质量 $M = ($ 　　$)$.

A. e　　　　　　　　B. ∞　　　　　　　　C. 1　　　　　　　　D. 2

2. 曲线 $y = \ln x, y = \ln a, y = \ln b(0 < a < b)$ 及 y 轴围成的平面图形的面积 $A = ($ 　　$)$.

A. $\displaystyle\int_{\ln a}^{\ln b} \ln x\,\mathrm{d}x$　　　B. $\displaystyle\int_{\ln a}^{\ln b} \mathrm{e}^y\,\mathrm{d}y$　　　C. $\displaystyle\int_{\mathrm{e}^a}^{\mathrm{e}^b} \mathrm{e}^x\,\mathrm{d}x$　　　D. $\displaystyle\int_{\mathrm{e}^b}^{\mathrm{e}^a} \ln x\,\mathrm{d}x$

3. 曲线 $y = \mathrm{e}^x, y = \mathrm{e}^{-x}$ 及 $x = \mathrm{e}$ 所围成的平面图形的面积 $A = ($ 　　$)$.

A. $\displaystyle\int_{\mathrm{e}^{-\mathrm{e}}}^{\mathrm{e}^{\mathrm{e}}} (\mathrm{e}^x - \mathrm{e}^{-x})\,\mathrm{d}x$　　　　　　　　B. $\displaystyle\int_{\mathrm{e}^{-\mathrm{e}}}^{\mathrm{e}^{\mathrm{e}}} \left(\ln y - \ln\frac{1}{y}\right)\,\mathrm{d}y$

C. $\displaystyle\int_0^{\mathrm{e}} (\mathrm{e}^x - \mathrm{e}^{-x})\,\mathrm{d}x$　　　　　　　　D. $\displaystyle\int_0^{\mathrm{e}} (\mathrm{e}^{-x} - \mathrm{e}^x)\,\mathrm{d}x$

4. 曲线 $y = \dfrac{1}{x}, y = x$ 及 $x = 2$ 所围成的平面图形的面积 $A =(\quad)$.

A. $\displaystyle\int_1^2 \left(\dfrac{1}{x} - x\right) \mathrm{d}x$

B. $\displaystyle\int_1^2 \left(x - \dfrac{1}{x}\right) \mathrm{d}x$

C. $\displaystyle\int_1^2 \left(2 - \dfrac{1}{y}\right) \mathrm{d}y + \int_1^2 (2 - y)\mathrm{d}y$

D. $\displaystyle\int_1^2 \left(2 - \dfrac{1}{x}\right) \mathrm{d}x + \int_1^2 (2 - x)\mathrm{d}x$

5. 曲线 $r = a\cos\theta(a > 0)$ 所围成的平面图形的面积 $A =(\quad)$.

A. $\displaystyle\int_0^{\frac{\pi}{2}} \dfrac{1}{2}a^2 \cos^2\theta\mathrm{d}\theta$

B. $\displaystyle\int_{-\pi}^{\pi} \dfrac{1}{2}a^2 \cos^2\theta\mathrm{d}\theta$

C. $\displaystyle\int_0^{2\pi} \dfrac{1}{2}a^2 \cos^2\theta\mathrm{d}\theta$

D. $2\displaystyle\int_0^{\frac{\pi}{2}} \dfrac{1}{2}a^2 \cos^2\theta\mathrm{d}\theta$

6. 曲边梯形 $f(x) \leqslant y \leqslant 0, 0 \leqslant a \leqslant x \leqslant b$ 绕 x 轴旋转的旋转体的体积为 $(\quad)$.

A. $-2\pi\displaystyle\int_a^b xf(x)\mathrm{d}x$

B. $\pi\displaystyle\int_a^b f^2(x)\mathrm{d}x$

C. $-\displaystyle\int_a^b xf(x)\mathrm{d}x$

D. $\displaystyle\int_a^b f^2(x)\mathrm{d}x$

7. 拉弹簧所需的力 f 与弹簧伸长成正比, 设弹性系数为 k, 弹簧由原长 9 增长 6, 做功用积分表示为 $W = \displaystyle\int_a^b ks\mathrm{d}s$, 则积分区间为 $(\quad)$.

A. $[9, 15]$ B. $[0, 6]$ C. $[-6, 0]$ D. $[-3, 3]$

8. 由 $y = x^2, y = 0$ 及 $x = 1$ 所围成的平面图形绕 y 轴旋转成的旋转体体积 $V =(\quad)$.

A. $\dfrac{\pi}{2}$ B. $\dfrac{\pi}{3}$ C. $\dfrac{\pi}{4}$ D. $\dfrac{\pi}{6}$

9. 曲线 $y = \ln(1 - x^2)$ 上满足 $0 \leqslant x \leqslant \dfrac{1}{2}$ 的一段弧的弧长 $(\quad)$.

A. $\displaystyle\int_0^{\frac{1}{2}} \dfrac{1 + x^2}{1 - x^2}\mathrm{d}x$

B. $\displaystyle\int_0^{\frac{1}{2}} \sqrt{1 + \left(\dfrac{1}{1 - x^2}\right)^2}\mathrm{d}x$

C. $\displaystyle\int_0^{\frac{1}{2}} \sqrt{1 + \dfrac{-2x}{1 - x^2}}\mathrm{d}x$

D. $\displaystyle\int_0^{\frac{1}{2}} \sqrt{1 + [\ln(1 - x^2)]^2}\mathrm{d}x$

10. 曲线 $r\theta = 1$, 从 $\theta = \dfrac{3}{4}$ 到 $\theta = \dfrac{4}{3}$ 的一段弧的弧长为 $(\quad)$.

A. $\displaystyle\int_{\frac{3}{4}}^{\frac{4}{3}} \sqrt{1 + \left(-\dfrac{1}{\theta^2}\right)^2}\mathrm{d}\theta$

B. $\displaystyle\int_{\frac{3}{4}}^{\frac{4}{3}} \dfrac{1}{\theta^2}\sqrt{1 + \theta^2}\mathrm{d}\theta$

C. $\displaystyle\int_{\frac{4}{3}}^{\frac{3}{4}} \sqrt{1 + \theta^2}\mathrm{d}\dfrac{1}{\theta}$

D. $\displaystyle\int_{\frac{4}{3}}^{\frac{3}{4}} \sqrt{1 + \left(\dfrac{1}{\theta}\right)^2}\mathrm{d}\theta$

二、解答下列各题.

1. 一物体的底面是由曲线 $y = x^2, x = 1$ 和 x 轴所围成的平面图形, 用垂直 x 轴的平面截该物体, 所截得的是正方形截面, 求该物体的体积.

2. 用两种方法, 求由曲线 $y = \sin x, y = 0$ 和 $x = \dfrac{\pi}{2}\left(x \leqslant \dfrac{\pi}{2}\right)$ 所围成的平面图形的面积.

3. 求 a 为何值时, 使曲线 $y^2 = ax(a > 0)$ 与 $y = x^2$ 所围成的平面图形的面积为 9.

4. 求由曲线 $\begin{cases} x = a(t - \sin t), \\ y = a(1 - \cos t) \end{cases}$ $(a > 0, 0 \leqslant t \leqslant 2\pi)$ 和 $y = 0$ 所围成的平面图形的面积.

5. 求曲线 $y = \ln x$ 与直线 $x = \dfrac{1}{e}$, $x = e$, $y = 0$ 所围成的图形的面积.

6. 求曲线 $y = x^{\frac{3}{2}}$ 上相应于 x 从 0 变化到 1 的一段弧的长度.

7. 如下图, $y = x^2$ 是 $[0,1]$ 上的抛物线, $t \in (0,1)$, 问 t 为何值时, 使图中两阴影面积相等.

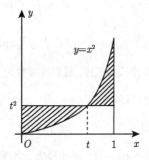

模拟试题 1

一、选择题 (每小题 2 分, 共 30 分).

1. 设 $f(x) = \begin{cases} x, & x < 3, \\ 3x - 1, & x \geqslant 3, \end{cases}$ 那么 $f(x)$ 在 $x = 3$ 处的右极限为 (   ).

A. 不存在　　　　　　B. 3　　　　　　　　C. 8　　　　　　　　D. 10

2. 函数 $f(x) = \dfrac{x^2 - 1}{x^2 + 3x - 4}$ 在 $x = -4$ 处是 (   ) 间断点.

A. 可去　　　　　　　B. 跳跃　　　　　　　C. 振荡　　　　　　　D. 无穷

3. 函数 $y = x^x$, 则 $\mathrm{d}y =$(   ).

A. $x^x(\ln x + 1)$　　　B. $x^x(\ln x + 1)\mathrm{d}x$　　C. $\mathrm{e}^x(\ln x + 1)\mathrm{d}x$　　D. $\mathrm{e}^x(\ln x + 1)$

4. 设函数 $f(x)$ 在 x_0 处可导, 且 $\lim\limits_{h \to 0} \dfrac{f(x_0 - 2h) - f(x_0)}{h} = kf'(x_0)$, 则 $k =$(   ).

A. -1　　　　　　　B. -2　　　　　　　C. -3　　　　　　　D. -4

5. 已知 $\lim\limits_{x \to 3} \dfrac{x^2 - 2x + k}{x - 3} = 4$, 则 $k =$(   ).

A. -1　　　　　　　B. 1　　　　　　　　C. -3　　　　　　　D. 3

6. 由参数方程 $\begin{cases} x = 2\mathrm{e}^{-t}, \\ y = \mathrm{e}^{-2t} \end{cases}$ 所确定的函数的导数 $\dfrac{\mathrm{d}y}{\mathrm{d}x} =$(   ).

A. e^{-t}　　　　　　　B. e^t　　　　　　　　C. $-2\mathrm{e}^{-t}$　　　　　D. $2\mathrm{e}^{-t}$

7. 设 $y = xf(x^2)$ 且 $f''(x)$ 存在, 那么 $y'' =$(   ).

A. $6xf'(x^2) + 4x^3f''(x^2)$　　　　　　B. $6xf'(x) + 4x^3f''(x)$

C. $f(x^2) + 2x^2f'(x^2)$　　　　　　　　D. $f(x) + 2x^2f'(x)$

8. 设函数 $y = 2x^3 - 9x^2 + 12x - 3$, 那么其单调减少区间为 (   ).

A. $(-\infty, +\infty)$　　　B. $(-\infty, 1]$　　　　C. $[1, 2]$　　　　　D. $[2, +\infty)$

9. 设函数 $y = x\mathrm{e}^x$, 则拐点为 (   ).

A. $(-1, -\mathrm{e}^{-1})$　　　B. $(2, 2\mathrm{e}^2)$　　　　C. $(-2, -2\mathrm{e}^{-2})$　　　D. 无拐点

10. $\int \sqrt{x\sqrt{x\sqrt{x}}}\,\mathrm{d}x =($ $)$.

A. $\frac{8}{15}x^{\frac{15}{8}}+C$ B. $\frac{15}{8}x^{\frac{15}{8}}+C$ C. $\frac{8}{15}x^{\frac{8}{15}}+C$ D. $\sqrt{x\sqrt{x\sqrt{x}}}+C$

11. $\int \frac{x^2}{\sqrt{1-x^2}}\,\mathrm{d}x =($ $)$.

A. $\arcsin x - x\sqrt{1-x^2}+C$ B. $\frac{1}{2}(\arcsin x - x\sqrt{1-x^2})+C$

C. $\arccos x - x\sqrt{1-x^2}+C$ D. $\frac{1}{2}(\arccos x - x\sqrt{1-x^2})+C$

12. 已知 $y=f(x)$ 在 $[a,b]$ 上连续, 则 $\left|\int_a^b f(x)\mathrm{d}x\right|($ $)\int_a^b |f(x)|\,\mathrm{d}x$.

A. $>$ B. $<$ C. $\geqslant$ D. $\leqslant$

13. 设函数 $y=\int_{-t}^0 \mathrm{e}^{-x^2}\mathrm{d}x$, 则 $\frac{\mathrm{d}y}{\mathrm{d}t}=($ $)$.

A. e^{-x^2} B. e^{t^2} C. e^{x^2} D. e^{-t^2}

14. 设 $f(x)$ 是 $(-\infty,+\infty)$ 上的连续偶函数, 那么 $F(x)=\int_0^x f(t)\mathrm{d}t$ 是 (   ).

A. 奇函数   B. 偶函数   C. 非奇非偶函数   D. 既是奇函数又是偶函数

15. 反常积分 $\int_a^{+\infty} \frac{\mathrm{d}x}{x^p}$ 如果发散, 则满足 (   ).

A. $p>1$ B. $p\geqslant 1$ C. $p<1$ D. $p\leqslant 1$

二、计算题 (每题 5 分, 共 20 分).

16. 求极限 $\lim\limits_{x\to\infty}\left(\dfrac{3-2x}{2-2x}\right)^x$.

17. 由方程 $y=\tan(x+y)$ 确定函数 $y=y(x)$, 求 $\dfrac{\mathrm{d}y}{\mathrm{d}x}$.

18. $\lim\limits_{x \to 0} \left(\dfrac{1}{x} - \dfrac{2}{\mathrm{e}^{2x} - 1} \right)$.

19. $\lim\limits_{x \to 0} \dfrac{\displaystyle\int_0^x t \ln(1 + t \sin t) \mathrm{d}t}{1 - \cos x^2}$.

三、解答题 (每题 5 分, 共 30 分).

20. $\displaystyle\int \tan^4 x \mathrm{d}x$.

21. $\displaystyle\int \dfrac{1}{\sqrt{x} + \sqrt[3]{x}} \mathrm{d}x$.

22. $\displaystyle\int x \tan x \sec^2 x \mathrm{d}x$.

23. $\displaystyle\int_0^l x \mathrm{arccot} x \mathrm{d}x$.

24. $\displaystyle\int_{-2}^{0} \frac{x+2}{x^2+2x+2}\,\mathrm{d}x.$

25. $\displaystyle\int_{-\frac{\pi}{2}}^{\frac{\pi}{2}} \left(\frac{\sin x}{1+\cos x} + |x| \right)\mathrm{d}x.$

四、综合题 (每题 5 分, 共 20 分).

26. 函数 $f(x) = \begin{cases} x^2 \sin \dfrac{1}{x}, & x \neq 0, \\ 0, & x = 0, \end{cases}$ 在点 $x = 0$ 处是否连续? 是否可导?

27. 当 x 为何值时, 函数 $I(x) = \displaystyle\int_0^x te^{-t^2}\mathrm{d}t$ 有极值?

28. 利用函数的单调性证明不等式: 当 $x > 1$ 时, $2\sqrt{x} > 3 - \dfrac{1}{x}$.

29. 欲用围墙围成面积为 216 平方米的一块矩形土地, 并在正中用一堵墙将其分隔成两块面积相等的矩形部分. 问这块土地的长和宽应选取多大的长度, 才能使全部所用围墙长度总和最短?

模拟试题 2

一、选择题 (每小题 2 分, 共 20 分).

1. 函数极限 $\lim\limits_{x \to \infty} \dfrac{(x^3+1)(x^2+3x+2)}{2x^5+5x^3} = ($).

A. 0   B. $\dfrac{1}{2}$ C. 1   D. ∞

2. 函数 $y = e^{\frac{1}{x}}$ 在 $x = 0$ 处是 ( ) 间断点.

A. 可去   B. 跳跃   C. 无穷   D. 振荡

3. 若直线 $y = 3x + b$ 是曲线 $y = x^2 + 5x + 4$ 的一条切线, 则 $b = ($).

A. 0   B. 1   C. 2   D. 3

4. 设函数 $f(x) = \ln(1-x)$, 则 $f''(0) = ($).

A. 1   B. 2   C. 3   D. 4

5. 设函数 $f(x) = \begin{cases} \dfrac{\ln(1+kx)}{x}, & x \neq 0, \\ -1, & x = 0, \end{cases}$ 若 $f(x)$ 在点 $x = 0$ 处可导, 则 $k = ($).

A. -2 B. -1 C. 0   D. 1

6. 设函数 $y = x^3 - 5x^2 + 3x + 5$, 则拐点为 ( ).

A. $(0, 5)$ B. $(1, 4)$ C. $(-1, -4)$ D. $\left(\dfrac{5}{3}, \dfrac{20}{27}\right)$

7. 不定积分 $\displaystyle\int \dfrac{\mathrm{d}x}{x^2 - x - 6} = ($).

A. $\dfrac{1}{3} \ln \left| \dfrac{x+3}{x-2} \right| + C$ B. $\dfrac{1}{3} \ln \left| \dfrac{x-3}{x+2} \right| + C$ C. $\dfrac{1}{5} \ln \left| \dfrac{x-3}{x+2} \right| + C$ D. $\dfrac{1}{5} \ln \left| \dfrac{x+3}{x-2} \right| + C$

8. 不定积分 $\displaystyle\int \dfrac{\mathrm{d}x}{x \ln x \ln(\ln x)} = ($).

A. $\ln \ln \ln x + C$ B. $\ln \ln |\ln x| + C$ C. $\ln |\ln \ln x| + C$ D. $|\ln \ln \ln x| + C$

9. 利用定积分的几何意义, 那么定积分 $\displaystyle\int_0^1 \sqrt{1-x^2}\,\mathrm{d}x = ($).

A. $\dfrac{\pi}{2}$ B. π C. $\dfrac{\pi}{4}$ D. $\dfrac{3\pi}{4}$

10. 定积分 $\displaystyle\int_{-5}^{5} \dfrac{x^3 \sin^2 x}{x^4 + 2x^2 + 1}\,\mathrm{d}x = ($).

A. 0   B. 1   C. −1   D. 2

二、填空题 (每小题 2 分, 共 10 分).

11. 函数 $y = \dfrac{x + \sin x}{x^2} - 2$ 的水平渐近线方程为_____.

12. 函数 $y = \tan x + \mathrm{e}^x$ 的微分 $\mathrm{d}y = $_____.

13. 函数极限 $\lim\limits_{x \to \frac{\pi}{2}+} \dfrac{\ln\left(x - \dfrac{\pi}{2}\right)}{\tan x}$ 的值为_____.

14. 不定积分 $\displaystyle\int \dfrac{\cos 2x}{\cos x + \sin x}\mathrm{d}x = $_____.

15. 反常积分 $\displaystyle\int_0^{+\infty} \dfrac{1}{\mathrm{e}^x + \mathrm{e}^{-x}}\mathrm{d}x$ 的值为_____.

三、计算题 (每题 5 分, 共 25 分).

16. 求极限 $\lim\limits_{x \to \infty} \left(\dfrac{3+x}{6+x}\right)^{\frac{x-1}{2}}$.

17. 求极限 $\lim\limits_{x \to 0} \dfrac{\sin x - x \cos x}{x^2 \tan x}$.

18. 求极限 $\lim\limits_{x \to 0} \dfrac{\left(\displaystyle\int_0^x \mathrm{e}^{t^2}\mathrm{d}t\right)^2}{\displaystyle\int_0^x t\mathrm{e}^{2t^2}\mathrm{d}t}$.

19. 由方程 $\arctan \dfrac{y}{x} = \ln \sqrt{x^2 + y^2}$ 确定函数 $y = y(x)$，求 y'.

20. 求由参数方程 $\begin{cases} x = a\cos^3 t, \\ y = a\sin^3 t \end{cases}$ 确定的函数 $y = y(x)$ 的二阶导数 y''.

四、解答题 (每题 5 分，共 30 分).

21. $\displaystyle\int \dfrac{1}{\sqrt{2x+5}+1}\,\mathrm{d}x.$

22. $\displaystyle\int \dfrac{\mathrm{d}x}{x\sqrt{1+\ln x}}.$

23. $\displaystyle\int x^2 \cos^2 \dfrac{x}{2}\,\mathrm{d}x.$

24. $\int_0^1 t e^{-\frac{t^2}{2}} \, dt$.

25. $\int_0^2 \sqrt{4 - x^2} \, dx$.

26. $\int_{\frac{1}{e}}^e |\ln x| \, dx$.

五、综合题 (每题 5 分, 共 15 分).

27. 利用函数的单调性证明: 当 $x > 0$ 时, 有不等式 $\ln(1 + x) > \dfrac{\arctan x}{1 + x}$ 成立.

28. 证明: $2 \arctan x + \arcsin \dfrac{2x}{1 + x^2} = \pi$, 其中 $x \geqslant 1$.

29. 要制造一个体积为 V 的圆柱形封闭油罐, 问底面圆半径 r 和高 h 分别等于多少时, 才能使此油罐表面积最小?

模拟试题 1 答案

一、1. C   2. D   3. B   4. B   5. C   6. B   7. A   8. C   9. C

      10. A   11. B   12. D   13. D   14. A   15. D

二、16. $\lim\limits_{x\to\infty} \left(\dfrac{3-2x}{2-2x}\right)^x = \lim\limits_{x\to\infty} \left(\dfrac{1+2-2x}{2-2x}\right)^x$ ----------------------1 分

$= \lim\limits_{x\to\infty} \left(1+\dfrac{1}{2-2x}\right)^x$ ----------------------2 分

$= \lim\limits_{x\to\infty} \left\{\left(1+\dfrac{1}{2-2x}\right)^{2-x}\right\}^{-\frac{1}{2}} \left(1+\dfrac{1}{2-2x}\right)$ ----------------------4 分

$= \mathrm{e}^{-\frac{1}{2}} \cdot 1 = \mathrm{e}^{-\frac{1}{2}}$ ----------------------5 分

17. 对方程两边关于 x 求导, 得

$\dfrac{\mathrm{d}y}{\mathrm{d}x} = \sec^2(x+y)\dfrac{\mathrm{d}(x+y)}{\mathrm{d}x}$ ----------------------2 分

$\dfrac{\mathrm{d}y}{\mathrm{d}x} = \sec^2(x+y) + \sec^2(x+y)\dfrac{\mathrm{d}y}{\mathrm{d}x}$ ----------------------3 分

$-\tan^2(x+y)\dfrac{\mathrm{d}y}{\mathrm{d}x} = \sec^2(x+y)$ ----------------------4 分

$\dfrac{\mathrm{d}y}{\mathrm{d}x} = -\sec^2(x+y)\cot^2(x+y) = -\csc^2(x+y)$ ----------------------5 分

18. $\lim\limits_{x\to 0} \left(\dfrac{1}{x} - \dfrac{2}{\mathrm{e}^{2x}-1}\right) = \lim\limits_{x\to 0} \dfrac{\mathrm{e}^{2x}-1-2x}{x(\mathrm{e}^{2x}-1)}$ ----------------------1 分

$= \lim\limits_{x\to 0} \dfrac{\mathrm{e}^{2x}-1-2x}{x\cdot 2x}$ ----------------------2 分

$= \lim\limits_{x\to 0} \dfrac{2\mathrm{e}^{2x}-2}{4x} = \lim\limits_{x\to 0} \dfrac{\mathrm{e}^{2x}-1}{2x}$ ----------------------3 分

$= \lim\limits_{x\to 0} \dfrac{2x}{2x}$ ----------------------4 分

$= 1$ ----------------------5 分

19. $\lim\limits_{x\to 0} \dfrac{\displaystyle\int_0^x t\ln(1+t\sin t)\mathrm{d}t}{1-\cos x^2} = \lim\limits_{x\to 0} \dfrac{\displaystyle\int_0^x t\ln(1+t\sin t)\mathrm{d}t}{\dfrac{1}{2}(x^2)^2}$ ----------------------2 分

$= \lim\limits_{x\to 0} \dfrac{x\ln(1+x\sin x)}{2x^3}$ ----------------------3 分

$$= \lim_{x \to 0} \frac{x \cdot x^2}{2x^3} \text{------------4 分}$$

$$= \frac{1}{2} \text{------------5 分}$$

三、20. $\displaystyle\int \tan^4 x \mathrm{d}x = \int \tan^2 x \tan^2 x \mathrm{d}x$ -----------------------1 分

$$= \int \tan^2 x (\sec^2 x - 1)\mathrm{d}x \text{-----------------------2 分}$$

$$= \int \tan^2 x \sec^2 x \mathrm{d}x - \int \tan^2 x \mathrm{d}x \text{-----------------------3 分}$$

$$= \int \tan^2 x \mathrm{d} \tan x - \int (\sec^2 x - 1)\mathrm{d}x \text{-----------------------4 分}$$

$$= \frac{1}{3} \tan^3 x - \tan x + x + C \text{-----------------------5 分}$$

21. $\displaystyle\int \frac{1}{\sqrt{x} + \sqrt[3]{x}} \mathrm{d}x \xlongequal{t=\sqrt{x}} \int \frac{1}{t + t^3} 2t \mathrm{d}t$ -----------------------2 分

$$= \int \frac{2}{1 + t^2} \mathrm{d}t \text{------------------------3 分}$$

$$= 2 \arctan t + C \text{-----------------------4 分}$$

$$= 2 \arctan \sqrt{x} + C \text{-----------------------5 分}$$

22. $\displaystyle\int x \tan x \sec^2 x \mathrm{d}x = \int x \tan x \cdot (\tan x)' \mathrm{d}x$ -----------------------1 分

$$= x \tan^2 x - \int (x \tan x)' \cdot \tan x \mathrm{d}x$$

$$= x \tan^2 x - \int (\tan x + x \sec^2 x) \tan x \mathrm{d}x \text{-----------------------2 分}$$

$$= x \tan^2 x - \int \tan^2 x \mathrm{d}x - \int x \sec^2 x \tan x \mathrm{d}x$$

$$= x \tan^2 x - \int (\sec^2 x - 1)\mathrm{d}x - \int x \sec^2 x \tan x \mathrm{d}x \text{-----------------------3 分}$$

$$= x \tan^2 x - \tan x + x - \int x \sec^2 x \tan x \mathrm{d}x \text{-----------------------4 分}$$

综上, $\displaystyle\int x \sec^2 x \tan x \mathrm{d}x = \frac{1}{2}(x \tan^2 x - \tan x + x) + C$ -----------------------5 分

23. $\displaystyle\int_0^l x \mathrm{arccot} x \mathrm{d}x = \int_0^l \left(\frac{x^2}{2}\right)' \mathrm{arccot} x \mathrm{d}x$ -----------------------1 分

$$= \left[\frac{x^2}{2} \mathrm{arccot} x\right]_0^1 - \int_0^l \frac{x^2}{2} \frac{-1}{1 + x^2} \mathrm{d}x \text{-----------------------2 分}$$

$$= \frac{\pi}{8} + \frac{1}{2} \int_0^1 \frac{x^2}{1 + x^2} \mathrm{d}x$$

$$= \frac{\pi}{8} + \frac{1}{2} \int_0^1 \left(1 - \frac{1}{1+x^2}\right) \mathrm{d}x \text{------------------3 分}$$

$$= \frac{\pi}{8} + \frac{1}{2} [1 - \arctan x]_0^1 \text{------------------4 分}$$

$$= \frac{1}{2} \text{------------------5 分}$$

24. $\displaystyle\int_{-2}^0 \frac{x+2}{x^2+2x+2}\mathrm{d}x \xrightarrow{x+1=\tan t} \int_{-\frac{\pi}{4}}^{\frac{\pi}{4}} \frac{\tan t + 1}{\tan^2 t + 1} \mathrm{d}\tan t$ ------------------2 分

$$= \int_{-\frac{\pi}{4}}^{\frac{\pi}{4}} \frac{\tan t + 1}{\sec^2 t} \sec^2 t \mathrm{d}t \text{------------------3 分}$$

$$= \int_{-\frac{\pi}{4}}^{\frac{\pi}{4}} (\tan t + 1)\mathrm{d}t \text{------------------4 分}$$

$$= \int_{-\frac{\pi}{4}}^{\frac{\pi}{4}} \mathrm{d}t = \frac{\pi}{2} \text{------------------5 分}$$

25. $\displaystyle\int_{-\frac{\pi}{2}}^{\frac{\pi}{2}} \left(\frac{\sin x}{1+\cos x} + |x|\right)\mathrm{d}x = \int_{-\frac{\pi}{2}}^{\frac{\pi}{2}} \left(\frac{\sin x}{1+\cos x}\right)\mathrm{d}x + \int_{-\frac{\pi}{2}}^{\frac{\pi}{2}} |x|\mathrm{d}x$ ------------2 分

$$= 0 + \int_{-\frac{\pi}{2}}^{\frac{\pi}{2}} |x|\mathrm{d}x \quad \text{(定积分奇函数的性质)------------------3 分}$$

$$= 2 \int_0^{\frac{\pi}{2}} |x|\mathrm{d}x \quad \text{(定积分偶函数的性质)------------------4 分}$$

$$= 2 \int_0^{\frac{\pi}{2}} x\mathrm{d}x = [x^2]_0^{\frac{\pi}{2}} = \frac{\pi^2}{4} \text{------------------5 分}$$

四、26. **解** $f'(x) = \displaystyle\lim_{x \to 0} \frac{f(x) - f(0)}{x - 0}$ ------------------1 分

$$= \lim_{x \to 0} \frac{x^2 \sin \frac{1}{x} - 0}{x - 0} = \lim_{x \to 0} x \sin \frac{1}{x} = 0 \text{------------------2 分}$$

则 $f(x)$ 在 $x = 0$ 处可导 ------------------3 分

$\displaystyle\lim_{x \to 0} f(x) = \lim_{x \to 0} x^2 \sin \frac{1}{x} = 0 = f(0)$, 则 $f(x)$ 在 $x = 0$ 处连续.

(因为 $f(x)$ 在处可导, 则 $f(x)$ 在 $x = 0$ 处连续.)------------------5 分

27. **解** $I'(x) = x\mathrm{e}^{-x^2}$ ------------------1 分

令 $I'(x) = 0, x\mathrm{e}^{-x^2} = 0$, 则 $x = 0$ ------------------2 分

$I''(x) = \mathrm{e}^{-x^2} - x\mathrm{e}^{-x^2}2x = \mathrm{e}^{-x^2}(1 - 2x^2)$ ------------------3 分

$I''(0) = \mathrm{e}^{-0^2}(1 - 2 \cdot 0^2) = 1 > 0$, 则 $x = 0$ 是极小值点 ------------------4 分

极小值 $I(0) = \displaystyle\int_0^0 te^{-t^2} \mathrm{d}t = 1$ --------------------------5 分

28. **解** 设 $f(x) = 2\sqrt{x} - 3 + \dfrac{1}{x}$ --------------------------1 分

则 $f'(x) = \dfrac{1}{\sqrt{x}} - \dfrac{1}{x^2} = \dfrac{1}{x^2}(x\sqrt{x} - 1)$ --------------------------2 分

$f(x)$ 在 $[1, +\infty)$ 上连续, 在 $[1, +\infty)$ 内 $f'(x) > 0$, 因此在 $[1, +\infty)$ 上 $f(x)$ 单调增加 --------------------------3 分

从而当 $x > 1$ 时, $f(x) > f(1)$ --------------------------4 分

由于 $f(1) = 0$, 故 $f(x) > f(1) = 0$, 即

$2\sqrt{x} - \left(3 - \dfrac{1}{x}\right) > 0$, 整理 $2\sqrt{x} > 3 - \dfrac{1}{x} (x > 1)$ --------------------------5 分

29. **解** 设长为 x 米, 宽为 $\dfrac{216}{x}$ 米, --------------------------1 分

则 $L = 2x + 3\dfrac{216}{x} = 2x + \dfrac{648}{x}$ --------------------------2 分

对 x 求导 $L' = 2 - \dfrac{648}{x^2}$, 令 $L' = 0$, 可得唯一驻点 $x = 18$ --------------------------4 分

由于实际问题, 最值一定存在, 可知当长为 18 米时, 才能使所用建筑材料最省, 此时宽为 12 米 --------------------------5 分

模拟试题 2 答案

一、1. B 2. D 3. D 4. A 5. B 6. D 7. C 8. C 9. C 10. A

二、11. $y = -2$ 12. $(\sec^2 x + e^x)dx$ 13. 0 14. $\sin x + \cos x + C$ 15. $\dfrac{\pi}{4}$

三、16. 原式 $= \lim\limits_{x \to \infty} \left(\dfrac{6 + x - 3}{6 + x} \right)^{\frac{x-1}{2}}$ ----------------------------------1 分

$= \lim\limits_{x \to \infty} \left(1 - \dfrac{3}{6 + x} \right)^{\frac{x-1}{2}}$ ------------------------2 分

$= \lim\limits_{x \to \infty} \left\{ \left(1 + \dfrac{1}{-\dfrac{x}{3} - 2} \right)^{-\frac{x}{3} - 2} \right\}^{-\frac{3}{2}} \left(1 + \dfrac{1}{-\dfrac{x}{3} - 2} \right)^{-\frac{7}{2}}$ -----------------------------4 分

$= e^{-\frac{3}{2}} \cdot 1 = e^{-\frac{3}{2}}$ ------------------------5 分

17. 原式 $= \lim\limits_{x \to 0} \dfrac{\sin x - x \cos x}{x^3}$ ----------------------------2 分

$= \lim\limits_{x \to 0} \dfrac{\cos x - \cos x + x \sin x}{3x^2}$ ----------------------------3 分

$= \lim\limits_{x \to 0} \dfrac{x \sin x}{3x^2}$ ------------------------4 分

$= \dfrac{1}{3}$ ------------------5 分

18. 原式 $= \lim\limits_{x \to 0} \dfrac{2 \displaystyle\int_0^x e^{t^2} dt \cdot e^{x^2}}{x \cdot e^{2x^2}}$ ------------------------1 分

$= \lim\limits_{x \to 0} \dfrac{2 \displaystyle\int_0^x e^{t^2} dt}{x \cdot 2x}$ ------------------------2 分

$= \lim\limits_{x \to 0} \dfrac{2 e^{x^2}}{e^{x^2} + 2x^2 e^{x^2}}$ ------------------------3 分

$= \lim\limits_{x \to 0} \dfrac{2}{1 + 2x^2}$ ------------------------4 分

$= 2$ ------------------------5 分

19. 对方程两边关于 x 求导, 得

$\dfrac{1}{1 + \left(\dfrac{y}{x} \right)^2} \left(\dfrac{y}{x} \right)' = \dfrac{1}{\sqrt{x^2 + y^2}} (\sqrt{x^2 + y^2})'$ ------------------------1 分

$$\frac{1}{1+\left(\frac{y}{x}\right)^2}\frac{y'x-y}{x^2}=\frac{1}{\sqrt{x^2+y^2}}\frac{1}{2}\frac{1}{\sqrt{x^2+y^2}}(x^2+y^2)'\text{------------------2 分}$$

$$\frac{y'x-y}{x^2+y^2}=\frac{1}{2}\frac{1}{x^2+y^2}(2x+2yy')\text{------------------3 分}$$

$$(x-y)y'=x+y\text{------------------4 分}$$

$$y'=\frac{x+y}{x-y}\text{------------------5 分}$$

20. $$\frac{\mathrm{d}y}{\mathrm{d}x}=\frac{\mathrm{d}y/\mathrm{d}x}{\mathrm{d}x/\mathrm{d}t}\text{------------------1 分}$$

$$=\frac{3a\sin^2 t\cos t}{3a\cos^2 t(-\sin t)}\text{------------------2 分}$$

$$=-\tan t\text{------------------3 分}$$

$$\frac{\mathrm{d}^2 y}{\mathrm{d}x^2}=\frac{\mathrm{d}}{\mathrm{d}x}\left(\frac{\mathrm{d}y}{\mathrm{d}x}\right)=\frac{\mathrm{d}}{\mathrm{d}t}\left(\frac{\mathrm{d}y}{\mathrm{d}x}\right)\bigg/\frac{\mathrm{d}x}{\mathrm{d}t}\text{------------------4 分}$$

$$=\frac{(-\tan t)'}{(a\cos^3 t)'}=\frac{-\sec^2 t}{-3a\cos^2 t\sin t}=\frac{\sec^4 t}{3a\sin t}\text{------------------5 分}$$

四、21. 解 原式 $\xlongequal{t=\sqrt{2x+5}}\displaystyle\int\frac{1}{t+1}t\mathrm{d}t$ ------------------2 分

$$=\int\left(1-\frac{1}{t+1}\right)\mathrm{d}t\text{------------------3 分}$$

$$=t-\ln|t+1|+C\text{------------------4 分}$$

$$=\sqrt{2x+5}-\ln\left|\sqrt{2x+5}+1\right|+C\text{------------------5 分}$$

22. 原式 $=\displaystyle\int\frac{1}{\sqrt{1+\ln x}}\mathrm{d}\ln x$ ------------------2 分

$$=\int(1+\ln x)^{-\frac{1}{2}}\mathrm{d}(\ln x+1)\text{------------------3 分}$$

$$=\frac{1}{-\frac{1}{2}+1}(1+\ln x)^{-\frac{1}{2}+1}+C\text{------------------4 分}$$

$$=2(1+\ln x)^{\frac{1}{2}}+C\text{------------------5 分}$$

23. 原式 $=\displaystyle\int x^2\frac{1+\cos x}{2}\mathrm{d}x$ ------------------1 分

$$=\int\frac{x^2}{2}\mathrm{d}x+\int\frac{1}{2}x^2\cos x\mathrm{d}x\text{------------------2 分}$$

$$=\frac{x^3}{6}+\frac{1}{2}\int x^2\cos x\mathrm{d}x=\frac{x^3}{6}+\frac{1}{2}\int x^2(\sin x)'\mathrm{d}x\text{------------------3 分}$$

$$=\frac{x^3}{6}+\frac{1}{2}\left(x^2\sin x-\int 2x\sin x\mathrm{d}x\right)=\frac{x^3}{6}+\frac{1}{2}\left[x^2\sin x-2\int x(-\cos x)'\mathrm{d}x\right]\text{------4 分}$$

$$= \frac{x^3}{6} + \frac{1}{2}x^2 \sin x + x \cos x - \sin x + C \text{-----------5 分}$$

24. 原式 $= \displaystyle\int_0^1 \left(-e^{-\frac{t^2}{2}} \right) d\left(-\frac{t^2}{2} \right) \text{------------2 分}$

$$= -\left[\frac{t^2}{2} \right]_0^1 \text{----------------4 分}$$

$$= 1 - e^{-\frac{1}{2}} \text{----------------5 分}$$

25. 原式 $\xlongequal{x = 2\sin t} \displaystyle\int_0^{\frac{\pi}{2}} \sqrt{4 - 4\sin^2 t}\, d(2\sin t) \text{------------2 分}$

$$= \int_0^{\frac{\pi}{2}} 2|\cos t| 2\cos t\, dt = 4\int_0^{\frac{\pi}{2}} \cos^2 t\, dt \text{-------------3 分}$$

$$= 4\int_0^{\frac{\pi}{2}} \frac{1 + \cos 2t}{2} dt \text{-------------4 分}$$

$$= 4\left[\frac{t}{2} + \frac{1}{4}\sin 2t \right]_0^{\frac{\pi}{2}} = \pi \text{--------------5 分}$$

26. 原式 $= \displaystyle\int_{\frac{1}{e}}^1 |\ln x|\, dx + \int_1^e |\ln x|\, dx \text{--------------1 分}$

$$= -\int_{\frac{1}{e}}^1 \ln x\, dx + \int_1^e \ln x\, dx \text{--------------2 分}$$

$$= -\int_{\frac{1}{e}}^1 x' \ln x\, dx + \int_1^e x' \ln x\, dx \text{--------------3 分}$$

$$= -[x\ln x - x]_{\frac{1}{e}}^1 + [x\ln x - x]_1^e \text{--------------4 分}$$

$$= 2 - \frac{2}{e} \text{--------------5 分}$$

五、27. **解** 设 $f(x) = 2\sqrt{x} - 3 + \dfrac{1}{x}$ -----------1 分

则 $f'(x) = \dfrac{1}{\sqrt{x}} - \dfrac{1}{x^2} = \dfrac{1}{x^2}(x\sqrt{x} - 1)$ -----------2 分

$f(x)$ 在 $[1, +\infty)$ 上连续, 在 $[1, +\infty)$ 内 $f'(x) > 0$, 因此在 $[1, +\infty)$ 上 $f(x)$ 单调增加 -----------3 分

从而当 $x > 1$ 时, $f(x) > f(1)$ -----------4 分

由于 $f(1) = 0$, 故 $f(x) > f(1) = 0$, 即

$2\sqrt{x} - \left(3 - \dfrac{1}{x} \right) > 0$, 整理 $2\sqrt{x} > 3 - \dfrac{1}{x} (x > 1)$ -----------5 分

28. **解** 设函数 $y = 2\arctan x + \arcsin \dfrac{2x}{1 + x^2}$ -----------1 分

$$y' = 2 \cdot \frac{1}{1+x^2} + \frac{1}{\sqrt{1 - \left(\frac{2x}{1+x^2}\right)^2}} \left(\frac{2x}{1+x^2}\right)' \text{-----------------------------} 2 \text{ 分}$$

$$= \frac{2}{1+x^2} - \frac{1+x^2}{\sqrt{(1-x^2)^2}} \cdot \frac{2(1-x^2)}{(1+x^2)^2} = \frac{2}{1+x^2} - \frac{2}{1+x^2} = 0 \text{---------------} 3 \text{ 分}$$

于是, $y = C$-----------------------4 分

$y(1) = C = 2\arctan 1 + \arcsin\dfrac{2}{1+1} = \pi$, 因而 $2\arctan x + \arcsin\dfrac{2x}{1+x^2} = \pi$ -----5 分

29. **解**   由 $V = \pi r^2 h$, 得 $h = V\pi^{-1} r^{-2}$,

于是油罐表面积为 $S = 2\pi r^2 + 2\pi r h = 2\pi r^2 + \dfrac{2V}{r} (0 < r < +\infty)$--------1 分

$$S' = 4\pi r - \frac{2V}{r^2} \text{-----------------------} 2 \text{ 分}$$

令 $S' = 0$, 得唯一驻点 $r = \sqrt[3]{\dfrac{V}{2\pi}}$-----------------------3 分

因为 $S'' = 4\pi + \dfrac{4V}{r^3} > 0$, 所以 S 在驻点 $r = \sqrt[3]{\dfrac{V}{2\pi}}$ 处取得极小值, 也就是最小值 -----------------------4 分

这时相应的高为 $h = \dfrac{V}{\pi r^2} = 2\sqrt[3]{\dfrac{V}{2\pi}}$ -----------------------5 分

习 题 答 案

习 题 1-1

1. (1) $D = \left[-\dfrac{2}{3}, +\infty \right)$ (2) $D = (-\infty, -1) \bigcup (-1, 1) \bigcup (1, +\infty)$

(3) $D = [-5, 5)$ (4) $D = [-1, 0) \bigcup (0, +\infty)$

2. (1) 否   (2) 否   (3) 是   (4) 否

3. $f(-2) = -4$, $f(-1) = -2$, $f(1) = 1$, $f(2)$ 不存在

4. (1) 偶   (2) 非奇偶   (3) 奇   (4) 奇

5. (1) $y = \log_2(x - 1)$ (2) $y = \dfrac{x-1}{x+1}$ (3) $y = e^{x-1} - 2$

 (4) $y = \dfrac{1 + \arcsin \dfrac{x-1}{2}}{1 - \arcsin \dfrac{x-1}{2}}$

6. (1) $l = \dfrac{2\pi}{a}$ (2) 非周期函数   (3) $l = \pi$ (4) $l = \dfrac{\pi}{2}$

7. $f(\cos x) = 2\sin^2 x$

习 题 1-2

1. (1) $\dfrac{1}{2}, \dfrac{3}{4}, \dfrac{7}{8}, \dfrac{15}{16}$ (2) $2, \dfrac{9}{4}, \dfrac{64}{27}, \dfrac{625}{256}$

(3) $0, \dfrac{1}{3}, \dfrac{\sqrt{3}}{8}, \dfrac{\sqrt{2}}{10}$ (4) $\dfrac{1}{2}, \dfrac{10}{7}, \dfrac{63}{34}, 2$

(5) $m, \dfrac{m(m-1)}{2}, \dfrac{m(m-1)(m-2)}{6}, \dfrac{m(m-1)(m-2)(m-3)}{24}$

2. (1) 0   (2) 无极限

3. (1) $N = \left[\dfrac{1}{\sqrt{\varepsilon}} \right]$ (2) $N = \left[\dfrac{1 + 2\varepsilon}{4\varepsilon} \right]$ (3) $N = \left[\dfrac{1}{\varepsilon} \right]$ (4) $N = \left[\dfrac{1}{\varepsilon} - 1 \right]$

 (5) $N = \left[\log_2 \dfrac{1}{\varepsilon} \right]$ (6) $N = \left[\dfrac{1}{\varepsilon^2} \right]$ (7) $N = [-\log_{10} \varepsilon]$

习 题 1-3

1. (1) $0 < |x - 1| < \dfrac{\varepsilon}{3}$ (2) $\delta = \varepsilon$ (3) $0 < |x - 5| < \varepsilon$ (4) $X = \dfrac{1}{\varepsilon}$

(5) $M = -\log_2 \varepsilon$ (6) $|x| > \sqrt{\dfrac{2}{\varepsilon} - 1}$ (7) $|x| > \dfrac{1}{\varepsilon} + 1$

2. 左极限为 3, 右极限为 8

3. 略

习 题 1-4

1. 例如: $\alpha = 4x, \beta = 2x$, 当 $x \to 0$ 时都是无穷小, 但 $\dfrac{\alpha}{\beta}$ 当 $x \to 0$ 时不是无穷小.

2. (1) $0 < |x| < \varepsilon$ (2) $|x| > \dfrac{1}{\varepsilon} + 3$

   (3) $|x - 2| < \dfrac{1}{M}$ (4) $|x| < \dfrac{1}{M + 2}$

3. $f(x) = x \sin x$ 在 $(-\infty, +\infty)$ 上无界, 但当 $x \to \infty$ 时, 此函数不是无穷大.

4. (1) 1, 提示: 应用定理 1-4-2   (2) 1, 提示: 应用定理 1-4-2

5. $\dfrac{2}{x}, \dfrac{x}{x^2}, 0, \dfrac{1}{x-1}$ 是无穷小量

$100x^2, \sqrt[3]{x}, \sqrt{x+1}, \dfrac{x^2}{x}, x^2 + 0.01, x^2 + \dfrac{1}{2}x$ 是无穷大量

$\dfrac{x-1}{x+1}$ 既不是无穷小量也不是无穷大量

习 题 1-5

1. (1) -9 (2) $\dfrac{5}{3}$ (3) 0 (4) ∞ (5) $\dfrac{2}{3}$

   (6) $\dfrac{1}{2}$ (7) $\dfrac{1}{2}$ (8) $3x^2$ (9) n (10) -3

   (11) $\dfrac{1}{3}$ (12) 2 (13) ∞ (14) 0 (15) ∞

   (16) $\dfrac{9}{2}$ (17) $\left(\dfrac{3}{2}\right)^{20}$ (18) $-2\sqrt{2}$ (19) 1 (20) -2

   (21) $\dfrac{2\sqrt{2}}{3}$ (22) 1 (23) $\dfrac{3}{2}$ (24) $\dfrac{p+q}{2}$ (25) $\dfrac{1}{2}$

   (26) 1 (27) 2 (28) ∞ (29) ∞ (30) ∞

   (31) $\dfrac{1}{2}$ (32) 1 (33) 1 (34) 0 (35) -1

2. 略

习 题 1-6

1. (1) k (2) $\dfrac{\alpha}{\beta}$ (3) 1 (4) $\dfrac{3}{5}$

(5) x (6) $\dfrac{1}{5}$ (7) $\dfrac{1}{\sqrt{2}}$ (8) 1

(9) 2   (10) e^{-1} (11) e^{-1} (12) e^{-2}

(13) e (14) 1   (15) $e^{-\frac{1}{2}}$ (16) e^{-1}

2. **证明** 因为 $\dfrac{n^2}{n^2+n\pi} \leqslant n\left(\dfrac{1}{n^2+\pi}+\dfrac{1}{n^2+\pi}+\cdots+\dfrac{1}{n^2+n\pi}\right) \leqslant \dfrac{n^2}{n^2+\pi}$, 且

$$\lim_{n\to\infty}\frac{n^2}{n^2+n\pi}=1, \quad \lim_{n\to\infty}\frac{n^2}{n^2+\pi}=1,$$

由夹逼定理知

$$\lim_{n\to\infty} n\left(\frac{1}{n^2+\pi}+\frac{1}{n^2+2\pi}+\cdots+\frac{1}{n^2+n\pi}\right)=1$$

3. **证明** 设 $x_1=\sqrt{2},\cdots,x_{n+1}=\sqrt{2+x_n}$, $n=1,2,\cdots$ 以下证明: (1) $\{x_n\}$ 有上界; (2) $\{x_n\}$ 单增.

(1) (用归纳法证)$\{x_n\}$ 有上界.

当 $n=1$ 时, $x_1=\sqrt{2}<2$, 假定 $n=k$ 时, $x_k<2$, 则当 $n=k+1$ 时, $x_{k+1}=\sqrt{2+x_n}<2$, 所以 $x_n<2(n=1,2,\cdots)$;

(2) $\{x_n\}$ 单调增加.

事实上, $x_{n+1}-x_n=\sqrt{2+x_n}-x_n=\dfrac{2+x_n-x_n^2}{\sqrt{2+x_n}+x_n}=-\dfrac{(x_n-2)(x_n+1)}{\sqrt{2+x_n}+x_n}$. 由于 $x_n<2$, 所以 $x_{n+1}-x_n>0$, 由 (1) 和 (2), 据极限存在准则 II 知 $\lim\limits_{n\to\infty}x_n$ 存在

习 题 1-7

1. $y_n=\dfrac{1}{n!}$, 是

2. (1) 等价无穷小量   (2) 低阶的无穷小量

  (3) 同阶非等价的无穷小量   (4) 同阶非等价的无穷小量

3. (1) $\dfrac{\alpha}{\beta}$ (2) $\dfrac{m^2}{2}$ (3) 2   (4) $\dfrac{1}{2\sqrt{2}}$ (5) $\dfrac{2}{3}$

  (6) $\dfrac{1}{2}$ (7) 1   (8) $\dfrac{1}{2\sqrt{2}}$ (9) $-\sin a$ (10) $\dfrac{1}{2}$

习 题 1-8

1. (1) 提示: $\lim\limits_{\Delta x\to 0}[5(x+\Delta x)-5x]=0$

(2) 提示: $\lim\limits_{x\to 0}\left(x^2\sin\dfrac{1}{x}\right)=0=f(0)$

2. 4

3. $f(x) = \begin{cases} 1, & |x| < 1, \\ 0, & |x| = 1, \\ -1, & |x| > 1, \end{cases}$ $x = 1$ 和 $x = -1$ 为第一类跳跃间断点

4. (1) $x = -2$ 是函数 $y = \dfrac{1}{(x+2)^2}$ 的第二类间断点且为无穷间断点

(2) $x = 1$ 是函数 $y = \dfrac{x^2 - 1}{x^2 + 3x - 4}$ 的第一类间断点且为可去间断点

$x = -4$ 是函数 $y = \dfrac{x^2 - 1}{x^2 + 3x - 4}$ 的第二类间断点且为无穷间断点

(3) $x = 0$ 是函数 $y = \dfrac{\sin x}{x}$ 的第一类间断点, 且为可去间断点

(4) $x = 1$ 是函数的第一类间断点, 且为可去间断点

(5) $x = 0$ 是函数的第一类间断点, 且为可去间断点

5. 函数在 $x = 0$ 处是不连续的

6. 函数在区间 $[0,3]$ 上是连续的

7. 函数在定义域内不连续

习 题 1-9

1. (1) $-\dfrac{1}{56}$ (2) 1   (3) 0   (4) $\dfrac{1}{2}$ (5) 1

(6) 0   (7) $\mathrm{e}^{-\frac{3}{2}}$ (8) $\dfrac{1}{2}$ (9) 2   (10) 1

2. 提示: $\varphi(x) = \max\{f(x), g(x)\} = \dfrac{1}{2}[f(x) + g(x) + |f(x) - g(x)|]$,

$\phi(x) = \min\{f(x), g(x)\} = \dfrac{1}{2}[f(x) + g(x) - |f(x) - g(x)|]$

3. 1

习 题 1-10

1. 设 $f(x) = x2^x - 1$, 易知 $f(x)$ 在 $[0,1]$ 上连续, 且 $f(0) = -1 < 0$, $f(1) = 1 > 0$, 故 $\exists \xi \in (0,1)$, 使 $f(\xi) = 0$

2. 设 $f(x) = x^5 - 3x - 1$, 易知 $f(x)$ 在 $[1, 2]$ 上连续, 且 $f(1) = -3 < 0$, $f(2) = 2^5 - 6 - 1 = 25 > 0$, 故 $\exists \xi \in (1,2)$, 使 $f(\xi) = 0$

3. 略   4. 略

单元自测题 1

一、1. $(1,\ 2]$　　　　　　2. $(-1,\ +\infty)$　　　　3. $[2,4]$

4. $\{x|2k\pi \leqslant x \leqslant (2k+1)\pi,\ k \in \mathbf{Z}\}$5. $[-\sqrt{2},\ \sqrt{2}]$　　6. -3

7. $x = k\pi,\ k \in \mathbf{Z}$; $x = 0$　　8. 2　　　　　　9. 1

10. 充分　　　　　　11. $\dfrac{1}{2}$　　　　　　12. $-\dfrac{3}{2}$

13. $x = 1, x = 2$　　　14. 等价　　　　　15. 同阶

16. 二　　　　　　　17. 可去　　　　　18. 2

19. $-\ln 2$　　　　　20. $y = -2$　　　　21. $[-2,\ 1)\bigcup(1,\ 2]$

二、1. (1) $(-\infty,\ -1)\bigcup(-1,\ 1)\bigcup(1,\ +\infty)$

(2) $[\,0,\ +\infty)$　　　(3)$(-\infty,\ 0)\bigcup(0,\ +\infty)$

2. (1) 不同, 定义域不同　　(2) 不同, 定义域、函数关系不同

(3) 不同, 定义域、函数关系不同

3. (1) 偶函数　　(2) 非奇非偶函数　　(3) 奇函数

4. (1) $y = (\sin x^2)^2$　　(2) $y = \sqrt{1+x^2}$　　(3) $y = \mathrm{e}^{2\sin x}$

5. (1) $[2]$　　(2) $\left[\dfrac{1}{2}\right]$　　(3) $-\dfrac{1}{6}$　　(4) 0　　(5) $\dfrac{8}{3}$　　(6) $\dfrac{1}{8}$　　(7) 0　　(8) $\dfrac{q}{p}$

6. (1) w　　(2) $\dfrac{2}{5}$　　(3) 1　　(4) e^{-1}　　(5) e^2　　(6) e^{-1}

7. (1) $2x - x^2$ 是 $x^2 - x^3$ 的低阶无穷小　　(2) 是等价无穷小

8. (1) $\dfrac{1}{2}$　　(2) $\begin{cases} 0, & m < n \\ 1, & m = n \\ \infty, & m > n \end{cases}$

9. 不连续

10. (1) 0　　(2) 1　　(3) 0　　(4) e^2　　(5) 0　　(6) -2

11. **解**　(1) 要使 $f(x)$ 在 $x = 0$ 处有极限存在, 即要 $\lim\limits_{x \to 0^-} f(x) = \lim\limits_{x \to 0^+} f(x)$ 成立.
因为

$$\lim_{x \to 0^-} f(x) = \lim_{x \to 0^-} \left(x \sin \frac{1}{x} + b\right) = b, \quad \lim_{x \to 0^+} f(x) = \lim_{x \to 0^+} \frac{\sin x}{x} = 1,$$

所以, 当 $b = 1$ 时, 有 $\lim\limits_{x \to 0^-} f(x) = \lim\limits_{x \to 0^+} f(x)$ 成立, 即 $b = 1$ 时, 函数在 $x = 0$ 处极限存在, 又因为函数在某点处有极限与在该点处是否有定义无关, 所以此时 a 可以取任意值

(2) 依函数连续的定义知, 函数在某点处连续的充要条件是

$$\lim_{x \to x_0^-} f(x) = \lim_{x \to x_0^+} f(x) = f(x_0),$$

于是有 $b = 1 = f(0) = a$, 即 $a = b = 1$ 时函数在 $x = 0$ 处连续

习 题 2-1

1. $\dfrac{\mathrm{d}v}{\mathrm{d}t}$ 2. -4 3. $v = s'(3) = 27$

4. (1) $2f'(x_0)$ (2) $-f'(x_0)$ (3) $f'(x_0)$ (4) $-f'(x_0)$

5. (1) 切线方程为 $y - 1 = \dfrac{1}{\mathrm{e}}(x - \mathrm{e})$, 法线方程为 $y - 1 = -\mathrm{e}\,(x - \mathrm{e})$

(2) 切线方程为 $y - \dfrac{\sqrt{2}}{2} = \dfrac{\sqrt{2}}{2}\left(x + \dfrac{\pi}{4}\right)$, 法线方程为 $y - \dfrac{\sqrt{2}}{2} = -\sqrt{2}\left(x + \dfrac{\pi}{4}\right)$

6. $(y - 9) = 6(x - 3)$, 即 $y = 6x - 9$

7. 切线方程为 $y - 1 = -2(x - 1)$, 即 $2x + y - 3 = 0$

习 题 2-2

1. (1) $y' = \dfrac{1}{\sqrt{x}} + \dfrac{1}{x^2}$ (2) $y' = x - \dfrac{2}{x^3}$ (3) $y' = -\dfrac{5x^3 + 1}{2x\sqrt{x}}$

(4) $y' = -\dfrac{1}{2\sqrt{x}}\left(1 + \dfrac{1}{x}\right)$ (5) $y' = \dfrac{3}{2}\sqrt{x} + \dfrac{1}{2\sqrt{x}}$ (6) $y' = \dfrac{a}{a + b}$

2. (1) $y' = \dfrac{1}{2} \cdot \dfrac{1}{x\ln a}$ (2) $y' = -\dfrac{2}{(x - 1)^2}$ (3) $y' = \dfrac{1 - x^2}{(1 + x^2)^2}$

(4) $y' = 1 - \dfrac{4}{(2 - x)^2}$ (5) $y' = -\dfrac{nacx^{n-1}}{(b + cx^n)^2}$ (6) $y' = -\dfrac{2}{x(1 + \ln x)^2}$

(7) $y' = \dfrac{2 - 4x}{(1 - x + x^2)^2}$

3. (1) $y' = \dfrac{1 - \cos x - x\sin x}{(1 - \cos x)^2}$ (2) $y' = \dfrac{1}{1 + \cos x}$

(3) $y' = \dfrac{x\cos x - \sin x}{x^2} + \dfrac{\sin x - x\cos x}{\sin^2 x}$

4. (1) $y' = 6x\sqrt{1 + 5x^2} + (1 + 3x^2)\dfrac{5x}{\sqrt{1 + 5x^2}}$ (2) $y' = \dfrac{(x + 1)(x + 5)}{(x + 3)^2}$

(3) $y' = \dfrac{x}{\sqrt{x^2 - a^2}}$ (4) $y' = \dfrac{1}{\sqrt{(1 - x^2)^3}}$ (5) $y' = \dfrac{1}{2x}\left(1 + \dfrac{1}{\sqrt{\ln x}}\right)$

(6) $y' = \dfrac{1}{\sqrt{x}(1 - x)}$ (7) $y' = -\cos\dfrac{x}{2}\sin\dfrac{x}{2}$ (8) $y' = \dfrac{1}{2}\tan^2\dfrac{x}{2}$

(9) $y' = \dfrac{1}{\sin x}$ (10) $y' = 3x^2\sin\dfrac{1}{x} - x\cos\dfrac{1}{x}$

(11) $y' = \dfrac{-1}{\sqrt{x^2 - a^2}}\lg \mathrm{e}$ (12) $y' = \dfrac{n\sin x}{\cos^{n+1} x}$ (13) $y' = \dfrac{x^2}{(\cos x + x\sin x)^2}$

(14) $y' = \dfrac{2}{a}\left(\sec^2\dfrac{x}{a} \cdot \tan\dfrac{x}{a} - \csc^2\dfrac{x}{a} \cdot \cot\dfrac{x}{a}\right)$

5. (1) $y' = \dfrac{1}{\sqrt{4-x^2}}$　　　　　　　　　(2) $y' = \dfrac{1}{1+x^2}$

　(3) $y' = \dfrac{1+x^2}{1-x^2+x^4}$　　　　　　　　(4) $y' = -\dfrac{1}{1-x^2} + \dfrac{x\arccos x}{(1-x^2)\sqrt{1-x^2}}$

　(5) $y' = 2\arcsin\dfrac{x}{2} \cdot \dfrac{1}{\sqrt{4-x^2}}$　　　　(6) $y' = 2\sqrt{1-x^2}$

习　题　2-3

1. 207360

2. (1) $-\dfrac{3}{4\mathrm{e}^4}$　　　(2) $x = 4$

3. (1) $y' = \dfrac{2x}{1+x^2}, \quad y'' = \dfrac{2(1-x^2)}{(1+x^2)^2}$

(2) $y' = (1+2x^2)\mathrm{e}^{x^2}, \quad y'' = 2x(3+2x^2)\mathrm{e}^{x^2}$

4. (1) $y^{(n)} = a^x \ln^n a$

(2) $y^{(n)} = (-1)^{n-1}(n-1)!(1+x)^{-n}$

(3) $y^{(n)} = m(m-1)(m-2)\cdots(m-n+1)(1+x)^{m-n}$

5. (1) $y^{(50)} = 2^{50}\left(-x^2\sin 2x + 50x\cos 2x + \dfrac{1225}{2}\sin 2x\right)$

(2) $y^{(4)} = -4\mathrm{e}^x\cos x$

6. 略

7. (1) $y'' = 2xf'\left(x^2\right) + 4xf'\left(x^2\right) + 4x^3 f''\left(x^2\right)$

(2) $y'' = \dfrac{f''(x)f(x) - (f'(x))^2}{f^2(x)}$

习　题　2-4

1. (1) $y' = \dfrac{\mathrm{e}^{x+y} - y}{x - \mathrm{e}^{x+y}}$　　　(2) $y' = \dfrac{ay - x^2}{y^2 - ax}$　　　(3) $y' = -\dfrac{\sin x + y\mathrm{e}^{xy}}{x\mathrm{e}^{xy} + 2y}$

　(4) $y' = -\dfrac{\mathrm{e}^y}{1 + x\mathrm{e}^y}$　　　(5) $y' = -\dfrac{1}{y^2} - 1$

2. $y'' = -\dfrac{a^2}{y^3}$

3. $y''|_{x=0} = 2\mathrm{e}^2$

4. (1) $y' = x \cdot \sqrt{\dfrac{1-x}{1+x}} \cdot \left[\dfrac{1}{x} - \dfrac{1}{2(1-x)} - \dfrac{1}{2(1+x)}\right]$

(2) $y' = \dfrac{x^2}{1-x} \cdot \sqrt[3]{\dfrac{3-x}{(3+x)^2}}\left[\dfrac{2}{x} + \dfrac{1}{1-x} - \dfrac{1}{3(3-x)} - \dfrac{2}{3(3+x)}\right]$

(3) $y' = (x + \sqrt{1+x^2})^n \cdot \dfrac{n}{\sqrt{1+x^2}}$

(4) $y' = \dfrac{y(y \cot x - \cos x \cdot \ln y)}{\sin x - y \ln \sin x}$

5. $\dfrac{x_1 x}{a^2} + \dfrac{y_1 y}{b^2} = 1$

6. 略

7. (1) $\dfrac{dy}{dx} = \dfrac{-\sin 2x}{\sin^2 x + x \sin 2x}$　　　(2) $\dfrac{dy}{dx} = \dfrac{\cos \theta - \theta \sin \theta}{1 - \sin \theta - \theta \cos \theta}$

8. (1) $\dfrac{d^2 y}{dx^2} = \dfrac{-e^{-t}}{-2e^{-t}} = \dfrac{1}{2}$　　(2) $\dfrac{d^2 y}{dx^2} = \dfrac{\dfrac{1}{\cos^2 x}}{\theta \cos x} = \dfrac{1}{\theta \cos^3 \theta}$

9. 切线方程 $y = 2x$, 法线方程 $y = -\dfrac{1}{2}x$

习　题　2-5

1. (1) $dy = (\sec^2 x + e^x)\ dx$

(2) $dy = \left(2^x \ln 2 + \dfrac{2x^2 \cos x^2 - \sin x^2}{x^2} \right) dx$

(3) $dy = \left(\sec^2 x \cdot \arcsin \sqrt{1 - x^2} \pm \dfrac{\tan x}{\sqrt{1 - x^2}} \right) dx$

(4) $dy = x^x (1 + \ln x)\ dx$

(5) $dy = e^{-ax} (b \cos bx - a \sin bx)\ dx$

(6) $dy = -e^{-x} \left(\cos^2 \dfrac{1}{x} - \dfrac{1}{x^2} \sin \dfrac{2}{x} \right) dx$

(7) $dy = \left(\dfrac{x}{1+x} \right)^x \left(\ln x - \ln(1+x) + 1 - \dfrac{x}{1+x} \right) dx$

(8) $dy = \dfrac{xy \ln y - y^2}{xy \ln x - x^2} dx$

2. (1) $\dfrac{x^2}{2} + C$　　　　　　(2) $\ln(1+x) + C$

(3) $\sin x + C$　　　　　　(4) $-\dfrac{1}{2} e^{-2x} + C$

(5) $\dfrac{1}{1 + (e^{2x})^2} + C,$　　$2e^{2x} \dfrac{1}{1 + (e^{2x})^2} + C$

(6) $-\dfrac{1}{3} \cos(1 - x^3) + C,$　　$-\dfrac{1}{3} \sin(1 - x^3) + C$

单元自测题 2

一、1. $-\sin x - \sec x \cdot \tan x$　　2. $\dfrac{2}{(3 - 2x)^2}$　　3. $\dfrac{1}{x \ln x}$

4. $\arcsin \dfrac{x}{2}$ 5. $y'' = \dfrac{2(1-x^2)}{(x^2+1)^2}$ 6. $x - y = \pi - 4$

7. $\dfrac{y^2 - \mathrm{e}^x - 2x\cos(x^2+y^2)}{2y\cos(x^2+y^2) - 2xy}$ 8. $\cot^2 y \mathrm{d}x$ 9. 0

10. $\dfrac{1}{x}$ 11. $\sec x$ 12. $\dfrac{1}{\cos x - 2}$ 13. $(\mathrm{e}, 1)$

二、1. B 2. A 3. B 4. B 5. C 6. D 7. B 8. B 9. C 10. D

三、1. $f(0-0) = f(0+0) = f(0) = 1, f(x)$ 在 $x = 0$ 处连续，

$$f'_-(0) = \lim_{x \to 0^-} \frac{f(x) - f(0)}{x} = \lim_{x \to 0^-} \frac{1 - \sin x - 1}{x} = -1,$$

$$f'_+(0) = \lim_{x \to 0^+} \frac{f(x) - f(0)}{x} = \lim_{x \to 0^+} \frac{\cos^2 x - 1}{x} = \lim_{x \to 0^+} \frac{-x^2}{x} = 0,$$

所以 $f'(x)$ 在 $x = 0$ 处不存在.

$$f'(x) = \begin{cases} -\cos x, & x < 0 \\ -\sin 2x, & x > 0 \end{cases}$$

2. $\lim\limits_{x \to 0^-} \dfrac{f(x) - f(0)}{x} = \lim\limits_{x \to 0^-} \dfrac{\cos - 1}{x} = 0, \lim\limits_{x \to 0^+} \dfrac{1-1}{x} = 0$, 所以 $f(x)$ 在 $x = 0$ 处可导

3. $\lim\limits_{x \to 0} \mathrm{e}^{|x|} = \mathrm{e}^0 = 1, f(x)$ 在 $x = 0$ 处连续，

$$\lim_{x \to 0^+} \frac{f(x) - f(0)}{x} = \lim_{x \to 0^+} \frac{\mathrm{e}^x - 1}{x} = 1,$$

$$\lim_{x \to 0^-} \frac{f(x) - f(0)}{x} = \lim_{x \to 0^-} \frac{\mathrm{e}^{-x} - 1}{x} = -1,$$

所以 $f(x)$ 在 $x = 0$ 处不可导

4. 因为

$$\lim_{x \to \frac{\pi}{2}} \frac{f(x) - f\left(\frac{\pi}{2}\right)}{x - \frac{\pi}{2}} = \lim_{x \to \frac{\pi}{2}} \frac{\left(x - \frac{\pi}{2}\right)|\cos x|}{x - \frac{\pi}{2}} = 0,$$

所以 $f(x)$ 在 $x = \dfrac{\pi}{2}$ 处可导

四、1. $y' = \ln 2 + 2^x \ln 2 + 2x$ 2. $y' = -\dfrac{a}{x^2} + \dfrac{2}{b}x - (1 + \ln x)$

3. $y' = \dfrac{1}{1+x} + \dfrac{1}{1-x} = \dfrac{2}{1-x^2}$, $y'' = \dfrac{-1}{(1+x)^2} + \dfrac{1}{(1-x)^2} = \dfrac{4x}{(1-x^2)^2}$

4. $y' = \mathrm{e}^{x^2} + 2x^2 \mathrm{e}^{x^2}$, $y'' = 2x\mathrm{e}^{x^2} + 4x\mathrm{e}^{x^2} + 4x^3\mathrm{e}^{x^2} = \mathrm{e}^{x^2}(6x + 4x^3)$

5. $y' = 2f(x)f'(x)$, $y'' = 2[f'(x)]^2 + 2f(x)f''(x)$

6. $\mathrm{d}y|_{x=1} = y'(1)\mathrm{d}x = [na_n + (n-1)a_{n-1} + \cdots + a_1]\mathrm{d}x$

7. $\mathrm{d}f(x) = f'(x)\mathrm{d}x = \dfrac{-\csc^2 2x}{\sqrt{\cot 2x}}\mathrm{d}x$

8. $\mathrm{d}y = y'(x)\mathrm{d}x = \dfrac{ay - x^2}{y^2 - ax}\mathrm{d}x$

9. $\mathrm{e}^{x+y}(\mathrm{d}x + \mathrm{d}y) + \sin y\,\mathrm{d}x + x\cos y\,\mathrm{d}y = 0$,

$\mathrm{d}y = -\dfrac{\mathrm{e}^{x+y} + \sin y}{\mathrm{e}^{x+y} + x\cos y}\mathrm{d}x$, $A(x,y) = -\dfrac{\mathrm{e}^{x+y} + \sin y}{\mathrm{e}^{x+y} + x\cos y}$

10. $\mathrm{e}^{xy}(y + xy') + (y + xy')\cos(xy) = y'$, 当 $x = 0$ 时, $y = 1, y'(0) = 2$

11. $2x + 2yy' = 0$, $\left.\dfrac{\mathrm{d}y}{\mathrm{d}x}\right|_{\substack{x=0 \\ y=1}} = 0$

$2 + 2y'^2 + 2yy'' = 0$, $\left.\dfrac{\mathrm{d}^2 y}{\mathrm{d}x^2}\right|_{\substack{x=0 \\ y=1}} = -1$

12. $\dfrac{\mathrm{d}y}{\mathrm{d}x} = \dfrac{-2\sin t - 2\sin 2t}{2\cos t + 2\cos 2t}$, $\left.\dfrac{\mathrm{d}y}{\mathrm{d}x}\right|_{t=0} = 0$

13. $\dfrac{\mathrm{d}y}{\mathrm{d}x} = \dfrac{6t^2 + 6t}{2t + 2} = 3t$, $\dfrac{\mathrm{d}^2 y}{\mathrm{d}x^2} = \dfrac{3}{2t + 2} = \dfrac{3}{2(1 + t)}$

习　题　3-1

1. (1) $\xi = 0$ (2) $\xi = 0$

2. (1) $\xi = \dfrac{1}{\sqrt{3}}$ (2) $\xi = \dfrac{1}{\ln 2}$

3. 略

4—6. 略

7. 提示: 设 $f(x) = \sin x$, 在区间 $[x_1, x_2]$ 上应用拉格朗日定理

8. 提示: 设 $f(x) = x^n$, 在区间 $[b, a]$ 上应用拉格朗日定理

9. 提示: 设 $f(x) = \ln(x)$, 在区间 $[x, 1 + x]$ 上应用拉格朗日定理

10. 提示: $f(x)$ 在区间 $[0, x]$ 上应用拉格朗日定理证明 $f(x) = f'(\xi), x > 0$

习　题　3-2

1. (1) 2   (2) 1   (3) ∞ (4) 0   (5) ∞ (6) 0   (7) 1   (8) 0   (9) $\dfrac{1}{2}$

　(10) e   (11) 1   (12) 1

2. (1) 6   (2) $-\dfrac{1}{2}$

3. $k = -1$, $f'(0) = -\dfrac{1}{2}$

4. $k = \dfrac{1}{2}$ 时, $f(x)$ 在点 $x = 0$ 处连续

习　题　3-3

1. (1) $f(x)$ 在 $(-\infty, +\infty)$ 内单调减少　　(2) $f(x)$ 在 $[0, 2\pi]$ 上单调增加

2. (1) 函数在 $(0, 2]$ 上单调减少; 在 $[2, +\infty)$ 上单调增加

(2) 函数在 $(-\infty, +\infty)$ 内单调增加

(3) 函数在 $\left[0, \dfrac{\pi}{6}\right]$ 和 $\left[\dfrac{\pi}{2}, \dfrac{5\pi}{6}\right]$ 及 $\left[\dfrac{3\pi}{2}, 2\pi\right]$ 上单调增加; 函数在 $\left[\dfrac{\pi}{6}, \dfrac{\pi}{2}\right]$ 和 $\left[\dfrac{5\pi}{6}, \pi\right]$ 及 $\left[\pi, \dfrac{3\pi}{2}\right]$ 上单调减少

(4) 函数在 $[0, 1]$ 上单调增加; 函数在 $[1, +\infty)$ 上单调减少

(5) 函数在 $(0, e]$ 上单调增加; 函数在 $(e, +\infty)$ 内单调减少

3. (1) 略　　　(2) 略　　　(3) 略

(4) 提示: 设 $f(x) = \dfrac{e^x}{x^2}$, $x \in (0, 2)$, $f'(x) < 0$, 设 $0 < x_1 < x_2 < 2$, 有 $f(x_1) > f(x_2)$

4. (1) 原方程有唯一实根且实根在 0 与 $\dfrac{\pi}{2}$ 之间.

(2) $a = \dfrac{1}{e}$, 原方程有唯一实根; $0 < a < \dfrac{1}{e}$, 原方程有两个实根; $a > \dfrac{1}{e}$, 原方程没有实根

5. 略

习　题　3-4

1. (1) $y(-1) = -\dfrac{1}{2}$ 是函数的极小值, $y(1) = \dfrac{1}{2}$ 是函数的极大值

(2) $y\left(\dfrac{1}{2}\right) = \dfrac{\sqrt{5}}{2}$ 是函数的极大值

(3) $y(-1) = y(5) = 0$ 为函数的极小值, $y\left(\dfrac{1}{2}\right) = \dfrac{81}{8}\sqrt[3]{18}$ 为函数的极大值

(4) $y(2) = 1$ 为函数的极大值

(5) 函数的极大值为 $y(0) = 0$, 极小值为 $f\left(\dfrac{2}{5}\right) = -\dfrac{3}{5} \cdot \sqrt[3]{\dfrac{4}{25}}$

(6) 函数的极小值为 $y(3) = \dfrac{27}{4}$, 无极大值

2. (1) $y(-1) = 0$ 是函数的极大值, $y(3) = -32$ 是函数的极小值

(2) $y\left(-\dfrac{1}{2}\ln 2\right) = 2\sqrt{2}$ 为函数的极小值

3. $b = \sqrt{3}, \quad a = \dfrac{1}{2}$

4. (1) 函数在区间 $\left[-\dfrac{1}{2}, 1\right]$ 上的最小值为 $y(0) = 0$, 最大值为 $y\left(-\dfrac{1}{2}\right) = y(1) = \dfrac{1}{2}$

(2) 函数的最大值为 $y(4) = 6$, 最小值为 $y(0) = 0$

5. $a = 2, b = 3$

6. 当底边长为 $x = 6\text{m}$, 高为 $h = \dfrac{108}{x^2} = 3\text{m}$ 时所用材料最省

7. 当矩形土地的长为 $x = 18\text{m}$, 宽为 $\dfrac{216}{x} = 12\text{m}$ 时所用建筑材料最省

8. 当池的底半径为 $r = \sqrt[3]{\dfrac{100}{\pi}}\,\text{m}$, 池高为 $\dfrac{200}{r^2\pi} = 2\sqrt[3]{\dfrac{100}{\pi}}\,\text{m}$ 时蓄水池总造价最低

习 题 3-5

1. $\dfrac{1}{x} = -[1 + (x+1) + (x+1)^2 + \cdots + (x+1)^n] + (-1)^{n+1}\xi^{-(n+2)}(x+1)^{n+1}$, ξ 介于 x 与 -1 之间

2. $f(x) = 4 - 3x + x^2 - 5x^3 + x^4 = -56 + 21(x-4) + 37(x-4)^2 + 11(x-4)^3 + (x-4)^4$

3. $\sqrt{x} = 2 + \dfrac{1}{4}(x-4) - \dfrac{1}{64}(x-4)^2 + \dfrac{1}{512}(x-4)^3 - \dfrac{15}{384\xi^{\frac{7}{2}}}(x-4)^4$, ξ 介于 x 与 4 之间.

4. $x\mathrm{e}^x = x + x^2 + \dfrac{x^3}{2!} + \cdots + \dfrac{x^n}{(n-1)!} + o(x^n)$

5. $f(x) = x + \dfrac{x^3}{3} + o(x^3)$

6. (1) $\dfrac{1}{2}$　　(2) $\dfrac{3}{2}$　　(3) $-\dfrac{1}{3}$　　(4) $-\dfrac{1}{2}$　　(5) $-\dfrac{1}{12}$

习 题 3-6

1. (1) $K = 2, \rho = \dfrac{1}{2}$　　(2) $K = \dfrac{2}{3|a\sin 2t_0|}, \rho = \dfrac{3|a\sin 2t_0|}{2}$

(3) $K = \dfrac{1}{3\sqrt{2}}, \rho = 3\sqrt{2}$

2. $x = \dfrac{\pi}{2}$ 处曲率 K 最大且曲率半径 ρ 最小, ρ 最小: $\rho = 1$

3. $K = 2, \rho = 0.5$

4. 当 $x = -\dfrac{b}{2a}$ 时, K 最大. 抛物线在顶点处的曲率最大

5. $K = \dfrac{4\sqrt{5}}{25}, \rho = \dfrac{5\sqrt{5}}{4}$

6. $K = \dfrac{b}{a^2}, \rho = \dfrac{a^2}{b}$

习 题 3-7

1. $x = 2500$

2. (1) 日产量为 100 吨时的边际成本为 10 元

(2) 日产量为 100 吨时的平均单位成本为 22 元

3. (1) 生产 900 单位时的平均单位成本为 $\dfrac{C(900)}{900} = \dfrac{2000}{900} \approx 2.22$

(2) 生产 900 到 1000 单位时总成本的平均变化率为

$$\frac{C(1000) - C(900)}{1000 - 900} \approx \frac{2211 - 2000}{100} = 2.11$$

(3) 生产 900 单位时的边际成本为 $C'(900) = \dfrac{900}{450} = 2$

生产 1000 单位时的边际成本为 $C'(1000) = \dfrac{1000}{450} \approx 2.22$

4. 生产 50 单位产品时的总收益为 $R(50) = 9975$

生产 50 单位产品时的平均单位产品的收益为 $\dfrac{R(50)}{50} = \dfrac{9975}{50} = 199.5$

生产 50 单位产品时的边际收益为 $R'(50) = 199$

5. 当产量为 50000 单位时获得的利润最大

6. (1) 当需求量为 10 时, 总收益为 $R(10) = 8 \times 10 - \dfrac{1}{4} \times 10^2 = 55$

平均收敛益为 $\dfrac{R(10)}{10} = \dfrac{55}{10} = 5.5$, 边际收益为 $R'(10) = \left. \left(8 - \dfrac{2}{4}Q\right) \right|_{Q=10} = 3$

当需求量为 30 时, 总收益为 $R(30) = 8 \times 30 - \dfrac{1}{4} \times 30^2 = 15$

平均收敛益为 $\dfrac{R(30)}{30} = \dfrac{15}{30} = 0.5$, 边际收益为 $R'(30) = \left. \left(8 - \dfrac{2}{4}Q\right) \right|_{Q=30} = -7$

(2) 当需求量为 16 时总收益最大

7. 当需求量 $Q = 15$ 时工厂日总利润最大

8. 需求 Q 对于价格 P 的弹性函数: $\eta(P) = f'(P)\dfrac{P}{f(P)} = -P\ln 4$

9. 当 $P = 3, P = 4, P = 5$ 时的需求弹性分别为 $\eta(3) = -\dfrac{3}{4}$, $\eta(4) = -1$, $\eta(5) = -\dfrac{5}{4}$

10. 供给弹性函数为 $\varepsilon(P) = \dfrac{3P}{2 + 3P}$, 当 $P = 3$ 时的供给弹性为 $\varepsilon(3) = \dfrac{3 \times 3}{2 + 3 \times 3} = \dfrac{9}{11}$

单元自测题 3

1. 0　　　2. $\sqrt{\dfrac{7}{3}}$　　　3. $\dfrac{1}{\ln 2} - 1$　　　4—7. 略

8. (1) 1　(2) 2　(3) $\cos a$　(4) 1　(5) $\dfrac{1}{e}$　(6) 0　(7) 1　(8) $\dfrac{1}{3}$　(9) 1　(10) $\dfrac{2}{\pi}$　(11) 1

(12) 提示: 设 $y = \left[\dfrac{a_1^{\frac{1}{x}} + a_2^{\frac{1}{x}} + \cdots + a_n^{\frac{1}{x}}}{n}\right]^{nx}$, 则 $\lim\limits_{x \to \infty} \ln y = \ln(a_1 a_2 \cdots a_n)$, 原式 $=$ $a_1 a_2 \cdots a_n$

9. (1) 在 $(-\infty, -1], [3, +\infty)$ 上单调递增, 在 $[-1, 3]$ 上单调递减

(2) 在 $(0, 2]$ 上单调递减, 在 $[2, +\infty)$ 上单调递增

(3) 在 $(-\infty, 0), \left(0, \dfrac{1}{2}\right], [1, +\infty)$ 内单调递减, 在 $\left[\dfrac{1}{2}, 1\right]$ 上单调递增

(4) 在 $(-\infty, +\infty)$ 内单调递增

10. (1) 拐点 $\left(\dfrac{5}{3}, \dfrac{20}{27}\right)$, 在 $\left(-\infty, \dfrac{5}{3}\right)$ 上凸, 在 $\left[\dfrac{5}{3}, +\infty\right)$ 上凹

(2) 拐点 $\left(2, \dfrac{2}{e^2}\right)$, 在 $(-\infty, 2]$ 上凸, 在 $[2, +\infty)$ 上凹

(3) 没有拐点, 处处是凹的

(4) 拐点 $(-1, \ln 2), (1, \ln 2)$, 在 $(-\infty, -1], [1, +\infty)$ 上凸, 在 $[-1, 1]$ 上凹

11. 略

12. $a = -\dfrac{3}{2}, b = \dfrac{9}{2}$

13. (1) 极小值 $y(0) = 0$,   (2) 极大值 $y\left(\dfrac{3}{4}\right) = \dfrac{5}{4}$

    (3) 极大值 $y(e) = e^{\frac{1}{e}}$ (4) 没有极值

14. (1) 最大值 $y(4) = 80$, 最小值 $y(-1) = -5$

(2) 最大值 $y(3) = 11$, 最小值 $y(2) = -14$

(3) 最大值 $y\left(\dfrac{3}{4}\right) = 1.25$, 最小值 $y(-5) = -5 + \sqrt{6}$

15. 提示: 先用零点定理证明在 $[0, 1]$ 上存在正根, 再用罗尔定理证明唯一性

16. $r = \sqrt[3]{\dfrac{v}{2\pi}}, h = 2\sqrt[3]{\dfrac{v}{2\pi}}, d : h = 1 : 1$

17. 底宽 $\sqrt{\dfrac{40}{4 + \pi}}$m

18. $x = 3$

19. 一段为 $\dfrac{\pi L}{1 + \pi}$ 作圆, 另一段 $\dfrac{L}{1 + \pi}$ 作正方形

20. 长为 18m, 宽为 12m

21. $K = 2, \rho = 0.5$

习 题 4-1

1. (1) $\displaystyle\int (1 - 4x^3)\mathrm{d}x = x - x^4 + C$

(2) $\displaystyle\int (3^x + x^3)\mathrm{d}x = \frac{3^x}{\ln 3} + \frac{1}{4}x^4 + C$

(3) $\displaystyle\int \left(\sqrt[3]{x} - \frac{1}{\sqrt{x}} \right)\mathrm{d}x = \frac{3}{4}x^{\frac{4}{3}} - 2x^{\frac{1}{2}} + C$

(4) $\displaystyle\int \left(\frac{x}{2} - \frac{1}{x} + \frac{3}{x^3} - \frac{4}{x^4} \right)\mathrm{d}x = \frac{1}{4}x^2 - \ln|x| - \frac{3}{2}x^{-2} + \frac{4}{3}x^{-3} + C$

(5) $\displaystyle\int \sqrt[3]{x}(x-3)\mathrm{d}x = \frac{3}{7}x^{\frac{7}{3}} - \frac{9}{4}x^{\frac{4}{3}} + C$

(6) $\displaystyle\int \frac{(t+1)^3}{t^2}\mathrm{d}t = \frac{1}{2}t^2 + 3t + 3\ln|t| - \frac{1}{t} + C$

(7) $\displaystyle\int \frac{x^2 + \sqrt{x^3} + 3}{\sqrt{x}}\mathrm{d}x = \frac{2}{5}x^{\frac{5}{2}} + \frac{1}{2}x^2 + 6x^{\frac{1}{2}} + C$

(8) $\displaystyle\int \frac{x^2}{x^2+1}\mathrm{d}x = x - \arctan x + C$

(9) $\displaystyle\int \sin^2 \frac{u}{2}\mathrm{d}u = \frac{1}{2}(u - \sin u) + C$

(10) $\displaystyle\int \cot^2 x\,\mathrm{d}x = -\cot x - x + C$

(11) $\displaystyle\int \frac{\cos 2x}{\cos x + \sin x}\mathrm{d}x = \sin x + \cos x + C$

(12) $\displaystyle\int \sqrt{\sqrt{x\sqrt{x\sqrt{x}}}}\,\mathrm{d}x = \frac{16}{23}x^{\frac{23}{16}} + C$

(13) $\displaystyle\int \frac{\mathrm{e}^{2t} - 1}{\mathrm{e}^t - 1}\mathrm{d}t = \mathrm{e}^t + t + C$

(14) $\displaystyle\int \frac{\mathrm{d}x}{x^2(1+x^2)} = -\frac{1}{x} - \arctan x + C$

(15) $\displaystyle\int \frac{2 \cdot 3^x - 5 \cdot 2^x}{3^x}\mathrm{d}x = \int 2 - 5\left(\frac{2}{3}\right)^x \mathrm{d}x = 2x - 5\left(\frac{2}{3}\right)^x \Big/ \ln\left(\frac{2}{3}\right) + C$

(16) $\displaystyle\int \frac{\cos 2x}{\cos^2 x \sin^2 x}\mathrm{d}x = \int \csc^2 x - \sec^2 x\,\mathrm{d}x = -\cot x - \tan x + C$

2. $y = 1 + \ln x$

习 题 4-2

1. (1) $\displaystyle\int (1+3x)^{\frac{1}{2}}\mathrm{d}x = \frac{2}{9}(1+3x)^{\frac{3}{2}} + C$

(2) $\displaystyle\int \frac{\mathrm{d}x}{(2x+3)^2} = -\frac{1}{2} \cdot \frac{1}{2x+3} + C$

(3) $\displaystyle\int \frac{2x}{1+x^2}\mathrm{d}x = \ln(1+x^2) + C$

(4) $\displaystyle\int \mathrm{e}^{3x+2}\mathrm{d}x = \frac{1}{3}\mathrm{e}^{3x+2} + C$

(5) $\displaystyle\int \frac{(\ln x)^2}{x}\mathrm{d}x = \frac{1}{3}(\ln x)^3 + C$

(6) $\displaystyle\int a^{-x}\mathrm{d}x = -\frac{a^{-x}}{\ln a} + C$

(7) $\displaystyle\int \frac{\mathrm{e}^{\frac{1}{x}}}{x^2}\mathrm{d}x = -\int \mathrm{e}^{\frac{1}{x}}\mathrm{d}\frac{1}{x} = -\mathrm{e}^{\frac{1}{x}} + C$

(8) $\displaystyle\int x\sqrt{x^2+1}\,\mathrm{d}x = \frac{1}{3}(x^2+1)^{\frac{3}{2}} + C$

(9) $\displaystyle\int \frac{\mathrm{d}v}{\sqrt{1-2v}} = -\sqrt{1-2v} + C$

(10) $\displaystyle\int \frac{x^2}{\sqrt[3]{(x^3-5)^2}}\mathrm{d}x = (x^3-5)^{\frac{1}{3}} + C$

(11) $\displaystyle\int \frac{2x-1}{x^2-x+3}\mathrm{d}x = \ln|x^2-x+3| + C$

(12) $\displaystyle\int \frac{\mathrm{d}t}{t\ln t} = \int \frac{1}{\ln t}\mathrm{d}\ln t = \ln|\ln t| + C$

(13) $\displaystyle\int \frac{\mathrm{e}^x}{\mathrm{e}^x+1}\mathrm{d}x = \int \frac{1}{\mathrm{e}^x+1}\mathrm{d}(\mathrm{e}^x+1) = \ln(\mathrm{e}^x+1) + C$

(14) $\displaystyle\int \frac{x-1}{x^2+1}\mathrm{d}x = \frac{1}{2}\ln(x^2+1) - \arctan x + C$

(15) $\displaystyle\int \frac{\mathrm{d}x}{4+9x^2} = \frac{1}{6}\arctan\frac{3}{2}x + C$

(16) $\displaystyle\int \frac{\mathrm{d}x}{4x^2+4x+5} = \frac{1}{4}\arctan\left(x+\frac{1}{2}\right) + C$

(17) $\displaystyle\int \frac{\mathrm{d}x}{\sqrt{4-9x^2}} = \frac{1}{3}\arcsin\frac{3}{2}x + C$

(18) $\displaystyle\int \frac{\mathrm{d}x}{\sqrt{4-2x-x^2}} = \arcsin\frac{1+x}{\sqrt{5}} + C$

(19) $\displaystyle\int \frac{\mathrm{d}x}{4-x^2} = \frac{1}{4}[\ln|2+x| - \ln|2-x|] + C = \frac{1}{4}\ln\left|\frac{2+x}{2-x}\right| + C$

(20) $\displaystyle\int \frac{\mathrm{d}x}{4-9x^2} = \frac{1}{12}\ln\left|\frac{2+3x}{2-3x}\right| + C$

(21) $\displaystyle\int \sin 3x\,\mathrm{d}x = \frac{1}{3}\int \sin 3x\,\mathrm{d}3x = -\frac{1}{3}\cos 3x + C$

(22) $\displaystyle\int \cos\frac{2}{3}x\,\mathrm{d}x = \frac{3}{2}\int \cos\frac{2}{3}x\,\mathrm{d}\frac{2}{3}x = \frac{3}{2}\sin\frac{2}{3}x + C$

(23) $\displaystyle\int \sin^2 3x\,\mathrm{d}x = \frac{1}{2}x - \frac{1}{12}\sin 6x + C$

(24) $\displaystyle\int \mathrm{e}^{\sin x}\cos x\,\mathrm{d}x = \int \mathrm{e}^{\sin x}\mathrm{d}\sin x = \mathrm{e}^{\sin x} + C$

(25) $\int e^x \cos e^x dx = \int \cos e^x de^x = \sin e^x + C$

(26) $\int \sin^3 x dx = -\cos x + \dfrac{1}{3} \cos^3 x + C$

(27) $\int \cos^5 x dx = \sin x - \dfrac{2}{3} \sin^3 x + \dfrac{1}{5} \sin^5 x + C$

(28) $\int \sin^2 x \cos^5 x dx = \dfrac{1}{3} \sin^3 x - \dfrac{2}{5} \sin^5 x + \dfrac{1}{7} \sin^7 x + C$

(29) $\int \tan^4 x dx = \dfrac{1}{3} \tan^3 x - \tan x + x + C$

(30) $\int \dfrac{dx}{\sin^4 x} = -\cot x - \dfrac{1}{3} \cot^3 x + C$

(31) $\int \tan^3 x dx = \dfrac{1}{2\cos^2 x} + \ln|\cos x| + C$

(32) $\int \dfrac{dt}{e^t + e^{-t}} = \arctan e^t + C$

(33) $\int \dfrac{dx}{e^x - 1} = \int \dfrac{e^x dx}{e^x - 1} - \int dx = \ln|e^x - 1| - x + C$

(34) $\int \dfrac{dx}{\sqrt{e^{2x} - 1}} = \arcsin e^{-x} + C$

(35) $\int \dfrac{dx}{x\sqrt{1 + \ln x}} = 2\sqrt{1 + \ln x} + C$

(36) $\int \dfrac{x + \ln x^2}{x} dx = x + \ln^2 x + C$

(37) $\int \dfrac{dx}{x(1 + x^6)} = \ln|x| - \dfrac{1}{6} \ln|x^6 + 1| + C$

(38) $\int \dfrac{(\arctan x)^2}{1 + x^2} dx = \dfrac{1}{3} (\arctan x)^3 + C$

(39) $\int \dfrac{e^x dx}{\arcsin e^x \cdot \sqrt{1 - e^{2x}}} = \ln|\arcsin e^x| + C$

2. (1) $\int x\sqrt{x + a^2} dx = \dfrac{2}{5} (x + a^2)^{\frac{5}{2}} - \dfrac{2}{3} a^2 (x + a^2)^{\frac{3}{2}} + C$

(2) $\int \dfrac{dx}{\sqrt{2x + 5} + 1} = \sqrt{2x + 5} - \ln(\sqrt{2x + 5} + 1) + C$

(3) $\int \dfrac{x}{\sqrt[4]{3x + 1}} dx = \dfrac{4}{63} (3x + 1)^{\frac{7}{4}} - \dfrac{4}{27} (3x + 1)^{\frac{3}{4}} + C$

(4) $\int \dfrac{1}{\sqrt{x} + \sqrt[3]{x}} dx = 2\sqrt{x} - 3\sqrt[3]{x} + 6\sqrt[6]{x} - 6\ln(\sqrt[6]{x} + 1) + C$

(5) $\int \dfrac{e^{2x}}{\sqrt[4]{1 + e^x}} dx = \dfrac{4}{7} \sqrt[4]{(1 + e^x)^7} - \dfrac{4}{3} \sqrt[4]{(1 + e^x)^3} + C$

(6) $\displaystyle\int x\cdot\sqrt[4]{2x+3}\,\mathrm{d}x=\frac{1}{9}(2x+3)^{\frac{9}{4}}-\frac{3}{5}(2x+3)^{\frac{5}{4}}+C$

(7) $\displaystyle\int\frac{1}{1+\sqrt{x}}\,\mathrm{d}x=2(t-\ln|1+t|)+C=2[\sqrt{x}-\ln(1+\sqrt{x})]+C$

(8) $\displaystyle\int\sqrt{\frac{x}{1-x\sqrt{x}}}\,\mathrm{d}x=-\frac{4}{3}\sqrt{1-x\sqrt{x}}+C$

(9) $\displaystyle\int\frac{1}{\sqrt[3]{x+1}+1}\,\mathrm{d}x=\frac{3}{2}\sqrt[3]{(x+1)^2}-3\sqrt[3]{x+1}+3\ln|\sqrt[3]{x+1}+1|+C$

(10) $\displaystyle\int\frac{1+\sqrt[3]{1+x}}{\sqrt{1+x}}\,\mathrm{d}x=2\sqrt{1+x}+\frac{6}{5}\sqrt[6]{(1+x)^5}+C$

(11) $\displaystyle\int(1-x^2)^{-\frac{3}{2}}\,\mathrm{d}x=\frac{x}{\sqrt{1-x^2}}+C$

(12) $\displaystyle\int\frac{\mathrm{d}x}{(1+x^2)^2}=\frac{1}{2}\left(\arctan x+\frac{x}{1+x^2}\right)+C$

(13) $\displaystyle\int\frac{\mathrm{d}x}{(a^2+x^2)^{\frac{3}{2}}}=\frac{1}{a^2}\frac{x}{\sqrt{a^2+x^2}}+C$

(14) $\displaystyle\int\frac{\mathrm{d}x}{x\sqrt{x^2-1}}=\arccos\frac{1}{x}+C$

(15) $\displaystyle\int\frac{x^2}{\sqrt{1-x^2}}\,\mathrm{d}x=\frac{1}{2}(\arcsin x-x\sqrt{1-x^2})+C$

(16) $\displaystyle\int\frac{\mathrm{d}x}{\sqrt{9x^2-4}}=\frac{1}{3}\ln|3x+\sqrt{9x^2-4}|+C$

(17) $\displaystyle\int\frac{\mathrm{d}x}{\sqrt{9x^2-6x+7}}=\frac{1}{3}\ln|\sqrt{9x^2-6x+7}+3x-1|+C$

(18) $\displaystyle\int\frac{1}{\mathrm{e}^x-1}\,\mathrm{d}x=\ln|\mathrm{e}^x-1|-x+C$

(19) $\displaystyle\int\frac{1-\ln x}{(x-\ln x)^2}\,\mathrm{d}x=\frac{x}{x-\ln x}+C$

习 题 4-3

1. (1) $\displaystyle\int x\mathrm{e}^{2x}\,\mathrm{d}x=\frac{1}{2}x\mathrm{e}^{2x}-\frac{1}{4}\mathrm{e}^{2x}+C$

(2) $\displaystyle\int x\sin x\,\mathrm{d}x=-x\cos x+\sin x+C$

(3) $\displaystyle\int\arctan x\,\mathrm{d}x=x\arctan x-\frac{1}{2}\ln(1+x^2)+C$

(4) $\displaystyle\int\ln(x^2+1)\,\mathrm{d}x=x\cdot\ln(x^2+1)-2x+2\arctan x+C$

(5) $\displaystyle\int \frac{\ln x}{x^2}\mathrm{d}x = -\frac{1}{x}(\ln x + 1) + C$

(6) $\displaystyle\int x^n \ln x\mathrm{d}x = \frac{1}{n+1}x^{n+1}\left(\ln x - \frac{1}{n+1}\right) + C$

(7) $\displaystyle\int x^2\mathrm{e}^{-x}\mathrm{d}x = -\mathrm{e}^{-x}(x^2 + 2x + 2) + C$

(8) $\displaystyle\int x^3(\ln x)^2\mathrm{d}x = \frac{1}{8}x^4\left(2\ln^2 x - \ln x + \frac{1}{4}\right) + C$

(9) $\displaystyle\int \sec^3 x\mathrm{d}x = \frac{1}{2}(\sec x \tan x + \ln|\sec x + \tan x|) + C$

(10) $\displaystyle\int \mathrm{e}^{\sqrt{x}}\mathrm{d}x = 2\mathrm{e}^{\sqrt{x}}(\sqrt{x} - 1) + C$

(11) $\displaystyle\int \frac{\ln\ln x}{x}\mathrm{d}x = \ln x(\ln\ln x - 1) + C$

2. (1) $\displaystyle\int \ln\left(x + \sqrt{1+x^2}\right)\mathrm{d}x = x\ln(x + \sqrt{1+x^2}) - \sqrt{1+x^2} + C$

(2) $\displaystyle\int xf''(x)\mathrm{d}x = xf'(x) - f(x) + C$

(3) $\displaystyle\int x\tan x\sec^2 x\mathrm{d}x = \frac{x}{2}\tan^2 x - \frac{1}{2}(\tan x - x) + C$

(4) $\displaystyle\int \frac{\ln\cos x}{\cos^2 x}\mathrm{d}x = \int \ln\cos x\mathrm{d}\tan x = \tan x\ln\cos x + \tan x - x + C$

习 题 4-4

1. (1) $\displaystyle\int \frac{\mathrm{d}x}{1+\sin x} = \tan x - \sec x + C$

(2) $\displaystyle\int \frac{x\mathrm{e}^x}{\sqrt{\mathrm{e}^x - 1}}\mathrm{d}x = 2x\sqrt{\mathrm{e}^x - 1} - 4\sqrt{\mathrm{e}^x - 1} + 4\arctan\sqrt{\mathrm{e}^x - 1} + C$

(3) $\displaystyle\int \frac{\mathrm{d}x}{1+\tan x} = \frac{1}{2}\left[\ln|1+\tan x| + x - \frac{1}{2}\ln(1+\tan^2 x)\right] + C$

(4) $\displaystyle\int \frac{\mathrm{d}x}{x^3 + 1} = \frac{1}{6}\ln\frac{(x+1)^2}{x^2 - x + 1} + \frac{1}{\sqrt{3}}\arctan\frac{2x-1}{\sqrt{3}} + C$

(5) $\displaystyle\int \frac{x}{(x^2+1)(x^2+3)}\mathrm{d}x = \frac{1}{4}\ln\left|\frac{x^2+1}{x^2+3}\right| + C$

(6) $\displaystyle\int \frac{\mathrm{d}x}{\sqrt{x - x^2}} = \int \frac{\mathrm{d}(2x-1)}{\sqrt{1-(2x-1)^2}} = \arcsin(2x - 1) + C$

(7) $\displaystyle\int \sqrt{\frac{a+x}{a-x}}\mathrm{d}x = a\arcsin\frac{x}{a} - \sqrt{a^2 - x^2} + C$

(8) $\int \dfrac{\mathrm{d}x}{x^4-1} = \dfrac{1}{4}\ln\left|\dfrac{x-1}{x+1}\right| - \dfrac{1}{2}\arctan x + C$

(9) $\int \dfrac{x^2\mathrm{e}^x}{(2+x)^2}\mathrm{d}x = -\dfrac{x^2\mathrm{e}^x}{2+x} + x\mathrm{e}^x - \int \mathrm{e}^x\mathrm{d}x = -\dfrac{x^2\mathrm{e}^x}{2+x} + x\mathrm{e}^x - \mathrm{e}^x + C$

(10) $\int \dfrac{\sqrt{x(x+1)}}{\sqrt{x}+\sqrt{x+1}}\mathrm{d}x = \dfrac{2}{5}(x+1)^{\frac{5}{2}} - \dfrac{2}{3}(x+1)^{\frac{3}{2}} + \dfrac{2}{5}x^{\frac{5}{2}} + \dfrac{2}{3}x^{\frac{3}{2}} + C$

(11) $\int \dfrac{x^3}{x+3}\mathrm{d}x = \dfrac{1}{3}x^3 - \dfrac{3}{2}x^2 + 9x - 27\ln|x+3| + C$

(12) $\int \dfrac{x^2+3x+4}{x-1}\mathrm{d}x = \dfrac{1}{2}x^2 + 4x + 8\ln|x-1| + C$

(13) $\int \dfrac{2x+3}{x^2+3x-10}\mathrm{d}x = \int \dfrac{\mathrm{d}(x^2+3x-10)}{x^2+3x-10} = \ln|x^2+3x-10| + C$

2. (1) $\int \dfrac{\mathrm{d}x}{\sin^2 x+3} = \int \dfrac{\mathrm{d}u}{3+4u^2} \underline{\underline{u=\tan x}} \dfrac{1}{2\sqrt{3}}\arctan\left(\dfrac{2}{\sqrt{3}}\tan x\right) + C$

(2) $\int \dfrac{\mathrm{d}x}{2+\sin x} = \int \dfrac{\mathrm{d}u}{1+u+u^2} \underline{\underline{u=\tan\frac{x}{2}}} \dfrac{2}{\sqrt{3}}\arctan\dfrac{2\tan\frac{x}{2}+1}{\sqrt{3}} + C$

3. (1) $\int \dfrac{\mathrm{d}x}{1+\sqrt[4]{x+2}} = \int \dfrac{4t^3\mathrm{d}t}{1+t} \underline{\underline{t=\sqrt[4]{x+2}}} \dfrac{4}{3}(x+2)^{\frac{3}{4}} - 2(x+2)^{\frac{1}{2}} + (x+2)^{\frac{1}{4}} + \ln\left(\sqrt[4]{x+2}+1\right) + C$

(2) $\int \dfrac{(\sqrt{x})^3+8}{\sqrt{x}+2}\mathrm{d}x = \int x+4-2\sqrt{x}\mathrm{d}x = \dfrac{1}{2}x^2 + 4x - \dfrac{4}{3}x^{\frac{4}{3}} + C$

单元自测题 4

一、1. C 2. A 3. D 4. B 5. D 6. C 7. B 8. A 9. D 10. B

二、1. $-\dfrac{1}{2}\ln|3-2x| + C$ 2. $-\mathrm{e}^{-\frac{x^2}{2}} + C$ 3. $\dfrac{1}{2}\ln^2 x + C$

4. $\dfrac{1}{3}\sqrt{(1+x^2)^3} + C$ 5. $\dfrac{1}{3}\cos^3 x - \cos x + C$ 6. $-x\mathrm{e}^{-x} - \mathrm{e}^{-x} + C$

7. $\ln\dfrac{\mathrm{e}^x}{\mathrm{e}^x+1} + C$ 8. $\dfrac{1}{2}x^2 - \dfrac{1}{2}\ln(1+x^2) + C$ 9. $-x\cos x + \sin x + C$

10. $x\ln x - x + C$ 11. $\dfrac{1}{\sqrt{2}}\arctan\dfrac{x}{\sqrt{2}} + C$ 12. $\dfrac{1}{3}\arctan\dfrac{x+2}{3} + C$

三、1. $\int (1+x^{\frac{3}{2}})\sqrt{x}\mathrm{d}x = \int \sqrt{x}\mathrm{d}x + \int x^2\mathrm{d}x = \dfrac{2}{3}x^{\frac{3}{2}} + \dfrac{x^3}{3} + C$

2. $\int \cot^2 x\mathrm{d}x = \int (\csc^2 x-1)\mathrm{d}x = \int \csc^2 x\mathrm{d}x - \int \mathrm{d}x = -\cot x - x + C$

3. $\int \dfrac{\cos\sqrt{x}}{\sqrt{x}}\mathrm{d}x = 2\int \cos\sqrt{x}\mathrm{d}(\sqrt{x}) = 2\sin\sqrt{x} + C$

4. $\displaystyle\int \frac{4\sin^3 x - 1}{\sin^2 x}\,\mathrm{d}x = \int 4\sin x \,\mathrm{d}x - \int \csc^2 x \,\mathrm{d}x = -4\cos x + \cot x + C$

5. $\displaystyle\int \frac{x^3 - 27}{x - 3}\,\mathrm{d}x = \int (x^2 + 3x + 9)\,\mathrm{d}x = \frac{x^3}{3} + \frac{3}{2}x^2 + 9x + C$

6. $\displaystyle\int \frac{\sin x}{1 + \cos x}\,\mathrm{d}x = -\int \frac{\mathrm{d}(\cos x)}{1 + \cos x} = -\ln(1 + \cos x) + C$

7. $2\mathrm{e}^{-x^2}(2x^2 - 1)$

8. $\displaystyle\int (a\mathrm{e})^x \,\mathrm{d}x = \frac{1}{1 + \ln a}(a\mathrm{e})^x + C = \frac{1}{1 + \ln a}a^x \mathrm{e}^x + C$

9. 设该函数为 $F(x)$, 则所以

$$F(x) = \int \frac{\mathrm{d}x}{\sqrt{1 - x^2}} = \arcsin x + C,$$

由 $F(1) = \dfrac{2}{3}\pi$, 得 $C = \dfrac{\pi}{6}$. 所以 $F(x) = \arcsin x + \dfrac{\pi}{6}$

10. 因为 $f'(x) = 1 + \dfrac{1}{2\sqrt{x}}$, 所以 $f'(x^2) = 1 + \dfrac{1}{2x}$, 因此

$$\int f'(x^2)\,\mathrm{d}x = \int \left(1 + \frac{1}{2x}\right)\,\mathrm{d}x = x + \frac{1}{2}\ln x + C$$

11. 令 $x = a\sec t, \mathrm{d}x = a\sec t \cdot \tan t \mathrm{d}t, 0 < t < \dfrac{\pi}{2}$, 所以

$$原式 = \int \frac{a\sec t \cdot \tan t \mathrm{d}t}{a\sec t \cdot a\tan t} = \frac{1}{a}\int \mathrm{d}t = \frac{t}{a} + C = \frac{1}{a}\arccos \frac{a}{x} + C$$

12. 令 $x = a\sin t, \mathrm{d}x = a\cos t \mathrm{d}t, -\dfrac{\pi}{2} < t < \dfrac{\pi}{2}$, 则

$$原式 = \int \frac{a\cos t \mathrm{d}t}{a^2 \sin^2 t \cdot a\cos t} = \frac{1}{a^2}\int \frac{1}{\sin^2 t}\mathrm{d}t$$

$$= -\frac{1}{a^2}\cot t + C = -\frac{1}{a^2}\frac{\sqrt{a^2 - x^2}}{x} + C$$

13. 令 $x = a\tan t, \ \mathrm{d}x = a\sec^2 t \mathrm{d}t, -\dfrac{\pi}{2} < t < \dfrac{\pi}{2}$, 则

$$原式 = \int \frac{a\sec^2 t \mathrm{d}t}{a^3 \sec^3 t} = \frac{1}{a^2}\int \cos t \mathrm{d}t = \frac{1}{a^2}\sin t + C = \frac{1}{a^2}\frac{x}{\sqrt{x^2 + a^2}} + C$$

14. 原式 $= \displaystyle\int \frac{\mathrm{e}^x \mathrm{d}x}{\mathrm{e}^x (\mathrm{e}^x - 1)}$ (令 $\mathrm{e}^x = u, \ \mathrm{e}^x \mathrm{d}x = \mathrm{d}u$)

$$= \int \frac{\mathrm{d}u}{u(u - 1)} = \int \left(\frac{1}{u - 1} - \frac{1}{u}\right)\mathrm{d}u$$

$$= \ln|u - 1| - \ln|u| + C = \ln\left|\frac{\mathrm{e}^x - 1}{\mathrm{e}^x}\right| + C$$

15. $\int \dfrac{\mathrm{d}x}{\sqrt{x^6 - x^4}} = \int \dfrac{\mathrm{d}x}{x^2 \sqrt{x^2 - 1}}$, 令 $x = \dfrac{1}{t}$, $\mathrm{d}x = -\dfrac{1}{t^2}\mathrm{d}t$, 所以

$$\text{原式} = \int \dfrac{-\dfrac{1}{t^2}\mathrm{d}t}{\left(\dfrac{1}{t}\right)^2 \sqrt{\left(\dfrac{1}{t}\right)^2 - 1}} = -\int \dfrac{t\mathrm{d}t}{\sqrt{1 - t^2}}$$

$$= \dfrac{1}{2} \int \dfrac{\mathrm{d}(1 - t^2)}{\sqrt{1 - t^2}} = \sqrt{1 - t^2} + C$$

$$= \sqrt{1 - \left(\dfrac{1}{x}\right)^2} + C = \dfrac{\sqrt{x^2 - 1}}{x} + C$$

16. $\displaystyle\int x \arctan x \mathrm{d}x = \int \arctan x \mathrm{d}\left(\dfrac{x^2}{2}\right)$

$$= \dfrac{x^2}{2} \cdot \arctan x - \int \dfrac{x^2}{2} \cdot \dfrac{1}{1 + x^2} \mathrm{d}x$$

$$= \dfrac{x^2}{2} \arctan x - \dfrac{1}{2} \int \dfrac{1 + x^2 - 1}{1 + x^2} \mathrm{d}x$$

$$= \dfrac{x^2}{2} \cdot \arctan x - \dfrac{1}{2}x + \dfrac{1}{2} \arctan x + C$$

17. $\displaystyle\int x \sin x \cos x \mathrm{d}x = \dfrac{1}{2} \int x \sin 2x \mathrm{d}x = -\dfrac{1}{4} \int x \mathrm{d}(\cos 2x)$

$$= -\dfrac{1}{4}\left(x \cos 2x - \int \cos 2x \mathrm{d}x\right)$$

$$= -\dfrac{1}{4}x \cos 2x + \dfrac{1}{8} \sin 2x + C$$

18. $\text{原式} = \dfrac{1}{4} \displaystyle\int x^2 \mathrm{d}e^{4x}$

$$= \dfrac{1}{4}x^2 e^{4x} - \int \dfrac{1}{4}e^{4x} \cdot 2x \mathrm{d}x$$

$$= \dfrac{1}{4}x^2 e^{4x} - \dfrac{1}{8} \int x \mathrm{d}e^{4x}$$

$$= \dfrac{1}{4}x^2 e^{4x} - \dfrac{1}{8}\left(x e^{4x} - \int e^{4x} \mathrm{d}x\right)$$

$$= \dfrac{1}{4}x^2 e^{4x} - \dfrac{1}{8}x e^{4x} + \dfrac{1}{32}e^{4x} + C$$

19. $\displaystyle\int \ln^2 x \mathrm{d}x = x \cdot \ln^2 x - \int x \cdot 2\ln x \cdot \frac{1}{x}\mathrm{d}x$

$$= x\ln^2 x - 2\int \ln x \mathrm{d}x$$

$$= x\ln^2 x - 2\left(x\ln x - \int x \cdot \frac{1}{x}\mathrm{d}x\right)$$

$$= x\ln^2 x - 2x\ln x + 2x + C$$

20. $\displaystyle\int \frac{x\arcsin x}{\sqrt{1-x^2}}\mathrm{d}x = -\int \frac{-x}{\sqrt{1-x^2}}\arcsin x \mathrm{d}x$

$$= -\int \arcsin x \mathrm{d}\sqrt{1-x^2}$$

$$= -\sqrt{1-x^2}\cdot\arcsin x + \int \sqrt{1-x^2}\cdot\frac{\mathrm{d}x}{\sqrt{1-x^2}}$$

$$= -\sqrt{1-x^2}\arcsin x + x + C$$

21. 原式 $\displaystyle= \int \ln\cos x \mathrm{d}(\tan x)$

$$= \tan x \cdot \ln\cos x + \int \tan x \cdot \frac{\sin x}{\cos x}\mathrm{d}x$$

$$= \tan x \cdot \ln\cos x + \int (\sec^2 x - 1)\mathrm{d}x$$

$$= \tan x \cdot \ln\cos x + \tan x - x + C$$

22. $\displaystyle\int \arcsin x \mathrm{d}x = x \cdot \arcsin x - \int \frac{x}{\sqrt{1-x^2}}\mathrm{d}x$

$$= x\arcsin x + \frac{1}{2}\int \frac{\mathrm{d}(1-x^2)}{\sqrt{1-x^2}}$$

$$= x\arcsin x + \sqrt{1-x^2} + C$$

23. $\displaystyle\int \ln(x+\sqrt{1+x^2})\mathrm{d}x = x\ln(1+\sqrt{1+x^2}) - \int x \mathrm{d}(\ln(x+\sqrt{1+x^2}))$

$$= x\ln(x+\sqrt{1+x^2}) - \int x \cdot \frac{\mathrm{d}x}{\sqrt{1+x^2}}$$

$$= x\ln(x+\sqrt{1+x^2}) - \frac{1}{2}\int \frac{\mathrm{d}(1+x^2)}{\sqrt{1+x^2}}$$

$$= x\ln(x+\sqrt{1+x^2}) - \sqrt{1+x^2} + C$$

24. $\displaystyle\int 2\cdot\sin^2\frac{x}{2}\mathrm{d}x=\int 1-\cos x\mathrm{d}x=x-\sin x+C$

25. 原式 $\displaystyle=\frac{1}{4}\int\frac{x^4\mathrm{d}x^4}{1+x^4}=\frac{1}{4}\int\frac{x^4+1-1}{1+x^4}\mathrm{d}x^4$

$$=\frac{1}{4}\int\mathrm{d}x^4-\frac{1}{4}\int\frac{\mathrm{d}(x^4+1)}{1+x^4}$$

$$=\frac{1}{4}x^4-\frac{1}{4}\ln(1+x^4)+C$$

26. $\displaystyle\int x^3\mathrm{e}^{-\frac{x^2}{2}}\mathrm{d}x=\int -x^2\left(-x\mathrm{e}^{-\frac{x^2}{2}}\right)\mathrm{d}x$

$$=\int -x^2\mathrm{d}\left(\mathrm{e}^{-\frac{x^2}{2}}\right)=-x^2\cdot\mathrm{e}^{-\frac{x^2}{2}}+\int 2x\mathrm{e}^{-\frac{x^2}{2}}\mathrm{d}x$$

$$=-x^2\cdot\mathrm{e}^{-\frac{x^2}{2}}-2\mathrm{e}^{-\frac{x^2}{2}}+C$$

27. 原式 $\displaystyle=\int\frac{1}{1+x}\mathrm{e}^x\mathrm{d}x-\int\frac{\mathrm{e}^x}{(1+x)^2}\mathrm{d}x$，而 $\displaystyle\int\frac{1}{1+x}\mathrm{e}^x\mathrm{d}x=\frac{1}{x+1}\mathrm{e}^x+\int\frac{\mathrm{e}^x}{(1+x)^2}\mathrm{d}x$，

故 $\displaystyle\int\frac{x\mathrm{e}^x}{(1+x)^2}\mathrm{d}x=\frac{1}{x+1}\mathrm{e}^x+C$

习 题 5-1

1—3. 略

习 题 5-2

1. (1) $\displaystyle-\frac{\sin\cos x}{\cos x}\sin x$ 　　(2) e^{-t^2} 　　(3) $2x\sqrt{1+x^4}$ 　　(4) $\displaystyle\frac{3x^2}{\sqrt{1+x^6}}-\frac{2x}{\sqrt{1+x^4}}$

2. (1) $\displaystyle\int_2^6(x^2-1)\mathrm{d}x=\left[\frac{1}{3}x^3-x\right]_2^6=\left(\frac{216}{3}-6\right)-\left(\frac{8}{3}-2\right)=\frac{196}{3}$

(2) $\displaystyle\int_{-1}^1(x^3-3x^2)\mathrm{d}x=\left[\frac{1}{4}x^4-x^3\right]_{-1}^1=\left(\frac{1}{4}-1\right)-\left(\frac{1}{4}+1\right)=-2$

(3) $\displaystyle\int_1^{27}\frac{\mathrm{d}x}{\sqrt[3]{x}}=\left[\frac{3}{2}x^{\frac{2}{3}}\right]_1^{27}=\frac{27}{2}-\frac{3}{2}=12$

(4) $\displaystyle\int_{-2}^3(x-1)^3\mathrm{d}x=\left[\frac{1}{4}(x-1)^4\right]_{-2}^3=\frac{1}{4}(16-81)=-\frac{65}{4}$

(5) $\displaystyle\int_0^a(\sqrt{a}-\sqrt{x})^2\mathrm{d}x=\left[ax-\frac{4}{3}\sqrt{a}\sqrt{x^3}+\frac{1}{2}x^2\right]_0^a=\frac{1}{6}a^2$

(6) $\displaystyle\int_0^5\frac{x^3}{x^2+1}\mathrm{d}x=\frac{1}{2}\left[x^2-\ln(x^2+1)\right]_0^5=\frac{1}{2}(25-\ln 26)$

(7) $\displaystyle\int_0^5 \frac{2x^2 + 3x - 5}{2x + 3}\mathrm{d}x = \left[\frac{x^2}{2} - \frac{5}{2}\ln(2x + 3)\right]_0^5 = \frac{25}{2} - \frac{5}{2}\ln 13$

(8) $\displaystyle\int_0^3 \mathrm{e}^{\frac{x}{3}}\mathrm{d}x = \left[3\mathrm{e}^{\frac{x}{3}}\right]_0^3 = 3\mathrm{e} - 3 = 3(\mathrm{e} - 1)$

(9) $\displaystyle\int_0^1 \frac{x}{x^2 + 1}\mathrm{d}x = \frac{1}{2}\int_0^1 \frac{1}{x^2 + 1}\mathrm{d}x^2 = \frac{1}{2}\left[\ln\left(x^2 + 1\right)\right]_0^1 = \frac{1}{2}\ln 2$

(10) $\displaystyle\int_{-1}^1 \frac{x\mathrm{d}x}{(x^2 + 1)^2} = \frac{1}{2}\int_{-1}^1 \frac{\mathrm{d}x^2}{(x^2 + 1)^2} = \left[-\frac{1}{2}\frac{1}{x^2 + 1}\right]_{-1}^1 = 0$

(11) $\displaystyle\int_1^2 \frac{\mathrm{e}^{\frac{1}{x}}}{x^2}\mathrm{d}x = -\int_1^2 \mathrm{e}^{\frac{1}{x}}\mathrm{d}\frac{1}{x} = \left[-\mathrm{e}^{\frac{1}{x}}\right]_1^2 = \mathrm{e} - \sqrt{\mathrm{e}}$

(12) $\displaystyle\int_0^\pi \cos^2\frac{x}{2}\mathrm{d}x = \int_0^\pi \frac{1 + \cos x}{2}\mathrm{d}x = \left[\frac{1}{2}x + \frac{1}{2}\sin x\right]_0^\pi = \frac{\pi}{2}$

(13) $\displaystyle\int_{-1}^2 |2x|\mathrm{d}x = -\int_{-1}^0 2x\mathrm{d}x + \int_0^2 2x\mathrm{d}x = \left[-x^2\right]_{-1}^0 + \left[x^2\right]_0^2 = 5$

(14) $\displaystyle\int_0^{2\pi} |\cos x|\mathrm{d}x = [\sin x]_0^{\frac{\pi}{2}} + [-\sin x]_{\frac{\pi}{2}}^{\frac{3\pi}{2}} + [\sin x]_{\frac{3\pi}{2}}^{2\pi} = 4$

(15) $\displaystyle\int_{-1}^2 |x^2 - x|\mathrm{d}x = \frac{11}{6}$

3. (1) $\displaystyle\lim_{x\to 0}\frac{\displaystyle\int_0^x \cos^2 t\mathrm{d}t}{x} = \lim_{x\to 0}\frac{\left[\displaystyle\int_0^x \cos^2 t\mathrm{d}t\right]'}{(x)'} = \lim_{x\to 0}\frac{\cos^2 x}{1} = 1$

(2) $\displaystyle\lim_{x\to 0}\frac{\displaystyle\int_0^x \arctan t\mathrm{d}t}{x^2} = \lim_{x\to 0}\frac{\left[\displaystyle\int_0^x \arctan t\mathrm{d}t\right]'}{(x^2)'} = \lim_{x\to 0}\frac{\arctan x}{2x} = \lim_{x\to 0}\frac{\dfrac{1}{1 + x^2}}{2} = \frac{1}{2}$

(3) $\displaystyle\lim_{x\to 0}\frac{\displaystyle\int_0^x (\arctan t)^2\,\mathrm{d}t}{\sqrt{1 + x^2} - 1} = \lim_{x\to 0}\frac{\displaystyle\int_0^x (\arctan t)^2\,\mathrm{d}t}{\dfrac{x^2}{2}} = \lim_{x\to 0}\frac{(\arctan x)^2}{x} = \lim_{x\to 0}\frac{x^2}{x} = 0$

习 题 5-3

1. (1) $\displaystyle\int_0^2 \frac{\mathrm{d}x}{1 + \sqrt{x}} = [2u - 2\ln(1 + u)]_0^{\sqrt{2}} = 2\sqrt{2} - 2\ln(1 + \sqrt{2})$

(2) $\displaystyle\int_0^{\ln 3} \mathrm{e}^x(1 + \mathrm{e}^x)^2\mathrm{d}x = \left[\frac{1}{3}(1 + t)^3\right]_1^3 = \frac{56}{3}$

(3) $\displaystyle\int_1^5 \frac{\sqrt{u - 1}}{u}\mathrm{d}u = [2x - 2\arctan x]_0^2 = 4 - 2\arctan 2$

(4) $\displaystyle\int_0^2 \frac{\mathrm{d}x}{\sqrt{x + 1} + \sqrt{(x + 1)^3}} = 2(\arctan\sqrt{3} - \arctan 1) = \frac{\pi}{6}$

(5) $\int_0^{\ln 2} \sqrt{e^x - 1}\,dx = [2u - 2\arctan u]_0^1 = 2 - 2\arctan 1 = 2 - \dfrac{\pi}{2}$

(6) $\int_0^2 \sqrt{4 - x^2}\,dx = [2u + \sin 2u]_0^{\frac{\pi}{2}} = \dfrac{\pi}{2}$

(7) $\int_0^a x^2 \sqrt{a^2 - x^2}\,dx = \dfrac{a^4}{8}\left[u - \dfrac{1}{4}\sin 4u\right]_0^{\frac{\pi}{2}} = \dfrac{a^4}{16}\pi$

(8) $\int_0^1 \dfrac{x^2}{(1 + x^2)^2}\,dx = \dfrac{1}{2}\left[u - \dfrac{1}{2}\sin 2u\right]_0^{\frac{\pi}{4}} = \dfrac{1}{4}\left(\dfrac{\pi}{2} - 1\right)$

(9) $\int_0^1 (1 + x^2)^{-\frac{3}{2}}\,dx = \int_0^{\frac{\pi}{4}} \cos u\,du = [\sin u]_0^{\frac{\pi}{4}} = \dfrac{\sqrt{2}}{2}$

(10) $\int_1^2 \dfrac{\sqrt{x^2 - 1}}{x}\,dx = \sqrt{3} - \dfrac{\pi}{3}$

2—9. 略

习 题 5-4

1. (1) $\int_0^{+\infty} e^{-x}\,dx = \lim\limits_{b \to +\infty} \int_0^b e^{-x}\,dx = -\lim\limits_{b \to +\infty}(e^{-b} - 1) = 1$

(2) $\int_1^{+\infty} \dfrac{dx}{\sqrt{x}} = \lim\limits_{b \to +\infty} \int_1^b \dfrac{1}{\sqrt{x}}\,dx = \lim\limits_{b \to +\infty} 2(\sqrt{b} - 1) = +\infty$

(3) $\int_0^{+\infty} x e^{-x}\,dx = \lim\limits_{b \to +\infty} \int_0^b x e^{-x}\,dx = \lim\limits_{b \to +\infty}(1 - b e^{-b} - e^{-b}) = 1$

(4) $\int_{-\infty}^{+\infty} \dfrac{x}{\sqrt{1 + x^2}}\,dx$, 发散

(5) $\int_0^1 \dfrac{dx}{\sqrt{1 - x}} = \lim\limits_{\varepsilon \to 0^+} \int_0^{1-\varepsilon} \dfrac{dx}{\sqrt{1 - x}} = \lim\limits_{\varepsilon \to 0^+} 2(1 - \sqrt{\varepsilon}) = 2$

(6) $\int_{-1}^1 \dfrac{dx}{\sqrt{1 - x^2}} = 2\int_0^1 \dfrac{dx}{\sqrt{1 - x^2}} = 2\int_0^{\frac{\pi}{2}} dt = \pi$

(7) $\int_0^2 \dfrac{dx}{(x - 1)^2}$, 发散

单元自测题 5

一、1. $-\sqrt{1 + x}$ 2. -1 3. 0

4. $\dfrac{\pi}{2}a^2$ 5. $I_1 > I_2$ 6. $I_1 < I_2$

7. $I_1 \leqslant I_2$(答 $I_1 < I_2$ 不给分)   8. $\dfrac{1}{b - a}\displaystyle\int_a^b f(x)\,dx$

9. 原函数　　　　　　　10. $2xe^x$　　　　　　　11. $-\varphi'(x)\sin^3\varphi(x)$

12. $(0,1)$(答 $[0,1]$ 不扣分)　13. 1　　　　　　14. $\dfrac{\pi}{2}$

15. $\dfrac{5}{\ln 6}$　　　　　　16. $e-\dfrac{1}{e}$　　　　　17. 0

18. 0　　　　　　　　19. $\leqslant 1$　　　　　　20. $\geqslant 1$

21. $\dfrac{1}{2}$　　　　　　　22. $\dfrac{\pi}{2}$

二、1. C　　　　2. B　　　　3. C　　　　4. B　　　　5. A

6. D　　　　7. C　　　　8. C　　　　9. C　　　　10. B

11. A　　　　12. C　　　　13. A　　　　14. C　　　　15. B

16. B　　　　17. C　　　　18. D　　　　19. A　　　　20. B

三、1. 当 $\dfrac{\pi}{4}<x<\dfrac{5\pi}{4}$ 时, $1\leqslant 1+\sin^2 x\leqslant 2$, 有 $\pi\leqslant\displaystyle\int_{\frac{\pi}{4}}^{\frac{5}{4}\pi}(1+\sin^2 x)\mathrm{d}x\leqslant 2\pi$

2. $\forall x\in(-\infty,+\infty)$, 因为

$$F(-x)=\int_0^{-x}\ln(t+\sqrt{1+t^2})\mathrm{d}t\quad(t=-u)$$

$$=-\int_0^x\ln(\sqrt{1+u^2}-u)\mathrm{d}u$$

$$=\int_0^x\ln(u+\sqrt{1+u^2})\mathrm{d}u=F(x),$$

所以 $F(x)$ 为偶函数

四、1. 原式 $=\displaystyle\int_0^1 4x^2\mathrm{d}x=\left[\dfrac{4}{3}x^3\right]_0^1=\dfrac{4}{3}$

2. $y+xy'-e^y y'=0,\ y'=\dfrac{y}{e^y-x}$

3. 原式 $=\displaystyle\int_0^1(e^x-1)\mathrm{d}x=[e^x-x]_0^1=e-2$

4. $y'=2x\displaystyle\int_0^{3x}\sin^2 t\mathrm{d}t+3x^2\sin^2(3x)$

5. 原式 $=\displaystyle\lim_{h\to 0}\dfrac{\ln(2+h)}{1+h^2}=\ln 2$

6. $\displaystyle\int_{-\frac{\pi}{2}}^1 f(x)\mathrm{d}x=\int_{-\frac{\pi}{2}}^0\cos x\mathrm{d}x+\int_0^1 e^x\mathrm{d}x=[\sin x]_{-\frac{\pi}{2}}^0+[e^x]_0^1=1+e-1=e$

7. $-\dfrac{\pi}{2}$

8. $F(x) = x \int_0^x f(t)\mathrm{d}t - \int_0^x tf(t)\mathrm{d}t,$

$$F'(x) = \int_0^x f(t)\mathrm{d}t + xf(x) - xf(x) = \int_0^x f(t)\mathrm{d}t,$$

$$F'(x) = f(x)$$

9. **证明**　$F(-x) = \int_0^{-x} (-x-t)f(t)\mathrm{d}t \xlongequal{\text{设}t=-u} \int_0^x (-x+u)f(-u)(-\mathrm{d}u) = F(x),$ 故 $F(x)$ 为奇函数 [注意 $f(-u) = -f(u)$]

10. **证明**　$\int_0^{2a} f(x)\mathrm{d}x = \int_0^a f(x)\mathrm{d}x + \int_a^{2a} f(x)\mathrm{d}x,$ 在后式中设 $x = 2a - t$ 即可.

$$\int_0^\pi \frac{x\sin x}{1+\cos^2 x}\mathrm{d}x = \int_0^{\frac{\pi}{2}} \frac{x\sin x}{1+\cos^2 x}\mathrm{d}x + \int_0^{\frac{\pi}{2}} \frac{(\pi-x)\sin x}{1+\cos^2 x}\mathrm{d}x = \pi\left[-\arctan(\cos x)\right]_0^{\frac{\pi}{2}} = \frac{\pi^2}{4}$$

11. **证明**　取 $x = b$, 设

$$F(x) = \int_a^x tf(t)\mathrm{d}t - \frac{1}{2}\left[x\int_0^x f(t)\mathrm{d}t - a\int_0^a f(t)\mathrm{d}t\right],$$

则 $F(a) = 0,$

$$F'(x) = xf(x) - \frac{1}{2}\left[\int_0^x f(t)\mathrm{d}t + xf(x)\right]$$

$$= \frac{1}{2}\left[xf(x) - \int_0^x f(t)\mathrm{d}t\right] = \frac{1}{2}\int_0^x [f(x) - f(t)]\,\mathrm{d}t.$$

由于 $f'(x) > 0$, 故 $f(x)$ 单增, 又 $0 < t < x$, 故 $f(x) > f(t)$, 则 $F'(x) > 0$, $F(x)$ 单增. 即 $F(b) > F(a) = 0.$ 得证

习　题　6-2

1. $2\pi + \dfrac{4}{3}, 6\pi - \dfrac{4}{3}$　　　2. $\mathrm{e} + \dfrac{1}{\mathrm{e}} - 2$　　　3. πa^2　　　4. $1 + \dfrac{1}{2}\ln\dfrac{3}{2}$　　　5. $\dfrac{3}{10}\pi$

习　题　6-3

1. $w = \int_{0.9}^{1.1} \dfrac{12}{x^2}\mathrm{d}x = 12\left(\dfrac{1}{0.9} - \dfrac{1}{1.1}\right)$

2. $\int_0^{\sqrt[3]{\frac{a}{k}}} 27k^3 t^6\mathrm{d}t = \dfrac{27}{7}k^3\left(\dfrac{a}{k}\right)^{\frac{7}{3}}$

3. $\int_0^b ag\rho h\mathrm{d}h = \dfrac{1}{2}ag\rho b^2$

单元自测题 6

一、1. C 2. B 3. C 4. B 5. D 6. B 7. B 8. A 9. A
10. B

二、1. **解** 正方形的边长为 x^2,

$$V = \int_0^1 s(x)\mathrm{d}x = \int_0^1 x^2 \cdot x^2 \mathrm{d}x = \frac{1}{5}$$

2. **解法 1** $S = \int_0^{\frac{\pi}{2}} \sin x \mathrm{d}x = [-\cos x]_0^{\frac{\pi}{2}} = 1$

解法 2 $S = \int_0^1 \left(\frac{\pi}{2} - \arcsin y \right) \mathrm{d}y$

$$= \left[\frac{\pi}{2} - (y \arcsin y) \right]_0^1 - \int_0^1 \frac{y}{\sqrt{1-y^2}} \mathrm{d}y$$

$$= \frac{\pi}{2} - \frac{\pi}{2} - \left[\sqrt{1-y^2} \right]_0^1 = 1$$

3. **解** $\begin{cases} y^2 = ax, \\ y = x^2, \end{cases}$ $x^4 - ax = 0, x_1 = 0, x_2 = a^{\frac{1}{3}}$. 所以

$$S = \int_0^{a^{\frac{1}{3}}} (\sqrt{ax} - x^2)\mathrm{d}x = \left[\sqrt{a}\frac{2x^{\frac{3}{2}}}{3} - \frac{1}{3}x^3 \right]_0^{a^{\frac{1}{3}}}$$

$$= \frac{2}{3}a - \frac{a}{3} = \frac{a}{3}.$$

因为 $S = 9$, 所以 $\frac{a}{3} = 9$, 于是 $a = 27$

4. **解** $S = \int_0^{2\pi} y(t)x'(t)\mathrm{d}t = \int_0^{2\pi} a^2(1-\cos t)^2\mathrm{d}t$

$$= a^2 \int_0^{2\pi} (1 - 2\cos t + \cos^2 t)\mathrm{d}t$$

$$= a^2 \int_0^{2\pi} \left(\frac{3}{2} - 2\cos t + \frac{1}{2}\cos 2t \right) \mathrm{d}t$$

$$= a^2 \cdot \frac{3}{2} \cdot 2\pi = 3\pi a^2$$

5. **解** $A = \int_{\frac{1}{e}}^1 -\ln x \mathrm{d}x + \int_1^e \ln x \mathrm{d}x = 2\left(1 - \frac{1}{e} \right)$

6. **解** $y' = \dfrac{3}{2}x^{\frac{1}{2}}$, $1+y'^2 = 1+\dfrac{9}{4}x$

$$S = \int_0^1 \sqrt{1+y'^2}\mathrm{d}x = \int_0^1 \sqrt{1+\dfrac{9}{4}x}\mathrm{d}x = \left[\dfrac{8}{27}\left(1+\dfrac{9}{4}x\right)^{\frac{3}{2}}\right]_0^1 = \dfrac{8}{27}\left(\dfrac{13}{8}\sqrt{13}-1\right)$$

7. **解** $S = \int_0^1 x^2 \mathrm{d}x = \dfrac{1}{3}$, $S=t^2$, 所以 $t^2 = \dfrac{1}{3}, t = \dfrac{1}{\sqrt{3}}$